"十二五"职业教育国家规划教材
经全国职业教育教材审定委员会审定
高等职业教育农业农村部"十三五"规划教材

U0210581

水产动物病害防治技术

SHUICHANDONGWU
BINGHAI FANGZHI JISHU

第四版

李登来 主编

中国农业出版社
北京

图书在版编目（CIP）数据

水产动物病害防治技术 / 李登来主编 . —4 版 . —
北京：中国农业出版社，2019.10
　　"十二五"职业教育国家规划教材　经全国职业教育
教材审定委员会审定　高等职业教育农业农村部"十三五"
规划教材
　　ISBN 978-7-109-26116-7

　　Ⅰ．①水…　Ⅱ．①李…　Ⅲ．①水产动物－动物疾病－
防治－高等职业教育－教材　Ⅳ．①S94

　　中国版本图书馆 CIP 数据核字（2019）第 245795 号

中国农业出版社出版
地址：北京市朝阳区麦子店街 18 号楼
邮编：100125
责任编辑：李　萍
责任校对：吴丽婷
印刷：中农印务有限公司
版次：2004 年 5 月第 1 版　2019 年 10 月第 4 版
印次：2019 年 10 月第 4 版北京第 1 次印刷
发行：新华书店北京发行所
开本：787mm×1092mm　1/16
印张：16.25
字数：378 千字
定价：42.00 元

第四版编审人员名单

主　　编　李登来

副主编　王　权　黄　玮　唐永政

编　　者　（以姓氏笔画为序）

　　　　　王　权　冯继兴　曲江波

　　　　　李登来　唐永政　黄　玮

　　　　　焦金菊

审　　稿　杜荣斌　李家乐

第一版编者名单

主　编　李登来

副主编　张荣森

编　者　李登来（烟台大学）

　　　　张荣森（黑龙江农牧水产职业学院）

　　　　徐光龙（江西生物科技职业学院）

　　　　黄　玮（广东省水产学校）

　　　　卿爱东（湖南生物机电职业技术学院）

第二版编者名单

主　　编　李登来

副 主 编　王　权

编　　者　李登来（烟台大学海洋学院）

　　　　　王　权（江苏畜牧兽医职业技术学院）

　　　　　张荣森（黑龙江生物科技职业学院）

　　　　　徐光龙（江西生物科技职业学院）

　　　　　黄　玮（广东省水产学校）

　　　　　卿爱东（湖南生物机电职业技术学院）

审　　稿　王长海（大连理工大学）

　　　　　邱盛尧（烟台大学）

第三版编审人员名单

主　　编　李登来

副 主 编　王　权　唐永政　黄　玮

编　　者　（以姓名笔画为序）

　　　　　王　权　王会聪　朱光来　李登来

　　　　　郭　印　唐永政　黄　玮

审　　稿　杜荣斌　李家乐

行业指导　姜海滨

第四版前言

随着水产养殖行业的快速发展，集约化、工厂化养殖模式的不断发展，水产养殖品种的病害频繁发生，成为制约水产养殖行业发展的重要因素之一。

本教材第三版被评为"十二五"职业教育国家规划教材，第四版在第三版的基础上修订而成。此次修订，在保持原版基本框架基础上，根据现代渔业生态优先、绿色发展的方针以及水产养殖绿色生态养殖模式的研究成果，将最新的水产动物病害生态防控理念和生态防控技术添加到教材中，力求体现现代水产养殖业的绿色发展理念。

本教材融合了淡水养殖动物病害和海水养殖动物病害两方面内容，注重将教学内容按项目分类，以任务导向方式进行模块化教学。主要内容包括：疾病的基本知识、药理基础与常用渔药、健康养殖技术、各类水产养殖动物病害的诊断和防治技术等，增加了病原体的分离鉴定、免疫学诊断、分子生物学诊断等新技术在水产动物病害防治中的应用。

本教材由烟台大学李登来主编，具体分工如下：李登来（烟台大学）负责编写绪论、项目一和项目三，曲江波（烟台开发区天源水产有限公司）负责编写项目二，王权（江苏农牧科技职业学院）负责编写项目四，黄玮（广东省海洋工程职业技术学校）负责编写项目五，冯继兴（烟台大学）负责编写项目六，焦金菊（山东海洋现代渔业有限公司）负责编写项目八，唐永政（烟台大学）负责编写项目九。

本教材由杜荣斌教授（烟台大学）和李家乐（上海海洋大学）教授审稿，在此表示衷心感谢！

由于编者水平所限，不足之处在所难免，敬请广大读者提出宝贵意见！

编　者

2019 年 5 月

第一版前言

改革开放以来，我国水产养殖业发展迅速，养殖规模不断扩大，养殖品种增多，产量迅猛增加，我国已成为世界第一水产养殖大国。随着养殖规模的扩大，养殖产量的提高和养殖品种的增多，病害日趋严重，因病害造成的损失也越来越大。另外，水产品的质量问题，特别是安全卫生问题也成为我国水产养殖业进一步发展的瓶颈。现有的传统养殖模式和技术，已经不能适用我国加入WTO后对水产养殖发展的要求。因此，根据《教育部关于加强高职高专教育人才培养工作的意见》和《关于加强高职高专教育教材建设的若干意见》的精神，结合高职高专教育发展的实际，受中国农业出版社之约，特编写了21世纪农业部高职高专规划教材——《水产动物疾病学》。

本教材的编写立足于教育部高职高专教材建设要求，紧紧围绕培养高等技术应用性专门人才，以"实用、够用"为原则，兼顾不同区域，融合海、淡水两方面的内容，增加了许多新知识、新内容以及新技术、新手段在生产实践中的应用。教材的第1章、第4章、第5章的第三节、第五节、第六节、第七节、第八节、第九节以及第8章，由烟台大学海洋学院李登来编写；第3章、第5章的第一节、第四节由黑龙江农牧水产职业学院张荣森编写；第2章、第7章由江西生物科技职业学院徐光龙编写；第6章由广东省水产学校黄玮编写；第5章的第二节及第9章由湖南生物机电职业技术学院卿爱东编写。全书由李登来统稿并整理完成。

编写时我们参考或引用了一些文献资料和书籍，在此，我们谨向原作者和出版单位致以谢意！

《水产动物疾病学》在短时间内编写完成，涉及内容广，参阅的资料多，为此，错误和不足之处，恳请读者予以批评指正。

编　者

2004 年 4 月

第二版前言

改革开放以来，我国水产养殖业发展迅速，养殖规模不断扩大，养殖品种增多，产量迅猛增加，我国已成为世界第一水产养殖大国。随着养殖规模的扩大，养殖产量的提高和养殖品种的增多，病害日趋严重，因病害造成的损失也越来越大。另外，水产品的质量问题，特别是安全卫生问题也成为我国水产养殖业进一步发展的瓶颈。现有的传统养殖模式和技术，已经不能适应我国加入WTO后对水产养殖发展的要求。因此，根据普通高等教育"十一五"国家级规划教材的要求，结合高等职业教育的特点，编写了本教材。

本教材具有较强的实用性和通用性，突出以能力为本的指导思想，体现高等职业教育的特点，内容精炼，突出应用，图文并茂，理论、实践同步完成，是一本注重实践、注重能力培养的"应用性"教材。在编写过程中，以"实用、够用"为原则，兼顾不同区域，融合海、淡水两方面的内容，增加了许多新知识、新内容以及新技术、新手段在生产实践中的应用。教材的第1章，第4章，第5章的第三节、第五节、第六节、第七节、第八节、第九节以及第8章，由烟台大学海洋学院李登来编写；第3章，第5章的第一节、第四节由黑龙江生物科技职业学院张荣森编写；第2章、第7章由江西生物科技职业学院徐光龙编写；第6章由江苏畜牧兽医职业技术学院王权和广东省水产学校黄玮编写；第5章的第二节及第9章由湖南生物机电职业技术学院卿爱东编写。

编写时我们参考并引用了一些文献资料和书籍，在此我们谨向原作者和出版单位致以谢意。

本教材由于涉及内容广，参阅的资料多，编写时间仓促，加上编者的水平有限，难免有不足之处，恳请读者予以批评指正。

编　者

2007年8月

第三版前言

随着水产养殖业的发展，养殖规模不断扩大，养殖产量迅猛增加，我国已成为世界第一水产养殖大国。水产养殖业在产业结构和品种结构等方面也发生深刻的变化。由传统的池塘养鱼向基地化、工厂化、集约式、多元化及立体化等水产养殖方式发展，养殖品种也由传统的鲤科鱼类扩大到包括鱼类、甲壳类、贝类、两栖类、爬行类、棘皮动物和腔肠类等的近百个品种。伴随着水产养殖业的高速发展，水产养殖品种的病害频繁发生，经济损失严重，这已成为水产养殖业可持续发展的重要制约因素之一。

本教材紧紧围绕培养高素质技术技能型人才的需要编写完成。教材采用项目式教学，注重培养学生的实际应用能力和基本技能训练，明确水产养殖专业学生的水产动物病害防治方面的岗位能力需求。按照学生的认知规律，进行归类和项目设计，划分为九大学习项目，即：疾病的基本知识；药理学基础与常用渔药；健康养殖技术；鱼类病害的防治；虾蟹类病害的防治；螺、贝类病害的防治；其他水产养殖动物病害的防治；非寄生性疾病的防治；水产动物病害的检查与诊断。其内容既有基础理论的介绍，又突出了实际技术的应用。

本教材在普通高等教育"十一五"国家级规划教材《水产动物疾病学第二版》的基础上重新编写，并被评为"十二五"职业教育国家规划教材。新编教材中绪论、项目一和项目三由李登来（烟台大学）编写；项目二由郭印（上海农林职业技术学院）编写；项目四由王权（江苏农牧科技职业学院）、朱光来（江苏农牧科技职业学院）编写；项目五由黄玮（广东省海洋工程职业技术学校）编写；项目六、项目八由王会聪（江苏农林职业技术学院）编写；项目七、项目九由唐永政（烟台大学）编写。本教材由杜荣斌教授（烟台大学）和李家乐教授（上海海洋大学）审稿，并得到姜海滨研究员（山东省海洋资源与环境研究院）的指导。

本教材适合于高职高专水产养殖专业学生使用，同时也可作为水产养殖研究、水产技术推广和水产养殖生产者防治水产动物疾病的参考读物。

编写时我们参考或引用了一些文献资料和书籍，在此我们谨向原作者和出版单位致以谢意。

由于编者的水平有限，难免有错误和不足之处，恳请读者予以批评指正。

编　者

2014 年 3 月

目录

绪　　论

知识目标

　　了解水产动物病害防治技术学科的由来、内涵、特点和所涉及的专业知识内容，了解学科研究方法与手段。

　　理解本学科在水产养殖专业中的作用，目前学科发展的情况及今后学科的展望。

　　掌握本学科的发展方向和任务。

相关知识

（一）概念与任务

　　水产动物病害防治技术是研究水产经济动物病害的发生、发展、消亡规律及诊断和防治方法的一门科学技术。具体研究的内容包括病害发生的原因、病理机制、流行规律以及诊断、预防和治疗方法等。它是一门理论性和实践性很强的学科，更是一门综合性的学科。一方面以寄生虫学、微生物学、动物生理学、动物组织学、病理学、药理学、水环境学等学科为基础，另一方面同水产动物养殖生产密切结合起来，是在水产动物病害的预防和治疗实践中建立并发展起来的一门科学。

　　改革开放以来，我国水产品产量迅速提高。水产养殖在产业结构和品种结构等方面也发生深刻的变化。由传统的池塘养鱼向基地化、工厂化、集约化、多元化及立体化等方式发展，养殖品种也由传统的鲤科鱼类扩大到包括鱼类、甲壳类、贝类、两栖类、爬行类等的近百个品种。海水养殖业也获得了迅速发展，养殖的规模越来越大，种类越来越多，包括鱼类、甲壳类、贝类、腔肠类、藻类等数十个品种。由于水产养殖业的高速发展，近20年来，水产养殖品种的病害频繁发生，经济损失严重，已成为21世纪水产养殖业发展的重要制约因素之一。

　　据初步统计，目前危害水产养殖生物的病害已达400～500种，病害生物包括：

　　①侵袭生物。如病毒、原核生物（包括立克次氏体、支原体、衣原体、细菌、丝状细菌）、真菌、藻类、原生动物、后生动物（包括吸虫、绦虫、线虫、棘头虫、蛭、软体动物、甲壳动物）。

　　②敌害生物。如藻类、腔肠动物、软体动物、甲壳动物、昆虫、鱼类、两栖类、爬行类、鸟类、哺乳类等。而大多数水产养殖生物的病害是由病毒、原核生物、真菌和原生动物所引起的。

　　随着水产养殖业的发展和高密度养殖技术的普及，养殖产量迅速增加，使得水产养殖动物病害的发生越来越频繁，越来越严重，由此造成的损失逐年增加。据有关资料表明，每年有1/10的养殖面积受到病害的影响，年损失产量15％～30％，而且还有上升的趋势。特别是1993年以来，因对虾病害造成的损失最为严重。现在除对虾外，鱼类、贝类及其他水产养殖动物的病害也不断发生，据不完全统计，2002—2009年，我国水产养殖病害平均年损失达百亿元之巨，其中鱼类占55％～77％、甲壳类占11％～28％、贝类占3％～16％。病害已成为水产养殖业能否快速、持续发展的主要制约因素；水产动物病害防治是开展健康养殖，保证生产安全、健康食品的关键。

水产动物病害防治的任务就是运用病害学的知识去正确的诊断和防治水产动物病害，推广和普及水产动物病害的防治技术，更好地为养殖生产服务，积极开展健康养殖，促进水产养殖健康、可持续发展。使水产养殖业发展实现经济效益、社会效益和生态效益的协调统一。

（二）发展简史

在水产动物中，人们对病害的研究，首先是从鱼类病害的研究开始的。国外对水产动物研究的历史比我国早近100年。在19世纪中叶，国外有许多生物学家对鱼类寄生虫做了大量研究和记述，之后随着养鱼业的发展，逐步深入到对鱼病的治疗和预防；在19世纪的后10年，对鱼类的细菌性疾病进行了研究；到20世纪50年代，进一步开展了对鱼类病毒性疾病的研究。

虽然我国养鱼历史很悠久，关于鱼病的记载，可以考证到公元前1300年，而且内容也很丰富。但是，这些大多只是停留在经验阶段，还没有达到科学的地步。1949年前，虽有少数外国学者在我国有一些鱼类寄生虫方面的研究工作，但作为病害的研究还完全是空白的，更谈不上作为一门学科进行研究。中国水产动物病害学的研究是从20世纪50年代开始的，还是一门比较年轻的学科。

我国水产动物病害防治的研究是从鱼类病害的研究开始的，其发展可分为4个不同时期：在20世纪50年代，我国的生物学家和水产工作者开展了鱼类寄生虫病、细菌病、真菌病和非寄生性疾病的研究和调查，积累了关于病原、诊断和防治技术的大量知识和经验，这是中国鱼病学的初创阶段。到了60年代，又在前10年的基础上，进行了更加系统的研究，这是我国鱼病学的大发展时期。在70年代，开始了鱼类病毒病、鱼类免疫学、鱼类病理学、药理学的研究。80年代至今，由于国家对水产业采取了"以养为主"的方针，使水产养殖生产空前快速发展起来，不论是养殖水面、养殖品种、养殖技术和养殖产量都达到了史无前例的水平。这就对水产动物病害防治提出了新的要求和任务，也给水产动物的研究带来了巨大的推动力。因此，这一阶段是水产动物病害的研究不断完善和快速发展的新阶段。第一，随着水产养殖业的发展，特别是海水经济动物养殖的兴起，养殖的品种更加扩大，病害研究的范围也随着扩大，即不但要研究鱼类的病害，而且要研究虾、蟹类、贝类、爬行类、两栖类等一切水产养殖动物的病害和防治。这样，就由单一研究鱼类病害的鱼类病害防治转变成为研究所有水产养殖动物的水产动物病害防治。第二，新技术、新方法的应用，使水产动物病害学的研究更加深入。对病原体的研究，已从机体水平发展到细胞水平和分子生物学水平，从而为进一步研究、诊断、预防和治疗创造了条件。对病理学的研究由显微病理深化到超微组织病理、组织化学、细胞化学以及肝、胰、肾等功能的病理生理研究上。

（三）研究展望

我国水产动物病害研究者和水产养殖工作者经过几十年的共同努力，取得了显著的成果，发展了水产动物病害学，促进了我国水产养殖业的快速发展，并在国际上占有重要的地位。但是，水产动物病害学作为一门学科还有许多基础的东西需要去研究，还有许多新问题需要去探索。

1. 病原生物学的研究 水产动物病原生物学研究是一项很重要的基础性研究。随着养殖新品种的增多，有许多新的疾病急于研究，对已经发生的传染性疾病的病原体、流行病学、防治方法的研究应更加深入。

对水产动物寄生虫学的研究应由目前的光学显微镜水平逐步向亚显微结构和试验寄生虫学方面发展。

加强流行病学的调查，弄清严重致病病原体的发病规律、传染途径、致病机理，从切断传染源入手，阻碍病原体的侵袭和扩散，进而作为防治方法去研究。

开展病原诊断学的研究，以简易、快速、准确为目的，借助物理、化学、免疫学和分子生物学的手段进行病原体的快速诊断技术，以期在尽可能短的时间内准确确定致病病原体，做到早发现，早治疗，为在疾病发生的早期阶段的诊断提供强有力的依据和手段。

2. 水产动物免疫学的研究 水产动物免疫学的研究是一项重要和有意义的研究，国内外学者利用免疫学原理在对病害的诊断、病原体的鉴定、疾病的预防和治疗等方面进行了大量的研究，并在一定范围内取得了较好的效果，是健康养殖中病害防治的一条有效途径。在水产动物病害的预防和治疗中采用免疫技术，可大大降低药物的使用量。挪威采用免疫技术使大西洋鲑养殖产量达到 30 万 t，全国每年抗生素用量从 1987 年的 48.5t 下降到 1996 年的 1t。这在我国大力推广"环保型农业"和生产"洁净食品"的今天，显得尤为重要。

在免疫技术的研究中首先要解决的是疫苗的高效性、易得性和接种的简便性。

3. 生物防病的研究 随着近年来水产养殖业的飞速发展，人们对水产品食用安全意识的提高，寻找替代抗生素、消毒剂等化学药剂的无残留、无污染、高效的环保型产品，成为水产养殖领域人们争相研究的热点。生物防病正是基于此目的研制开发的，它使人们根据水产养殖业自身的特点，利用从养殖环境或自然环境中筛选出来的或经过对现有的微生物进行基因改造或修饰获得的微生物，经过一系列特殊工艺制成活菌剂，称为微生态水质调节剂，或称为微生态环境改良剂、微生态环境修复剂等，在我国水产养殖上的应用越来越受到人们的关注和认可。目前已经被广泛地应用在水族馆、家庭水族箱等封闭式循环养殖系统中。国外水产养殖发达国家在高密度集约化养殖中也大多采用了微生态水质调节剂调节水质，以达到养殖用水循环利用和降低排放废水中的有害物的目的。泰国在对虾养殖中也普遍采用微生态水质调节剂，对养殖废水实行生物处理，达到生态养殖的目的。我国由于在这方面的研究和应用还处在起步阶段，技术措施还不甚完善，因此在实际生产中微生态水质调节剂的应用还不普遍。水族馆、水族箱和部分工厂化养殖采用的大多为国外的产品和技术。近年来，我国政府已加大了在这方面的研究力度，国家早在"九五"攻关项目中就将微生态制剂的研究列入其中，将发展清洁养殖作为水产养殖的发展方向。全面和立即进行生物预防是水产养殖业健康发展的必然趋势。

4. 无公害渔药的研究 改革开放以来，我国水产养殖业发展迅速，养殖规模不断扩大，养殖品种增多，产量迅猛增加，我国已成为世界第一水产养殖大国。2010 年，全国水产养殖面积 764.5 万 hm²，养殖产量 3 828 万 t。但在养殖产量增加的同时，水产品的质量问题，特别是食品安全问题已成为制约我国水产养殖业进一步发展的瓶颈。由于养殖环境恶化，病害增多，药物的频繁使用，使得药效降低，用药量加大，对生态环境产生了极为不利的影响，形成恶性循环，并导致水产品中药物残留或残留量超标，甚至给人类的健康带来严重的威胁。

我国渔药的发展历史较短，专门从事渔药研究的人员也不多，现在生产上使用的药物大部分是由兽药和人用药物转移而来的，缺乏对水产动物的药效学、药动力学、毒理学和对养殖环境的影响等基础理论的研究。一些药物在实际应用中还存在疗效不明显、不良反应较大和使用剂量不准确、药物残留量超标等问题。这些已不适应我国现代水产养殖业发展的要求。因此，加紧研制和开发疗效显著、效果确实、安全、无不良反应，对人体无危害和对环境无不利影响，并在水产品中不产生有害残留的新型渔药，即无公害渔药，将大力推进健康养殖生产的实施。

（四）与其他学科的关系

水产动物病害防治技术是一门综合性学科。

一方面，它和其他学科之间有着密切的联系，它要以其他学科为基础。病害的出现往往受到一些病原生物的传染，要分析发病原因，了解病原体，就要有生物学、普通动物学、微生物学和寄生虫学等知识；要弄清病害发展规律，就要有病理学、流行病学等方面的知识；要了解病害的症状就必须要有组织解剖学、病理生理学和病理解剖学知识。病害的形成并非孤立，水产养殖动物机体与环境关系密切，养殖水环境的变化对水产养殖动物机体影响很大，很可能引起机体得病或死亡，所以水化学和水质监测技术也是本门学科重要的基础课。病害在治疗时期，离不开药，因此也应具有药物学、药理学和免疫学等方面的知识。当然，其他学科的发展和新成就的出现，也往往给本学科提供了新的理论基础和研究手段，如生物制片技术、PCR 技术、核酸分子杂交技术和电镜技术等的发展为水产经济动物病害的诊断提供了有力的手段。

另一方面，它又密切结合水产动物养殖生产实践，通过对水产经济动物病害的预防和治疗来建立并发展自己的学科体系。作为一名水产动物病害的工作者，同时也应具有水产养殖学的知识。

 思考题

1. 水产动物病害防治含义是什么？
2. 与本学科有关的学科有哪些？
3. 本学科的任务与今后展望是什么？

疾病的基本知识

能力目标

掌握疾病发生、发展和基本病理过程。

熟悉水产动物疾病的基本病理过程。

掌握血液循环障碍、组织损伤以及炎症的发展过程。

知识目标

了解疾病的概念及种类、疾病的形成及疾病的普遍现象；了解损伤的各种特点；了解水肿、积水发生原因及现象；了解炎症的意义及各种炎症发生的现象。

理解引起疾病的原因与条件；理解水肿、积水发生的病理变化；理解损伤病理变化对机体影响；理解炎症的病理变化对机体影响。

掌握疾病发生的普遍规律，机体、环境和病原之间的关系；掌握水肿、积水发生的机理及水肿和积水的区别；掌握组织损伤的发病机理和变化；掌握炎症的发病机理和结局。

相关知识

病理学是研究疾病发生的原因、发病原理和在疾病过程中所发生的细胞、组织、器官结构、功能和代谢等方面的改变及其规律的科学。了解和掌握水产动物疾病发生和发展的规律，可为诊断和防治水产动物疾病提供科学的理论依据。

任务一 疾病的发生和发展

任务内容

掌握疾病的概念及种类，理解引起疾病的原因与条件；掌握疾病发生的普遍规律，机体、环境和病原之间的关系。

学习条件

多媒体教室、教学课件、教材、参考图书。

相关知识

疾病的定义：致病因素作用于机体，引起机体新陈代谢紊乱，发生异常生命活动的过程，称为疾病。但疾病能否发生，不仅取决于致病因素，还取决于机体本身的抵抗力和环境条件。

致病因素作用于水产动物机体时扰乱了正常生命活动的现象，称为水产动物疾病。此时机体正常平衡被破坏，对外界条件的适应能力降低，并发生一系列的病理变化（症状），表现在某些器官或者局部组织的形态结构、功能活动和物质代谢的变化上，它是疾病发生的标志。在观察水产动物是否患病时，须与当时的外界条件联系起来。如水产动物在冬季基本上不动，也不摄食，此为正常的现象，但在其他季节则为病态的征象。

一、疾病发生的原因和条件

水产动物与所有的生物一样，与环境和谐统一则健康成长，繁衍后代。当环境发生变化或水产动物机体某些变化而不能适应环境，就会引起水产动物疾病。水产动物疾病是机体和外界环境因素相互作用的结果。因此，疾病是机体对来自内外环境的致病因素表现出复杂变化的过程，而这一过程又比较集中地表现于某些器官或局部组织的形态结构、功能和物质代谢的变化上，这些变化称为病理变化。病理变化可以向两个方向发展，当致病因素作用于机体，引起机体新陈代谢紊乱，扰乱了正常的生命活动称为疾病，如果致病作用占优势，疾病就向加重和恶化方向发展，甚至引起死亡；当机体抵抗致病因素的致病作用，且抵抗占优势时，就不发病或疾病就向痊愈和恢复方向转化。

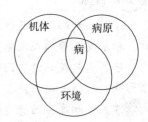

图 1-1　病原、环境和机体之间的关系

疾病能否发生，不仅取决于致病因素，还取决于机体本身的抵抗力和环境条件（图 1-1）。引起水产动物疾病发生的原因和条件有：

（一）引起水产动物疾病的环境因素

引起水产动物疾病的环境因素主要有生物因素、水的理化因素和人为因素 3 个方面。

1. 生物因素　常见的水产动物疾病中，绝大多数是由各种生物传染或侵袭机体而致病。使水产动物致病的生物，通称为病原体。水产动物疾病病原体包括病毒、细菌、真菌、原生动物、单殖吸虫、复殖吸虫、绦虫、棘头虫、线虫、甲壳动物等，其中病毒、细菌、真菌等都是微生物性病原体，由它们所引起的疾病，称为传染性疾病或微生物病；而原生动物、单殖吸虫、复殖吸虫、绦虫、棘头虫、线虫、甲壳动物等是动物性病原体，在它们生活史中全部或部分营寄生生活，破坏宿主细胞、组织、器官，吸取宿主营养，因而称为寄生虫，由它们引起的疾病称为侵袭性疾病或寄生虫病；此外，还有些动植物直接危害水产养殖动物，如水鼠、水鸟、水蛇、凶猛鱼类、藻类等，统称为敌害。

2. 水的理化因素　水是水产养殖动物最基本的生活环境。水的理化因子如水温、溶氧量、pH、盐度、光照、水流、化学成分及有毒物质对水产动物生活影响极大。当这些因子变化速度过快或变化幅度过大，水产动物应激反应强烈，超过机体允许的限度，无法适应而引起疾病。

（1）水温。水产动物基本上都是变温动物，体温随外界环境变化而变化，且变化是渐进式的，不能急剧升降。当水温变化迅速或变幅过大时，机体不易适应引起代谢紊乱而发生病理变化，产生疾病。如鱼类在不同的发育阶段，对水温的适应力有所不同，鱼种和成鱼在换水、分塘、运输等操作过程中，要求环境水温变化相差不超过 5℃，鱼苗不超过 2℃，否则就会引起强烈的应激反应，发生疾病甚至死亡。

各种水产动物均有其生长、繁殖的适宜水温和生存的上、下限温度。如罗非鱼为热带鱼类，其生长的适宜温度为 16～37℃，最适宜的水温为 24～32℃，能耐受高温上限为 40℃ 左右，耐受低温下限为 8～10℃，高于上限或低于下限水温即死亡，若长期生活在 13℃ 的水中，就会引起皮肤冻伤，产生病变，并陆续死亡。虹鳟是冷水性鱼类，其生长的适宜水温为 12～18℃，最适水温 16～18℃，水温升高到 24～25℃ 时即死亡。我国"四大家鱼"属温水性鱼类，其生长最适水温为 25～28℃，水温低于 1℃ 或高于 36℃ 即死亡。此外，各种病原生物在适宜水温条件下，生长迅速，繁殖加快，使水产动物严重发病甚至暴发性地发生疾病，如病毒性草鱼出血病，在水温 27℃ 以上最为流行，水温 25℃ 以下病情逐渐缓解。

（2）溶解氧（DO）。水体溶氧量对水产动物的生存、生长、繁殖及对疾病的抵抗力都有重大的影响。当水体中溶氧量高时，水产动物摄食强度大，消化率高，生命力旺盛，生长速度快，对疾病的抵抗力强；当水体溶氧量低时，水产动物摄食强度小，消化率低，残剩饵料及未消化完全的粪便污染水质，长期生活在此环境中，体质瘦弱，生长缓慢，易产生疾病。从水产养殖角度来看，水体溶氧量在 5mg/L 以上为正常范围，有利于水产养殖动物生存、生活、生长和繁殖。若水体溶氧量降到 3mg/L 时，属警戒浓度，此时水质恶化；溶解氧进一步下降到 1.5mg/L 以下时，鱼类则开始"浮头"，此时若不采取措施，增加溶氧量，任其进一步恶化，鱼类便会因窒息而死亡。当然，水体溶氧量过饱和，气泡会进入水产动物苗种体内，如肠道、血管等处，阻塞血液循环，使苗种飘浮于水面，失去平衡，严重的会导致大量死亡。据有关资料介绍，主要养殖鱼类对溶解氧的适应情况见表 1-1。

表1-1　鱼类对溶解氧的适应范围（mg/L）

（杨永铨.1994. 淡水成鱼饲养）

溶解氧范围	种类								
	青鱼	草鱼	鲢	鳙	鲤	鲫	罗非鱼	鲮	鲂
正常值	5.0	5.0	5.5	5.0	4.0	2.0	3.5	4.0	5.5
最低值	2.0	2.0	2.0	2.0	2.0	1.0	1.5	2.0	2.0
窒息值	0.6	0.4	0.8	0.4	0.3	0.1	0.4	0.2	0.6

（3）酸碱度（pH）。各种水产动物对 pH 有不同的适应范围，但一般都偏中性或微碱性，如传统养殖的"四大家鱼"等品种，最适宜的 pH 为 7.0～8.5，pH 低于 4.2 或高于 10.4，只能存活很短的时间，很快就会死亡。水产动物长期生活在偏酸或偏碱的水体中，生长不良，体质变弱，易感染疾病。如鱼类在酸性水中，血液的 pH 也会下降，使血液偏酸性，血液载氧能力降低，致使血液中氧分压降低，即使水体溶氧量高，鱼类也会出现缺氧症状，引起"浮头"，并易被嗜酸卵甲藻感染而患打粉病。在碱性水体中，水产动物的皮肤和鳃长期受刺激，使组织蛋白发生玻璃样变性。

水体 pH 的高低，还会影响水体有毒或有害物质的存在，如水中的分子氨（NH_3）和离子铵（NH_4^+）在水中的比例与 pH 的高低有密切关系，分子氨（NH_3）对鱼虾等水产动物有毒，而离子铵（NH_4^+）是营养盐，无毒，但当 pH 高时，分子氨比例增大，对鱼虾等水产动物毒性增强，当 pH 低时，离子氨的比例增大，对鱼虾等水产动物毒性降低。又如，硫化氢（H_2S）对鱼虾等水产动物也有很强的毒性，硫化氢在碱性水体中可离解为无毒的 HS^-，而在酸性水体中，硫化氢的比例大，毒性强。

（4）盐度。海水中盐类组成比较恒定，一般测定氯离子的含量即可换算盐的总量。淡水和内陆咸水盐类组成多样化，不能从氯离子的含量换算总盐度，一般是按每升水所含阴离子和阳离子的总量来计算含盐量或盐度。不同的水产动物对盐度有一定的适应范围，海水动物适应海水，淡水动物适应淡水，洄游性种类在其生命周期不同的发育阶段能适应淡水和海水，这与机体调节渗透压有关。从养殖角度来看，盐度过高、过低均会影响到水产动物的抗病力，特别是在盐度突变时，机体不能立即适应，往往导致水产动物疾病和死亡。

（5）水中化学成分和有毒物质。水体化学成分和有毒物质会影响到水产动物的生长和生存，当其含量超过一定指标时，会引起水产动物的生长不良或引起疾病的发生，甚至会引起死亡。在养殖水体中，由于放养密度大，投饵量多，饵料残渣及粪便等有机质大量沉积在水底，经细菌的分解作用，消耗大量的溶解氧，并在缺氧的情况下出现无氧酵解，产生大量的中间产物如硫化氢、氨、甲烷等有害物质，造成自身污染，危害养殖动物。除养殖水体自身污染外，外来污染也很严重，来自矿山、工厂、农田等的排水，含有重金属离子如汞、铅、镉、锌、镍等和其他有毒物质如氰化物、硫化物、酚类、多氯联苯等，这些有毒物质均能使水产养殖动物慢性或急性中毒，严重时引起大批死亡。水中某些化学成分或有毒物质含量超过水产动物允许的范围，也会引起疾病，如重金属、氨和硫化氢等。

①重金属离子。水中的重金属离子（如汞、镉、铅、铜等）超标时，幼鱼易患弯体病。如新挖的池塘或重金属含量较高的地方饲养苗种容易引起弯体病。

②氨（NH_3）。池塘中饵料残渣和粪便等有机物质在腐烂分解过程中会产生许多氨，使鱼等水产动物中毒或引发其他疾病。氨在水中以 NH_3 和 NH_4^+ 的形式存在。当总氨浓度一定时，NH_3 与 NH_4^+ 按下式达到平衡：即 $NH_3+H_2O \Longleftrightarrow NH_4OH \Longleftrightarrow NH_4^+ + OH^-$。$NH_3$ 与 NH_4^+ 在水中可以互相转化，NH_3 对水产动物是有毒的，而 NH_4^+ 则无毒。通常测定的氨含量是指总氨量（包括 NH_3 和 NH_4^+）。水体中氨的毒性实际上是由 NH_3 所引起的。在总氨量一样的情况下，NH_3 的毒性会因水中 pH、水温、溶解氧、重金属含量等条件不同而有很大差异。一般来说，当 pH、水温、重金属含量升高或溶氧量减少时，NH_3 在总氨中的比例增加，NH_3 含量越多，对水产动物的毒性就越强。我国渔业水质标准规定水中 NH_3 的含量不得超过 0.02mg/L。NH_3 浓度与总氨浓度间的换算按表 1-2 进行。

③硫化氢（H_2S）。残饵和粪便等腐烂分解时除了产生氨外，还会产生硫化氢等其他有毒物质，硫化氢对水产动物具有很强的毒性。水中 H_2S 浓度超过 6.3mg/L 时，鲤就会死亡；超过 4.3mg/L，金鱼就会死亡；超过 1mg/L，甲壳类就会死亡。水中的硫化氢与可溶性硫化物之间存在下列平衡：$H_2S \Longleftrightarrow H^+ + HS^- \Longleftrightarrow 2H^+ + S^{2-}$。当硫化物总量（包括 H_2S、HS^- 和 S^{2-}）一定时，水的 pH 越低，H_2S 所占的比例越大，对水产动物的毒性就越强。我国渔业水质标准规定 H_2S 的最大浓度允许量为 0.002mg/L。不同 pH 时，H_2S 占硫化物总量的百分比见表 1-3。

表 1-2 NH$_3$ 占水溶总氨的百分比（％）

（陈绍文.1993.福建水产）

温度	pH								
	6.0	6.5	7.0	7.5	8.0	8.5	9.0	9.5	10.0
5℃	0.013	0.040	0.12	0.39	1.2	3.8	11	28	56
10℃	0.019	0.059	0.19	0.59	1.8	5.6	16	37	65
15℃	0.027	0.087	0.27	0.86	2.7	8.0	21	46	73
20℃	0.040	0.130	0.40	1.20	3.8	11.0	28	56	80
25℃	0.057	0.180	0.57	1.80	5.4	15.0	36	64	85
30℃	0.080	0.250	0.80	2.50	7.5	20.0	45	72	89

表 1-3 25℃不同 pH 时，H$_2$S 占硫化物总量的百分比（％）

（湛江水产专科学校.1980.淡水养殖水化学）

水样的 pH	百分比	水样的 pH	百分比	水样的 pH	百分比
5.0	98	6.8	44	7.7	9.1
5.4	95	6.9	39	7.8	7.3
5.8	89	7.0	33	7.9	5.9
6.0	83	7.1	29	8.0	4.8
6.2	76	7.2	24	8.2	3.1
6.4	67	7.3	20	8.4	2.0
6.5	61	7.4	17	8.8	0.79
6.6	56	7.5	14	9.2	0.32
6.7	50	7.6	11	9.6	0.13

此外，有些水源由于矿山、工厂、油田、码头、农田的排水和某些生活污水的排入，使养殖水域受到不同程度的污染，因此污水中含有重金属离子、化学物质、残余的农药等有毒物质，这些有毒物质又会影响水产动物的生理活动，致使水产动物中毒，严重时还会引起死亡。

3. 人为因素 在养殖生产过程中，或因管理不善，或因操作不当等人为因素的作用，均有损于水产动物机体的健康，导致疾病的发生和流行，甚至引起死亡。主要表现在：

（1）放养密度不当和混养比例不合理。放养密度过大，必然要增加投饵量，残剩饵料及大量粪便分解耗氧以及高密度水产动物呼吸耗氧极易造成水体缺氧，在低氧环境下，饵料消化吸收率降低，饵料利用率下降，未消化完全的饵料随粪便排入水中，致使溶氧量进一步降低，水质恶化，为疾病的流行创造了条件。混养比例不合理，水产动物之间不能互利共生，以致部分品种饵料不足、营养不良，养殖的各品种生长快慢不均，大小悬殊，瘦小的个体抗病力弱，也是引起水产动物疾病的重要原因。

（2）饲养管理不当。饵料是水产动物生活、生长所必需的营养，不论是人工饵料，还是天然饵料都应保证一定的数量，充分供给，否则水产动物正常的生理机能活动就会因能量不够而不能维持，生长停滞，产生萎瘪病。如果投喂不清洁或变质的饵料，容易引起肠炎、肝坏死等疾病，投喂带有寄生虫卵的饵料，使水产动物易患寄生虫病，投喂营养价值不高的饵料，使水产动物因营养不全而产生营养缺乏症，机体瘦弱，抗病力低。施肥培育天然饵料，因施肥的数量、种类、时间和处理方法不当，也会产生不同的危害，如炎热的夏季投放过多未经发酵的有机肥，又长期不换水，不加注新水，易使水质恶化，产生大量的有毒气体，病原微生物滋生，从而引发疾病。

（3）机械性损伤。在拉网、分塘、催产、运输过程中，常因操作不当或使用工具不适宜，会给水产养殖动物造成不同程度的损伤，如鳞片脱落、皮肤擦伤、附肢折断、骨骼受损等，水体中的细菌、霉菌或寄生虫等病原乘虚而入，引发疾病。

（二）影响水产动物疾病的条件

疾病的发生都有一定的原因和条件，有了致病的因素，但不一定就能发生疾病，疾病是否发生，与条件有很大的关系。影响水产动物疾病发生的条件包括水产动物机体本身和外界环境两方面。机体本身条件是指水产动物的种类、年龄、性别、健康状况和抵抗力等，如草鱼、青鱼患肠炎病时，同池的鲢、鳙不发病；草鱼鱼种受隐鞭虫侵袭易患病，而同池的鲢、鳙鱼种即使被该虫大量侵袭，也不发病；白头白嘴病一般是体长 5cm 以下的草鱼发生，超过此长度的草鱼一般不发这种病；某种疾病流行时，并非整池同种类、同规格的个体都发病，而是有的因病重而死亡，有的患病轻微而逐渐痊愈，有的则根本不患病，这与机体健康状况和内在抵抗力有关。外界环境主要包括气候、水质、饲养管理和生物区系等。如双穴吸虫病的发生，生物区系中必须有椎实螺和鸥鸟，因为它们分别是双穴吸虫的中间寄主和终寄主。

二、疾病的种类

当前，水产动物疾病的分类大致有以下几种，但较普遍的是按病原划分和按得病对象划分，很多著述按混合型分类。

（一）按病原不同划分

将水产动物疾病分成由生物引起的和由非生物引起的两大类。

1. 由生物引起的疾病

（1）微生物病。包括病毒、细菌、真菌和单细胞藻类等病原体引起的疾病。

（2）寄生虫病。包括原生动物、单殖吸虫、复殖吸虫、线虫、棘头虫、甲壳动物等病原体引起的疾病。

（3）有害生物引起的中毒。包括微囊藻、三毛金藻和赤潮等引起的中毒。

（4）生物敌害。包括水生昆虫、水螅、水蛇、水鸟、水鼠、凶猛鱼类等造成的危害。

2. 由非生物引起的疾病

（1）机械损伤。如擦伤、碰伤等。

（2）物理刺激。如感冒、冻伤等。

（3）化学刺激。如农药、重金属盐中毒等。

（4）由水质不良引起的疾病。如"泛池"、气泡病、畸形等。

（5）由营养不良引起的疾病。如饥饿、营养不良等。

（二）按养殖水域不同划分

（1）海水动物疾病。

（2）淡水动物疾病。

（三）按养殖动物的不同划分

（1）鱼类疾病。

（2）虾蟹类疾病。

（3）贝类疾病。

（4）两栖类疾病。

（5）爬行类疾病。

（6）棘皮动物疾病。

（四）按感染的情况划分

1. 单纯感染　疾病由一种病原体感染所引起的。如病毒性草鱼出血病，其病原体只有草鱼呼肠孤病毒一种。

2. 混合感染　疾病同时由两种或两种以上的病原体感染所引起的。如草鱼"三病"并发症，是由于鱼害黏球菌、肠型点状产气单胞杆菌和荧光假单胞杆菌3种病菌同时感染草鱼而引起的。并发症一定属于混合感染，但混合感染不一定都是并发症。

3. 原发性感染　病原体感染健康机体使之发病。如鱼害黏球菌在水温 25℃时，大量繁殖，毒力增强，可直接感染健康的草鱼，引发细菌性烂鳃病。

4. 继发性感染　已发病的机体，因抵抗力降低而再被另一种病原体感染发病。继发性感染是在原发性感染的基础上发生的。如水霉病一定出现在原已受伤的机体上。

5. 再感染　机体第一次患病痊愈后，被同一种病原体第二次感染又患同样的疾病。如鱼苗患车轮虫病治好后，又被车轮虫感染而发病。

6. 重复感染　机体第一次病愈后，体内仍留有该病原体，仅是机体与病原体之间保持暂时的平衡，当新的同种病原体又感染机体达到一定的数量时，则又暴发原来的疾病。

（五）按病程性质划分

1. 急性型　急性型的特征是病程短，来势凶猛，一般数天或者 1～2 周，机能调节从生理性很快转入病理性，甚至疾病症状还未表现出来，机体就死亡。如患急性型鳃霉病的病鱼 1～3d 即死亡。

2. 亚急性型　病程稍长，一般 2～6 周，出现主要症状。如患亚急性型鳃霉病的病鱼已出现该病的典型症状，即鳃坏死崩解并呈大理石化。

3. 慢性型　病程长，可达数月甚至数年，症状维持时间长，但病情不剧烈，无明显的死亡高峰。如患慢性型鳃霉病的病鱼，仅出现小部分鳃坏死、苍白，发病时间从 5 月一直持续到 10 月。

由于上述 3 种类型之间还存在有过渡类型，因此，它们之间并无严格的界限，当条件改变时，可以互相转化。

三、疾病的发展和结局

（一）疾病的发展

病原作用于机体后，疾病并不是立刻表现出来，一般有一个发展的过程。根据疾病发展中典型症状的有无或明显与否，可将疾病过程分为潜伏期、前驱期和发展期 3 个期。

1. 潜伏期 病原作用于机体到出现症状前的这一段时间称为潜伏期。潜伏期或长或短，有的疾病没有潜伏期，这与病原的侵袭力、侵入途径、侵入数量及环境条件和机体的抵抗力等因素有关。当病原毒力强、数量大、机体抵抗力差、环境条件恶化时，潜伏期就短；否则，潜伏期就长。如剧烈中毒潜伏期很短；机械损伤就没有潜伏期。

2. 前驱期 疾病出现最初症状到出现典型症状前，这一阶段称为前驱期。前驱期一般很短，所出现的症状并非某种疾病所特有的症状。

3. 发展期 疾病出现典型症状，形态、机能、代谢等出现明显的变化，这一阶段称为发展期。

同一种疾病因受环境条件、机体状况、病原侵袭力、病原数量等因素的影响，3 个时期的发展变化也不尽相同。

（二）疾病的结果

疾病发生后，在机体自身抵抗力和免疫力作用或人工治疗的情况下，其发展有完全康复、不完全康复和死亡 3 种结果。

1. 完全恢复 病原体消除，症状消失，机体机能、代谢和形态结构完全恢复。

2. 不完全恢复 主要症状消失，机能、代谢还留有一定的障碍，形态结构还留有一定的后遗症，机体的正常活动还受到一定的限制。

3. 死亡 疾病严重发展，最终导致机体死亡。

自测训练

一、填空

1. 水产动物发生疾病的原因主要有_____、_____和_____ 3 个方面。

2. 水产动物疾病按病程性质划分可分为_____、_____和_____ 3 种类型。

3. 疾病过程根据疾病发展中典型症状的有无或明显与否分为_____、_____和_____。

4. 水产动物疾病按病原划分可分成由_____引起的和由_____引起的两大类。

5. 疾病发生的条件主要有_____和_____两方面。

二、简答

1. 何为疾病？

2. 引起疾病的原因、条件有哪些？

3. 疾病的普遍规律是什么？

任务二 基本病理过程

任务内容

1. 掌握水肿、积水发生的机理及水肿和积水的区别。

2. 掌握组织损伤的发病机理和变化。

3. 掌握炎症的发病机理和结局。

学习条件

1. 显微镜、病鱼标本及病理组织切片。
2. 多媒体教室、教学课件、教材、参考图书。

相关知识

　　水产动物发病时，其机体调节必然由正常的生理性向不正常的病理性转变，从而使疾病由开始到终结产生一个病理过程，虽然疾病的种类不同，但它们具有共同的病理过程，许多疾病所共有的病理过程，称为基本病理过程。现着重介绍与水产动物疾病有关的一些病理学知识。

一、循环障碍

循环障碍包括血液循环障碍和组织间液循环障碍。

（一）血液循环障碍

　　正常血液循环是机体新陈代谢和机能活动的基本保证。机体通过血液循环向各器官组织输送氧气和营养物质，并携带和清除组织中的二氧化碳和代谢产物。血液循环发生了障碍，会引起组织代谢障碍，功能失调和形态改变，严重时损害器官组织，甚至引起组织死亡。在水产动物疾病中，血液循环障碍有全身性和局部性两类，常见的如贫血、充血、出血、梗死、血栓形成、栓塞等。

　　1. 贫血　组织或器官动脉血输入减少或停止，血液中血红蛋白或红细胞数量低于正常值的现象，称为贫血，也称为缺血。轻度贫血时，组织或器官颜色苍白，功能降低；严重贫血时，组织细胞出现萎缩、变性或坏死。如患细菌性烂鳃病的草鱼鳃丝发白、腐烂和坏死。

　　（1）出血性贫血。因出血造成血液中红细胞丧失超过补偿的速度。如虹鳟的病毒性出血败血症（VHS）和斑点叉尾鮰病毒病，其病毒能在血管组织内皮细胞中生长，从而引起血管破裂出血。

　　（2）吸血性贫血。如蛭等以吸血为食的寄生虫寄生在水产动物体表，吸食血液，使机体血量减少，出现贫血现象。

　　（3）营养性贫血。因缺乏某种营养物质，引起机体生血障碍，使血液生成量减少，称为营养性贫血。如缺乏叶酸、铁或维生素 B_{12} 均能引起贫血。

　　（4）溶血性贫血。在正常情况下，巨噬细胞能破坏血液中衰老的红细胞，使机体血液保持新鲜，并可重新利用所含的铁。但发生溶血性贫血时，血液中红细胞大面积遭到破坏，其程度远远超过正常情况下红细胞新老交替速度。最常见的是鳗弧菌和血液中寄生原虫，它们均能产生溶血素，引起溶血性贫血。

　　（5）肾和脾疾病引起的贫血。水产动物肾和脾具造血功能，造血组织因疾病损伤导致血细胞生成减少而引起的贫血。如传染性造血组织坏死病（IHN）和杆状细菌肾病等引起的贫血。

　　2. 充血　局部组织、器官内的血管扩张，血液含量超过正常量的现象称为充血。充血常伴有组织器官轻度肿胀、体积增大、血流变慢、颜色变红或青紫等症状。如打印病病灶周围炎症充血发红；患传染性胰腺坏死病（IPN）的虹鳟类，因眼球脉络膜毛细血管严重充血，引起眼球视网膜剥离，眼球突出变红。

充血有动脉性充血和静脉性充血2种。通常所称的充血是指动脉性的充血，静脉性充血称为淤血。

（1）动脉性充血。局部组织、器官内的动脉血含量异常增多的现象称动脉性充血，又称充血。动脉性充血既有生理性的，也有病理性的。如鱼类激烈游动时，肌肉组织和鳃由于活动量增加，力度增强，流往该处的动脉血量增多，属于生理性充血；病理性充血是由病毒、细菌、寄生虫等致病因子的作用而发生的毛细血管扩张、血流加快、血量增多和组织器官呈鲜红色等现象。病理性充血常伴有血液中渗出成分增多、组织器官炎症、体积增大和肿胀等症状。

（2）静脉性充血（淤血）。静脉血液回流受阻，局部组织器官的静脉血含量异常增多的现象称为静脉性充血，又称淤血。静脉性充血一般均为病理性的，对机体的影响一般较动脉性充血严重。

3. 出血　血液（特别是红细胞）流出血管外的现象称为出血。血液流到组织或腔隙内的称为内出血；血液流到体外的称外出血。由血管壁破裂所引起的出血称为破裂性出血；由血管壁通透性增强而使血液通过的称渗透性出血。出血的原因多种多样，水产动物主要有2种类型。

（1）破裂性出血。机体局部组织器官受机械损伤而使血管破裂。破裂性出血一般出血量多，组织间隙多出现水肿。

（2）渗出性出血。因病原生物入侵、血管发炎等引起的出血。渗出性出血一般出血量较少，皮肤黏膜多出现淤点或淤斑。

4. 血栓形成　在患病机体的心脏或血管内血液发生凝固的现象称为血栓的形成。血液的凝块称为血栓。血栓形成的原因有心血管内膜受损伤、血液流速缓慢和血液性质改变3个因素。它们经常同时存在，相互作用，相互影响。具体形成过程：一是血小板和白细胞的凝集过程；二是由于纤维蛋白析出而发生的血液凝固过程。

血栓的形成对机体既有有利的一面，也有不利的一面。其有利的一面是炎症病灶周围血管内血栓形成，有防止出血的作用，可阻止病原体及其毒素随血流扩散；其不利的一面是能引起局部组织的缺血性坏死，如若堵塞静脉还会引起局部淤血、水肿，重要的组织器官若形成血栓，会引起严重的后果。

5. 栓塞　离开血管壁的血栓碎片或不溶于血液的异物随血液运行，堵塞血管，阻塞血液流通的现象称为栓塞。引起栓塞的物质称为栓子。栓子可以是固体、液体或气体。常见的有血栓碎片、细胞或组织、寄生虫及其虫卵、细菌菌落和气泡等。

栓塞引起的后果取决于栓子的大小、种类、阻塞部位及机体状况等，严重时可引起机体死亡。如气泡病，大量气泡进入鱼苗血管，引起血管堵塞，导致机体死亡；又如鳃霉菌菌丝穿入鳃血管，引起血管阻塞，导致鱼类大量死亡。

6. 梗死　机体器官或组织由于血管阻塞，血液供应中断，引起局部组织的缺血性坏死称为梗死。梗死的原因通常有血栓形成、动脉栓塞、血管腔受压等引起的血管闭塞，并导致局部缺血。根据梗死灶内含血量的不同，梗死可分为贫血性梗死和出血性梗死。

梗死对机体的影响，与梗死部位、大小及有无细菌感染有关。一般梗死病灶较小的，不一定出现症状，病灶较大的，可出现各种症状。若梗死病灶发生在重要器官如心脏、脑等，即使病灶不大，也可引起机体的严重障碍，甚至死亡。

（二）组织间液循环障碍

在正常生理状况下，毛细血管动脉端滤出压大于回流压，而静脉端的滤出压小于回流压，所以血浆中水、小分子化合物及无机盐离子通过动脉端滤出，生成组织间液，而组织间液和组织细胞代谢产物又不断地通过静脉端回流到血浆中，从而使组织间液形成与回流维持动态平衡，称为组织间液循环。在致病因素的作用下，血管内外交换发生障碍或水、钠滞留，导致水肿和积水，称为组织间液循环障碍。

细胞或组织中潴留异常大量的组织液称为水肿。而皮下组织里潴留大量的液体称为浮肿。在浆膜腔内积存了大量的液体称为积水，如胸腔积水、腹腔积水、心包腔积水等。

水肿和积水是一种可逆性病理过程。一般随病因的消除而消失。但若水肿液和积水液长期聚集不被吸收，就会引起组织发炎、机能障碍；若水肿发生在重要部位，还可引起机体死亡。

二、组织损伤和代偿修复

组织损伤是机体全身性物质代谢障碍的局部反映。组织损伤依损伤程度的不同分萎缩、变性和坏死 3 种形式。萎缩和变性一般是可恢复的，坏死则是不可恢复。

（一）萎缩

在某些因素的作用下，发育成熟的器官和组织出现体积缩小和机能减退的变化称为萎缩。萎缩与发育不良有本质的不同。发育不良是指器官和组织未发育到正常大小而导致体积小；萎缩则是指已经发育到正常大小的器官和组织体积缩小。萎缩的病理变化是细胞体积缩小和细胞数量减少。萎缩分生理性萎缩和病理性萎缩两种。

1. 生理性萎缩　指在正常生理情况下，随年龄的增长，某些器官和组织的生理功能逐渐减退，体积缩小的现象称为生理性萎缩。如亲鱼经多年繁殖后，卵巢逐渐退化，怀卵量逐渐减少；又如黄鳝，第一次性成熟均为雌性，卵巢发育完全，但经产卵后，卵巢逐渐萎缩，发生性逆转变为雄性。

2. 病理性萎缩　指器官和组织在致病因素的作用下而引起的萎缩。病理性萎缩可分为全身性萎缩和局部性萎缩。鱼类因长期缺乏营养物质，常处于饥饿状态，或消化吸收障碍，常处于营养不全状态，就会发生萎瘪病，出现全身性肌肉萎缩。全身性萎缩首先从脂肪开始，其次为肌肉、肝、肾等，最后是脑组织萎缩。局部发生物质代谢障碍，导致相应的组织器官发生萎缩称为局部性萎缩。如鲫感染舌状绦虫时，体腔内有大量寄生虫，内脏器官受到挤压后逐渐萎缩，属局部性萎缩。萎缩是一种可逆性的病变，消除病因后，萎缩的器官和组织可恢复其形态和机能。萎缩对机体的影响大小，与萎缩发生的部位和程度有关，若萎缩发生在不重要的器官或程度较轻，不一定出现机能降低的临床表现；若发生在重要器官或程度严重时，则可引起严重的后果。

（二）变性

在致病因素的作用下，由于组织细胞内物质代谢障碍而发生物理、化学性质的改变，在细胞或细胞间质内出现异常物质或正常物质明显增多的现象称为变性。变性的细胞、组织机能降低，严重时可导致组织、细胞坏死。变性的种类很多，常见的有以下几种：

1. 颗粒性变性 变性细胞肿大，胞浆内出现微细蛋白质颗粒称为颗粒性变性。颗粒性变性主要发生于心、肝、肾等实质脏器，故也称为实质变性。变性细胞呈混浊状态，细胞核不易看见。颗粒变性常见于缺氧、中毒和急性感染过程。颗粒变性是细胞的一种轻度变性，具有可逆性，当病因消除后恢复正常。若病因继续作用，可进一步引起水样变性和脂肪变性，严重时细胞坏死。

2. 脂肪变性 细胞的胞浆内出现大小不一的脂肪滴的变性称为脂肪变性。引起脂肪变性的原因与颗粒变性相同，并常与颗粒变性先后或同时发生在同一器官中。脂肪变性常见于肝、肾、心脏等实质器官，以肝脂肪变性最常见。当饲料中缺乏胆碱、蛋氨酸或脂肪含量高时，就会引起肝脂肪变性，变性器官色彩稍显黄色，体积肿大。

3. 水样变性 细胞水分增多，胞浆内出现大小不一的圆形或椭圆形水泡（呈空泡状），整个细胞呈蜂窝状结构，因此又称为空泡状变性。

4. 黏液变性 正常情况下，机体体表分泌一定量的黏液，具有保护和润滑作用，但当黏膜上皮受到致病因素的作用，如细菌、寄生虫感染等，体表黏液分泌量显著增加，并发生一定程度的变性、坏死、脱落。黏液变性的显著特点是上皮细胞或结缔组织内黏液物质增加。

5. 玻璃样变性 细胞或细胞间质内出现一种均匀、同质、透明的玻璃样物质，即玻璃样变性，又称为透明变性。常见于各种微生物感染的鱼类和中毒鱼类的肾小管上皮细胞。

（三）坏死

机体内局部组织、细胞的病理性死亡称为坏死。坏死的实质是局部组织、细胞代谢完全停止，是一种不可逆的变化。大多数坏死是逐渐发生的，是组织、细胞首先发生物质代谢障碍，引起萎缩或变性，严重时组织、细胞坏死，故称为渐进性坏死。与此相对的少数是急性坏死，急性坏死是迅速发挥作用的致病因子立即引起组织坏死。急性坏死没有变性阶段。

坏死又分为生理性坏死和病理性坏死 2 种。

1. 生理性坏死 在正常生理情况下，机体内不断有一定数量的细胞衰老，也有新的细胞不断生成，新生细胞代替衰老细胞，衰老细胞脱落、死亡即生理性坏死。如表皮细胞的脱落即属于生理性坏死。

2. 病理性坏死 任何致病因素只要对机体作用达到一定强度和时间，都能使组织细胞发生损伤，引起其物质代谢完全停止而发生的坏死称为病理性坏死。常见的原因有局部组织缺血、理化因素和生物因素的刺激、变态反应、缺乏某些必要的营养元素等。如患有白头白嘴病的病鱼，其鼻孔前皮肤上皮组织细胞几乎坏死；水温低于 0.5℃时，有些鱼的皮肤会出现坏死；鱼体受压损伤时，部分组织的血流流动受到阻碍，使组织坏死。

坏死的组织、细胞成为机体内异物，机体通过各种方式将其清除。如溶解吸收、分离脱落和形成包囊等。

（四）代偿与修复

当机体遭受各种病因侵害时，机体组织器官呈现代谢、机能障碍和形态结构的损伤时，机体通过各种途径调动体内一切防御机制，抵抗病因的侵害，维持机体正常代谢、机能活动并修复损伤的组织、器官。

1. 代偿 在疾病过程中，某些器官、组织的结构遭到破坏，功能及代谢发生障碍时，机体通过调节其代谢、机能和结构而进行代替、补偿所建立的平衡过程称为代偿。代偿是机体重要抗损伤反应，主要有 3 种表现形式。

（1）机能代偿。成对器官或局部组织机能障碍时，其对称器官或损伤组织周围的健康组织机能增强予以补偿。

（2）结构代偿。代偿器官在机能增强的基础上，同时出现形态结构的变化。

（3）代谢代偿。指某种物质代谢障碍或缺乏，机体营养需求不足，可由其他物质加强代谢或异生来代偿。

代偿是有限度的，超过一定限度时，机体尽管发挥最大的代偿能力也不能达到新的平衡与协调。

2. 修复 机体对受损组织的修补，即组织损伤后的重建和改建过程。主要包括组织的再生和创伤愈合。

（1）再生。组织器官的一部分遭到损伤后，由损伤部位周围健康组织细胞分裂、增生来修复损伤组织的过程称为再生。再生可分为生理性再生和病理性再生。生理性再生是机体为维护正常生理机能需要而发生的再生，如红细胞、白细胞等不断衰老死亡，又不断被相应的组织产生新的细胞予以补充；病理性再生是组织和器官因受致病因素作用，损伤后发生的修复过程称为病理性再生。

（2）创伤愈合。动物体由于创伤引起组织的损伤或缺损，由该处组织再生进行修复的过程称为创伤愈合。如皮肤受创，出血及血液凝固，白细胞清除创口细菌、异物和坏死组织，创口收缩，肉芽组织生长和疤痕形成等过程。

三、炎 症

炎症是各种致炎因子引起的损伤所发生的一种以防御为主的局部组织反应。炎症是最常见的而又十分重要的基本病理变化，贯穿于各种疾病发生、发展的全过程，其反应是通过致炎因子直接作用的部位表现出来，包括组织的变质、渗出和增生等过程，常伴有不同程度的全身反应，如发热，白细胞增多，单核吞噬细胞系统的细胞增生及特异性免疫反应等。

炎症发生时，局部组织中都存在着变质、渗出和增生 3 种基本改变。只是三者的表现方式和组成方式在不同的炎症或炎症的不同阶段是不相同的。一般情况下，变质属于损害过程，渗出和增生则属于抗损害过程。

（一）炎症的原因

致炎因子作用机体后，能否发生炎症反应，还与机体的感受性、适应性和抵抗力等有关。只有当机体抵抗力下降，或病菌侵入很多时，机体因不能立即把侵入的病菌完全消灭，才会发生炎症。引起炎症的原因很多，凡能引起组织损伤的因素都能引起炎症。主要有：物理因素（如高温、低温、外伤、放射性损伤和电击等）、化学因素（如强酸、强碱、有毒物质等）、生物因素（如病毒、细菌、霉菌和寄生虫等）和免疫因素（如各种免疫性疾病、变态反应性炎症等）。

（二）局部组织的基本病理变化

炎症时，局部组织会出现变质、渗出和增生 3 种基本变化。

1. 变质　变质性炎症的主要特征是器官的实质细胞发生严重的变性和坏死。在鱼类多由微生物性病原感染而引起，最常见于肾，其实质细胞的变化主要表现为严重的颗粒变性、空泡变性、脂肪变性和坏死。

2. 渗出　渗出性炎症主要特征是血液内的液体和细胞成分从血管内逸出进入组织间隙。按照炎症渗出物性质的不同，渗出性炎症可分为：

（1）浆液性炎。随炎症性充血的出现，从血管内渗出浆液的一种病变。

（2）纤维性炎。渗出液中析出纤维素原的病变。纤维素在病灶里呈网状、层状或带状。

（3）化脓性炎。这种炎症主要发生在细菌性感染的疾病中，中性粒细胞渗溢严重的炎症。如鱼类中性粒细胞由肾造血组织制造，在化脓性发作时，造血组织内中性粒细胞呈明显的增殖反应。

（4）卡他性炎。一种黏膜的渗出性炎症。

（5）出血性炎。出血现象严重的病变性炎症。如鱼类鳃部组织，毛细血管丰富，当呼吸上皮被细菌或寄生虫感染、侵袭时，会引起鳃小片上皮严重的渗出性出血。

3. 增生　细胞增生是致炎因子长期作用或组织分解产物的刺激所引起的一种常见病变，多发生于慢性炎症，急性炎症也可发生，甚至成为炎症的主要表现。增生是一种防御反应，起着局限炎症病灶、修补组织缺损的作用，对机体是有利的。但增生也有不利的一面，如患细菌性烂鳃病的鱼类，鳃呼吸上皮细胞过度增生，使相邻鳃小片融合，则影响鳃的呼吸功能。

（三）炎症的局部表现与全身反应

1. 炎症的局部表现　高等脊椎动物炎症的局部表现主要有红、肿、热、痛和机能障碍等症状。但对鱼、虾等变温动物而言，"热"不能作为一种主要症状。

2. 炎症的全身反应　炎症的全身性反应主要有发热、白细胞增多、单核吞噬细胞增生和实质器官病变等。

（四）炎症的类型

根据炎症经过的时间长短，将炎症分为急性炎症、慢性炎症和亚急性炎症 3 种。根据炎症的病理变化，将炎症分为变质性炎、渗出性炎和增生性炎 3 种。

（五）炎症的结果

在炎症过程中，损害和抗损害双方力量的对比决定着炎症发展的方向。如果抗损害过程占优势，则炎症向痊愈的方向发展；若损害过程占优势，则炎症逐渐加剧并可向全身扩散；若两者处于相持状态，则炎症可转为慢性而迁延不愈。

1. 痊愈　通过治疗或机体本身的抗损害反应，使致炎因子消除，炎症病灶消散，组织完全愈合，结构和机能完全恢复正常。

2. 迁延不愈转为慢性炎症　因治疗不彻底、不及时，或机体本身抵抗力下降，使致炎因子持续存在，反复作用于机体，急性炎症经久不愈，转为慢性炎症。

3. 蔓延扩散　因机体抵抗力下降、病原生物大量繁殖或未经适当治疗，病情进一步恶化，使炎症病灶不断蔓延扩散。

四、肿　瘤

肿瘤是机体在各种致瘤因子的作用下，局部组织的细胞发生异常增生而形成的新生物。增生的肿瘤细胞常形成肿块；具有结构和功能异常；代谢和生长能力非常旺盛，与整个机体不相协调；一般细胞分化不完全，接近幼稚的胚胎细胞；没有形成正常组织结构的倾向；致瘤因素消除后其生长和代谢特点仍能继续保持。

1. 肿瘤的生长　肿瘤的生长速度与肿瘤细胞分化程度有关，细胞分化程度越低，生长速度快。良性肿瘤通常生长较慢，恶性肿瘤生长较快，如果恶性肿瘤短时间内生长速度加快，应考虑有恶变的可能。

肿瘤的生长方式主要有膨胀性生长、浸润性生长、外生性生长和弥散性生长。良性肿瘤一般呈膨胀性生长，不侵袭周围组织，常呈结节状，与健康组织分界清楚；恶性肿瘤一般呈浸润性生长，侵袭周围组织，与健康组织分界不清；良性、恶性肿瘤均可呈外生性生长，主要见于上皮性肿瘤；造血组织肉瘤、未分化癌与未分化非造血组织间叶组织肉瘤多呈弥散性生长，其特点是肿瘤细胞是分散的，而不是聚集的。

2. 肿瘤的病因　肿瘤的病因十分复杂，已知外界环境中的各种致癌因素是鱼类肿瘤形成的主要原因，如化学致癌因素、物理致癌因素、生物致癌因素等。此外，肿瘤形成还与机体的内在因素有关，如机体的种类、年龄、遗传和免疫力等。

3. 肿瘤的命名与分类　肿瘤是按其组织来源命名的，良性肿瘤通常是在来源组织的名称之后加上一个"瘤"。恶性肿瘤通常包括癌和肉瘤。根据组织病理变化及对机体的影响，可将肿瘤分为良性肿瘤和恶性肿瘤；根据肿瘤的组织来源不同，可将肿瘤分为上皮组织肿瘤、间叶组织肿瘤、神经组织肿瘤和其他类型肿瘤（如色素、胚胎组织肿瘤）。两者区别见表1-4。

表1-4　良性肿瘤和恶性肿瘤的区别

生物学特性	良性肿瘤	恶性肿瘤
组织分化程度	分化好，异型性小，与原有组织的形态相似	分化不好，异型性大，与原有组织的形态差别大
生长方式	膨胀性和外生性生长	浸润性和外生性生长
核分裂	无或稀少，不见病理核分裂象	多见，并可见病理核分裂象
生长速度	缓慢	较快
包膜形成	膨胀性常有包膜形成，可推动，与周围组织分界清楚	浸润性无包膜，不能推动，与周围组织分界不清楚
继发改变	很少发生坏死、出血	常发生出血、坏死、溃疡等
转移	不转移	常转移
对机体影响	较小，主要为局部压迫或阻塞，发生在重要器官可引起严重后果	较大，除压迫、阻塞外，还破坏原发处和转移处组织，引起坏死出血合并感染，甚至造成恶病质
术后复发	很少复发	常复发

自测训练

一、填空

1. 出血的直接原因是＿＿＿＿＿＿＿＿。
2. 组织的损伤依损伤程度的不同分＿＿＿＿、＿＿＿＿和＿＿＿＿ 3 种形式。
3. 血栓形成对机体是有利的，即具有＿＿＿＿和＿＿＿＿的作用。
4. 变温动物炎症的局部表现主要＿＿＿＿、＿＿＿＿、＿＿＿＿和＿＿＿＿等症状。
5. 循环障碍包括＿＿＿＿＿＿＿＿和＿＿＿＿＿＿＿＿。
6. 血液循环障碍分＿＿＿＿＿＿＿＿和＿＿＿＿＿＿＿＿两类。
7. 高等脊椎动物炎症的局部表现主要有＿＿＿＿、＿＿＿＿、＿＿＿＿、＿＿＿＿和＿＿＿＿等症状。
8. 血流流到体外的称为＿＿＿＿，流到组织间隙或体腔内的称为＿＿＿＿。
9. 局部组织的基本病理变化是＿＿＿＿、＿＿＿＿和＿＿＿＿ 3 种。
10. 炎症的结果有＿＿＿＿、＿＿＿＿和＿＿＿＿ 3 种。

二、简答

1. 何谓水肿、积水？
2. 水肿、积水发生机理如何？
3. 水肿、积水病变及影响如何？
4. 简述萎缩、变性、坏死的含义。
5. 组织损伤对机体影响怎样？
6. 简述炎症、变质、渗出和增生的含义。
7. 炎症对机体影响及结局怎样？

项目二

药理学基础与常见渔药

能力目标

掌握药物基本作用方式及作用类型。

掌握影响药物药效的因素。

掌握常用水产药物。

掌握渔药的选药的基本原则。

掌握渔药的给药方法及其优缺点。

知识目标

了解药物的基本作用、理解药物的各种类型、掌握药物的作用。

了解药物作用机理、理解药物吸收及转运、掌握影响药物的几大因素。

了解常用水产药物种类、理解药物的作用机理、掌握水产药物的使用方法。

了解选药意义、理解选药原则、掌握选药方法。

药理学是研究药物与机体间相互作用的科学。其内容包括：药物对机体的作用规律和作用原理；药物在机体内所经过的变化；药物对机体的毒性反应、中毒原因和防治措施。药理学的任务是指导我们合理用药，开辟、寻找新药和改进现有药物的研究工作，充分发挥药物在治疗和预防上的最大效能。

任务一　药物的作用

任务内容

了解药物基本作用。

学习条件

多媒体教室、教学课件、教材、参考图书。

相关知识

一、药物的基本作用

药物对疾病起作用是机体与药物相互作用的结果。药物进入机体后，一方面药物对机体产生各种作用，另一方面机体也不断作用于药物，使药物发生变化。

药物的作用是指药物对机体和病原体的双重作用，药物对机体机能活动的影响是药物的基本作用。药物能使机体机能活动增强称为兴奋作用，药物使机体机能活动减弱称为抑制作用。无论是兴奋还是抑制作用都只影响机体原有的机能活动，而不能使机体产生新的机能活动。

药物基本作用类型有：药物使机体机能从低于正常水平增至正常水平称为强壮作用；药物使机体机能从低于正常水平或正常水平增至超过正常水平为兴奋作用；药物使机体机能从高于正常水平降至正常水平为镇静作用；药物使机体机能从高于正常水平或正常水平降至低于正常水平为抑制作用；药物使机体活力全部停止，而不易恢复为麻痹作用；药物使神经系统部分或大部分停止，经一定时间后可以完全恢复为麻醉作用。

二、药物作用的方式

（一）局部作用和吸收作用

按作用发生时，药物是停留在用药的部位或被吸收到机体来确定。

1. 局部作用 药物在吸收入血液以前停留在用药部位所发生的作用称为局部作用。如外用消毒药对鱼体皮肤的消毒作用；杀虫药能杀灭鱼体外的寄生虫等。局部作用不仅表现在体表，也可表现在体内。通常驱虫药，如咪唑类药物是麻醉肠道寄生虫肌肉，使之无法附着在寄主肠壁上，而随寄主粪便排出体外。

2. 吸收作用 药物吸收到体液循环后所发生的作用称为吸收作用。如土霉素治疗对虾瞎眼病。

（二）直接作用和间接作用

按发生机制，药物作用可分为直接作用和间接作用2种。

1. 直接作用 药物作用所接触的部位对药物所发生的反应称为直接作用。如碘酒直接在涂抹的部位发生作用。

2. 间接作用 由直接作用所引起而发生在其他部位的反应称为间接作用。如敌百虫可以直接杀死鱼体寄生虫（直接作用）；而鱼壮粉则是通过改善鱼体营养，调节代谢功能，从而达到防治鱼类脂肪肝病的作用（间接作用）。又如亚甲蓝，它既具有抗菌杀虫作用（直接作用），又具有促进红细胞生长、解救氰化物和亚硝酸盐等引起的中毒以及服用磺胺类药物等引起的高铁血红蛋白症的作用（间接作用）。

（三）选择作用和普遍细胞作用

1. 选择作用 药物进入机体后对组织器官的作用强度不一，对某些组织器官的作用特别明显称为选择作用。如青霉素能阻止细菌细胞壁的合成，因而能对细菌起到杀灭作用，而对鱼无毒性；磺胺类药物能抑制二氢叶酸合成酶，因而能抑制细菌的生长和繁殖。药物的选择作用是相对的，多数选择性高的药物，使用时针对性强；选择性低的药物，作用范围广，应用时副作用常较多。

2. 普遍细胞作用 药物与接触的组织器官都有类似的作用称为普遍细胞作用。如硫酸铜能与一切生活组织所必需的含巯基（-SH）的酶结合，而破坏其机能；漂白粉能对细菌、病毒、寄生虫等原浆蛋白产生氯化和氧化作用。

（四）防治作用与不良反应

1. 防治作用 包括预防作用和治疗作用。能阻止、抵抗病原体侵入，或促使机体产生相应抗体，以预防疾病发生的作用称为预防作用。药物有减轻或治愈疾病的作用称为治疗作用。如含氯消毒剂，不但可以治疗疾病，消除病因，而且还可以用于预防疾病和改良水质环境。治疗作用一般分对因治疗（治本）和对症治疗（治标）两种。对因治疗——药物的作用在于消除疾病的原发性致病因子；对症治疗——药物的作用在于改善疾病的症状。在水产动物疾病防治中常采用对因和对症治疗相结合方法。

2. 不良反应 大多数药物在发挥治疗作用的同时，都存在程度不同的不良反应，这就是药物作用的两重性。按照世界卫生组织（WHO）国际药物监测合作中心的规定：药物不良反应指正常剂量的药物用于预防、诊断、治疗疾病或调节生理机能时出现的有害的和与用药目的无关的反应。包括副作用、毒性反应、变态反应和继发性反应。

（1）副作用。指药物用常用剂量治疗时，伴随治疗作用出现的一些与治疗无关的不适反应。如用硫酸铜、晶体敌百虫等药物全池泼洒治疗寄生虫病时，虽然寄生虫被杀灭了，但带来的副作用是水产动物产生厌食；用硝酸亚汞（现已禁止用作兽用杀虫剂）治疗金鱼小瓜虫病时，随之而来的是金鱼体表色素的变化等副作用的发生；将抗生素添加到饲料中，能预防水产动物细菌性疾病，但带来的副作用是肠内细菌的耐药性和组织残留。副作用是药物所固有的，一般可预测，但很难避免。副作用和治疗作用在一定条件下是可以转化。副作用常为一过性的，随治疗作用的消失而消失。但是有时候也可引起后遗症。

（2）毒性反应。指用药剂量过大、用药时间过长或蓄积过多，使机体发生严重功能紊乱或病理变化的反应。毒性反应分慢性毒性和急性毒性。"三致"（致癌、致畸、致突变）反应属于慢性毒性范畴。那些药理作用较强，治疗剂量与中毒剂量较为接近的药物容易引起毒性反应。少数人对药物的作用过于敏感，或者自身的肝、肾功能等不正常，在常规治疗剂量范围就能出现别人过量用药时才出现的症状。

（3）变态反应。指机体受药物刺激后所发生的不正常免疫反应，也称过敏反应。它与剂量无关，不属于药物所固有的，不可预测。如青霉素引起的过敏性休克。

（4）继发性反应。指药物的治疗作用所引起的不良后果。如长期使用广谱抗生素，由于大多数敏感菌被抑制，水产动物体内菌群间原有的相对平衡状态受破坏，致使少数病菌产生抗药性后大量繁殖，引起该类病菌疾病的继发性感染。

（五）协同作用和颉颃作用

1. 协同作用 当两种以上药物合并使用时，其作用因互相协助而增强称为协同作用。如硫酸亚铁与硫酸铜合用，可增加主效药的通透性，从而提高硫酸铜药效；大黄与氨水合用，可使大黄的药效增加 4 倍；乌桕与生石灰合用，可使乌桕药效增加 32 倍。磺胺类药物与甲氧苄啶（TMP）合用，可使磺胺药效增加 4～8 倍。

2. 拮抗作用　当两种以上药物合并使用时，其作用因互相对消而减弱称为拮抗作用。如敌百虫与生石灰合用产生敌敌畏，不仅降低了敌百虫的药效，而且生成的敌敌畏会使毒性增强 100 倍，对水产动物产生较大危害。青霉素与四环素混用也会产生拮抗作用。拮抗作用常用于解除某一药物的毒性反应。如敌百虫等有机磷中毒，可用阿托品来缓解。

三、药物作用的机理

药物作用的机理是阐明药物为什么能起作用，如何起作用及作用部位等问题的有关理论。目前有些药物作用机制已完全清楚，但还有不少药物的作用机制尚不清楚，研究此项工作仍是重要的一项任务。

药物作用机制有多种多样，大致可归纳为以下几种方式：

1. 改变细胞周围环境的理化条件　如碳酸氢钠、氢氧化铝等通过中和作用，使消化液的酸度降低，减轻消化道的刺激；在高浓度盐水中，细胞很快脱水。

2. 参加或干扰细胞物质代谢过程　如磺胺类药物由于它的基本化学结构（对氨基苯磺酰胺）与对氨基苯甲酸（PABA）相似，它们竞争二氧叶酸合成酶，参与了细菌的叶酸代谢，使对磺胺类敏感的细菌叶酸合成受到抑制，从而产生抑菌作用。

3. 通过对体内某些酶的抑制或促进而起作用　如胰岛素促进己糖激酶活性产生降糖作用；敌百虫将胆碱酯酶的活性抑制而起作用。

4. 对细胞膜作用　如新洁尔灭改变细菌胞浆膜的通透性而起作用，用于防治鲤白云病等。

5. 改变生理递质的释放或激素的分泌即改变机体内活性物质的释放而产生作用　如碘能氧化病原体原浆蛋白的活动基因起杀菌作用并有抑制甲状腺分泌的作用。

四、影响药物作用的因素

（一）药物方面的因素

1. 药物的理化性质与化学结构　药物的作用与其理化性质、化学结构密切相关，可以说是药物理化性质及化学结构在动物机体中的反应。药物的分子越小，越易被吸收；脂溶性越大，越易被吸收。如重金属盐类易与机体蛋白质发生化学结合反应，使之沉淀，因而可发生刺激、收敛或腐蚀作用；对氨基苯甲酸（PABA）是某些细菌的生长物质，磺胺类药物由于与其化学结构上的相似，能发生竞争性抑制，而表现其结构作用；氯霉素会使人产生再生性贫血，导致白血病，已被禁用，取而代之的是氟苯尼考（氟甲砜霉素），它保留了氯霉素的药理作用，克服了氯霉素可造成的副作用的缺点。

2. 药物的剂量　药物的剂量可明显影响药物的作用。药物必须达到一定的剂量才能产生效应。在一定范围内，剂量越大，药物作用越强。药物的剂量与效果关系见图 2-1。药物的剂量类型如下：

（1）无效量。药物剂量过小，不产生任何效应。

（2）最小有效量（阈剂量）。能引起药物效应的最小药物剂量。

（3）半数有效剂量（ED$_{50}$）。对 50% 个体有效的药剂量。

（4）最大耐受量（极量）。出现最大药物效应的药剂量。

（5）安全范围。介于最小有效量与极量之间。良好的药物一般应有较大的安全范围。

（6）最小中毒剂量。使生物机体出现中毒的最低剂量。

（7）致死量。使生物出现死亡的最低剂量。

（8）半致死量（LD$_{50}$）。使 50% 个体死亡的药物剂量。

药物的剂量范围应灵活掌握，既要发挥药物的有效作用，又要避免其不良反应。如使用硫酸铜杀灭中华鳋时，一般一次全池泼洒的用量最高不能超过 0.7g/m^3，高于此浓度则易引起鱼、虾的死亡，但低于 0.2g/m^3，对寄生虫无效。此外，不同个体对同一剂量的反应存在着差异，因此，对于不同种类甚至同一种类的不同阶段，其药物的给予量是应有所不同的。

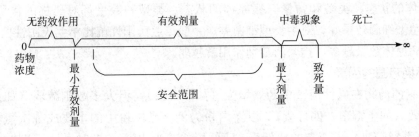

图 2-1　药物的剂量与效果关系示意

3. 药物的剂型与给药途径　大多数药物的原料一般不宜直接用于动物疾病的防治，必须经加工制成安全、稳定和便于应用的形式，称为剂型。药物剂型有四大类：液体剂型（注射剂、煎剂）；气体剂型（喷雾剂）；半固体剂型（软膏、糊剂）；固体剂型（粉剂、片剂、胶囊剂）。

药物的剂型和给药途径对药物作用的影响，是因吸收速率不同，导致体内浓度差别而引起的。一般药物的分子越小，越易被吸收，晶体比胶体易吸收，液体比固体易吸收，水溶性比脂溶性易吸收。以口服剂型而言，液剂吸收的速度最快，散剂其次，片剂最慢。给药途径以注射法吸收的速度最快，口服法其次，浸洗法或泼洒法最慢。为使药物发挥更好药效，在疾病防治时常多种给药方法同时进行。

4. 药物的蓄积　当药物进入机体的速度大于药物自体消除的速度时，就会产生蓄积作用。在反复用药时，因体内解毒或排泄障碍而发生的中毒称为蓄积性中毒。由蓄积而产生毒害的药物，如六六六、DDT 等，因其性质稳定，不易被分解破坏，残留量大，而且时间长，可危及人类或水产动物的健康，现已被禁用。

（二）机体方面的因素

1. 水产动物的种类　水产动物对药物的敏感性，依其种类而异。如鲑科鱼类比草鱼、鲢对硫酸铜敏感。鲈、真鲷、淡水白鲳、鳜比鲤科鱼类对敌百虫敏感。即便是同一种类，其在年龄和性别方面也存在差异。一般幼龄、老龄和雌性水产动物对药物较为敏感。如"四大家鱼"鱼苗比其成鱼对漂白粉敏感；虾、蟹类等幼体比其成体对碱性绿敏感。

2. 机体的机能状态　机体的机能状态也会明显影响药物的作用。机能活动不同，对药物作用的反应也不同。一般瘦弱、营养不良或患病的个体对药物较为敏感。如鱼、虾等冷血动物，不会发热，因而退热药对水产动物没有作用；若机体肝功能受损，可导致某些药物代谢酶的减少；肾功能受损，可造成药物蓄积。因此，在使用抗生素治疗传染性疾病时，应慎用或减少用药量。

（三）病原体方面的因素

1. 病原体的耐药性　抗药性是生物与化学药物之间相互作用的结果。凡需要加大药物剂量才能达到原来在较小剂量时即可获得的药理作用的现象，称为抗药性，又称为耐药性。一些病原体在反复接触同一种药物后，其反应性不断减弱，以致最后病原体已能抵抗该药物，而不被杀灭或抑制。如液化气单胞菌对低剂量的土霉素极易诱发耐药性，以致以后大剂量应用也无效。耐药性的产生与长期反复地使用同一药物、施药技术不当和施药量过低有关。因此，选择药物时，宜采取几种药物交替使用或混用的办法，来避免病原体产生耐药性。

2. 病原体的状态、类型和数量　病原体的状态、类型和数量都对药物的作用有影响。青霉素对繁殖型细菌效果好，对生长型细菌差；一般革兰氏阳性菌比革兰氏阴性菌对抗菌消毒剂敏感；病原体数量越多，抗菌消毒剂作用就越弱。

（四）环境方面的因素

1. pH　有的药物在碱性溶液中药效增强（如敌百虫），但大多数则减弱（如漂白粉），有的甚至失效（如土霉素、四环素）。以漂白粉为例，漂白粉中的主要成分次氯酸钙，遇水后产生 $HClO$ 与 ClO^-，两者的比例受 pH 的影响。当水温 20℃ 时，$HClO$ 与 ClO^- 的比例与 pH 的关系可见表 2-1。可见，pH 越低，$HClO$ 越多，ClO^- 越少。$HClO$ 与 ClO^- 的杀菌力的比约为 100∶1。所以，池水的 pH 越低，$HClO$ 越多，漂白粉的杀菌效果就越好。

表 2-1　$HClO$ 与 ClO^- 在不同 pH 水中的比例（％）

（朱选才.1998. 水产动物用药问答 300 题）

pH	8	7	6
HClO	29.0	80.0	97.5
ClO⁻	71.0	20.0	2.5

2. 温度　药物的毒性、药效与水温有密切关系。一般水温升高，药物的毒性增强；水温越高，药效越好，不少药物在低温环境下（水温低于 10℃）疗效明显下降。但有的药物却相反，如溴氰菊酯在 20℃ 以上药效强度要比 20℃ 以下低得多。

3. 有机物　由于不少药物，如漂白粉、硫酸铜、高锰酸钾等，可与水中的有机物发生反应，因此，肥水池的用药量应适当提高，否则会影响药效。当然，也有一些药物，如碘制剂受有机物的影响则较小。

4. 溶解氧　一般来说，水中的溶解氧越低，药物对水产动物的毒性就越大。如硫酸铜、漂白粉在低溶解氧水中比在高溶解氧水中具有更大的毒性和药效。

5. 硬度　水的硬度往往也会影响有些药物的毒性和药效。如硫酸铜在硬水中，会与碳酸盐作用，生成蓝色的碱性碳酸盐，从而降低药效。因此，它在软水中比在硬水中具有更大的药效。

自测训练

一、填空

1. 采取_____或_____可避免病原体产生耐药性。

2. 安全范围一般是在_____与_____之间。

二、选择

1. 机体能忍受而不显中毒症状的最大剂量为（　　）。

　　A. 致死量　　　　　B. 常用剂量　　　　　C. 极量　　　　　D. 中毒量

2. 外用药物可用（　）给药方法。

　　A. 浸沤　　　　　B. 泼洒　　　　　C. 浸洗　　　　　D. 涂抹

3. 内用药物可用（　）给药方法。

　　A. 口服　　　　　B. 泼洒　　　　　C. 注射　　　　　D. 涂抹

4. 按药物作用类型划分，口服药物多数应属于（　　）作用。

　　A. 吸收　　　　　B. 局部　　　　　C. 普遍细胞　　　　　D. 选择

三、简答

1. 药物作用机理是什么？

2. 给药方法有哪些？

3. 影响药物因素有哪些？

任务二　渔　　药

任务内容

1. 了解常用水产药物种类。

2. 理解药物的作用机理。

3. 掌握水产药物的使用方法。

4. 实地参观水产药厂或药店。

学习条件

1. 多媒体教室、教学课件、教材、参考图书。

2. 药品实物。

相关知识

一、渔药的定义

渔药是指为提高增养殖渔业产量，用以预防、控制和治疗水产动植物的病、虫、害，促进养殖品种健康生长，增强机体抗病能力以及改善养殖水体质量所使用的一切物质。它包括水产动物药和水产植物药两部分。由于当前国际上对渔药的研究、开发和应用，主要集中于水产动物药，故常常将渔药狭义地局限为水产动物药。渔药应用范围限定于增养殖渔业，而在捕捞渔业和渔产品加工业方面所使用的物质，则不包含在渔药范畴内。

二、常用渔药

药物种类繁多，对其分类众说不一。按药物的化学性质分有无机药物、有机药物和无机、有机成分混合的药物 3 大类；按药物的来源分有天然药物、人工合成药物和生物技术药物（如酶制剂、生长激素、疫苗） 3 大类；按临床应用分有预防药、治疗药和诊断药 3 大类。

渔药分类目前国内尚未规范化，基本以使用目的进行分类。渔药的种类有：环境改良剂、消毒剂、抗微生物药、杀虫驱虫药、代谢改善和强壮药、中草药、生物制品和免疫激活剂、其他（氧化剂、防霉剂、麻醉剂、镇静剂、增效剂）等。渔药分类的目的是为了方便应用。实际上某些药物兼有两种或两种以上的功能，如生石灰既有改良环境的功效，又有消毒的作用。

（一）环境改良剂与消毒药

这类药物主要是通过抗菌、杀虫，达到消毒与改良环境的目的。主要有卤素类、醛类、酸类、碱类、盐类、氧化剂、染料、生物改良剂等。

1. 卤素类

（1）漂白粉。

【性状】白色颗粒状粉末；有氯臭，有效氯含量不应低于 25%；呈碱性；部分溶于水和乙醇；稳定性差，在空气中易潮解。

【作用机制】遇水产生具有杀菌力的次氯酸和次氯酸离子，次氯酸又放出活性氯和初生态氧，对细菌原浆蛋白产生氯化和氧化反应，从而起到杀菌作用。

【使用注意事项】

①主要用于消毒。一般带水清塘用量为 $20g/m^3$，浸洗浓度为 $10g/m^3$，全池泼洒浓度为 $1g/m^3$。

②密封贮存于阴凉干燥处。一般使用前，最好先用水生漂白粉有效氯测定器或蓝黑墨水滴定法，测定其有效氯含量后，再计算实际用药量，以保证疗效。

③不用金属器皿盛本品；禁与酸配伍使用；用时应戴橡皮手套，避免接触眼睛和皮肤。

④药效与池水的温度成正比，与 pH、有机物、溶解氧等成反比。

（2）优氯净（二氯异氰尿酸钠）。

【性状】白色结晶性粉末；有氯臭，含有效氯 60%～64%；呈酸性；稳定；易溶于水。

【作用机制】在水中产生次氯酸，使细菌原浆蛋白氧化，从而起到杀菌作用。

【使用注意事项】

①主要用于消毒。一般全池泼洒浓度为 0.3～0.6g/m³。

②安全浓度范围小，使用时准确计算用量。

③勿用金属器皿盛本品；干燥处保存，勿接触酸、碱。

（3）二氧化氯（稳定性二氧化氯）。

【性状】常温下为淡黄色气体；可溶于硫酸和碱中；其可制成无色、无味、无臭和不挥发的稳定性液体。

【作用机制】使微生物蛋白质中的氨基酸氧化分解，从而使微生物死亡。

【使用注意事项】

①禁用金属容器盛本品；保存于通风、阴凉、避光处。

②不宜在阳光下进行消毒；其杀菌效果随温度的降低而减弱。

（4）碘。

【性状】灰黑色或蓝黑色，有金属光泽的片状结晶；有异臭；常温中易挥发，易溶于乙醇。

【作用机制】氧化病原原浆蛋白的活动基团，并与蛋白质的氨基酸结合使其变性。

【使用注意事项】除用于消毒外还用于驱虫；密封、阴凉、干燥、避光处保存。

（5）聚维酮碘（聚乙烯吡咯烷酮碘）。

【性状】黄棕色至红棕色粉末；呈酸性；溶于水；含有效碘（I）为9％～12％。

【作用机制】本品接触机体时，能逐渐分解，缓慢释放出碘而起到消毒作用。

【使用注意事项】用于卵、机体体表消毒；密封、阴凉、干燥、避光处保存。

2. 醛类 以福尔马林（甲醛溶液）为例。

【性状】含37％～40％甲醛的水溶液，并有10％～12％的甲醇或乙醇做稳定剂；无色液体；有刺激性臭味；呈弱酸性；易挥发；有腐蚀性；在冷处（9℃以下）易聚合发生混浊或沉淀。

【作用机制】使病原细胞质的氨基部分烷基化，导致蛋白质变性而起到杀菌作用。

【使用注意事项】

①除了用于消毒外，还可用于组织的固定和保存。

②使用时水温不应低于18℃；避免接触眼睛和皮肤；禁用金属容器盛装本品。

③保存于密闭的有色玻璃瓶中，并存放于阴凉、温度变化不大的地方，以防发生三聚甲醛白色絮状沉淀。使用时，如有白色沉淀，可将盛甲醛的瓶子放在热水中烫几十分钟，直至白色沉淀消失为止。

3. 酸类 以醋酸（乙酸）为例。

【性状】无色液体；特臭；味极酸；易溶于水。

【作用机制】除用作杀菌剂，水质改良剂外，还用作杀虫剂或调节池水 pH。

【使用注意事项】放置玻璃瓶内，密封保存。

4. 碱类 以生石灰（氧化钙）为例。

【性状】白色或灰白色块状；水溶液呈强碱性；空气中极易吸水变为熟石灰而失效。

【作用机制】

①遇水生成的氢氧化钙能快速溶解细胞蛋白质膜，使其丧失活力。

②使水中悬浮的胶状有机物沉淀，澄清池水。

③能疏松淤泥的结构，改善底泥的通气条件，促进细菌对有机质的分解。

④碳酸钙能起缓冲作用，使池水 pH 始终稳定于弱碱性。

⑤增加钙肥，为水产动物提供必不可少的营养物质。

【使用注意事项】

①用于消毒和环境改良外，还可清除敌害。一般带水清塘用量为 $200g/m^3$，全池泼洒浓度为 $20\sim30g/m^3$。

②注意防潮，药品现用现配，不宜久贮，晴天用药。

5. 盐类

（1）氯化钠（食盐）。

【性状】白色结晶状粉末；无臭；味咸；易溶于水；水溶液呈中性。

【作用机制】改变病原体渗透压，使其脱水致死。

【使用注意事项】除用作消毒外，还用作杀虫；不宜在镀锌容器中浸洗，以免中毒。

（2）碳酸氢钠（小苏打）。

【性状】白色结晶粉末；无臭；味咸；空气中易潮解；易溶于水，水溶液呈弱碱性。

【作用机制】促使病原体的蛋白质和核酸水解，分解糖类而使其被杀灭。

【使用注意事项】

①常做辅助剂，与食盐或敌百虫配合使用，可增强主效药物的杀灭作用。

②密闭、干燥保存。

6. 氧化剂

（1）高锰酸钾。

【性状】黑紫色细长结晶，带蓝色金属光泽；无臭；易溶于水；与某些有机物或易氧化物接触，易发生爆炸；在碱性或微酸性水中会形成二氧化锰沉淀。

【作用机制】遇有机物即释放新生态氧，迅速氧化微生物体内的活性基团而发挥其杀菌作用。

【使用注意事项】

①除可用于消毒、防腐外，还可用于杀虫、解毒、除臭。

②禁与甘油、碘和活性炭等混合。

③溶液宜现用现配，久贮易失效。

④药效与水中有机物含量、水温有关。有机物含量少、水温高时，药效增强。

⑤不宜在强光下使用，否则容易氧化失效；避光保存于密封棕色瓶中。

（2）过氧化氢溶液（双氧水）。

【性状】透明水溶液；无臭或类似臭氧的臭气；味微酸；不稳定，遇氧化物或还原物即分解发生泡沫，见光易分解变质，久贮易失效，故常保存浓过氧化氢溶液（含 H_2O_2 $27.5\%\sim31.0\%$），用时再稀释成过氧化氢 3% 的溶液。

【作用机制】在水中能迅速放出大量的氧，起杀菌和除臭作用。

【使用注意事项】

①用于局部的消毒与清洁，但只适用于浅部伤口的清洁；体弱的病鱼不宜使用本品。

②避光保存在棕色瓶中。

7. 染料　以亚甲蓝（次甲基蓝、美蓝、品蓝）为例。

【性状】深绿色，有光泽的柱状结晶或结晶性粉末；无臭；在空气中稳定；易溶于水或酒精；呈碱性。

【作用机制】与微生物酶系统发生氢离子竞争性对抗，使酶成为无活性的氧化状态而显示疗效。

【使用注意事项】

①使用时要用药级亚甲蓝。

②低水温期药效差；有机质含量高的水中，药效衰减快。

8. 生物改良剂　生物改良剂是利用某些微生物把水体或底泥中的氨态氮、硫化氢、油污等有害物质分解（或吸收），变成有益的物质，达到改良、净化环境的目的。目前常用的生物改良剂有光合细菌、硝化细菌、硫杆菌和固氮菌等。

（1）光合细菌。

【种类和性状】有4科（表2-2），即红螺菌（*Rhodospirillaceae*）、着色菌（*Chromatiaceae*）、绿色菌（*Cholorobiaceae*）及曲绿菌（*Chloroflexaceae*）。

表2-2　光合细菌的生物学特性

分类（科）	生物学特性	主含物
红螺菌	红色，螺旋状，端丛生毛，运动厌氧或微厌氧	紫色素、菌微素、类胡萝卜素
着色菌	红紫色，球形，有荚膜，极生鞭毛，运动或不运动，厌氧	胡萝卜素、叶绿素
绿色菌	绿色，卵球形，不运动，革兰氏阴性，严格厌氧	叶绿素
曲绿菌	绿色或橘红色，革兰氏阴性，厌氧	叶绿素

【作用与用途】光合作用的共同特点是在厌氧光照条件下吸收各种光谱，利用光能把氢或有机物作为氢的供给体，固定二氧化碳或低脂类有机物作为碳源进行生长和繁殖，生长过程不产生氧气。光合细菌除了可吸收、降低水中的氨态氮、硫化氢等有毒物质，消除它们对养殖水体的危害，起到净化水质的作用外，本身还富含氨基酸、维生素 B_{16}、维生素 H 及辅酶等，因而，还可作为饲料添加剂，促进动物生长，预防疾病发生。

【使用注意事项】

①勿与抗生素或消毒剂同时使用。

②正常情况下 3d 内不换水或减少换水量；阴雨天不使用，以免影响药效。

（2）硝化菌。

【种类和性状】两类：亚硝化单胞菌（*Nitrosomonas* sp.）和硝化杆菌（*Nitrobacter* sp.）。

亚硝化单胞菌呈杆状，单生，有极生鞭毛，革兰氏染色阴性，专性化能自氧菌，严格好氧，生长 pH 为 5.8～8.5，温度 5～30℃；硝化杆菌呈短杆状，鸭梨形，一般不运动，多为专性化能自氧菌，生长 pH 为 6.5～8.5，温度 5～40℃。

【作用和用途】将水环境中的氨或氨基酸转化为硝酸盐或亚硝酸盐，放出热量，促使水体及底泥中的有毒成分转化为无毒成分，达到净化水体的作用。

【使用注意事项】

①勿与抗生素或消毒剂同时使用。

②正常情况下 3d 内不换水或减少换水量。

（二）抗微生物药

抗微生物药是指通过内服或注射，杀灭或抑制体内微生物繁殖、生长的药物。

目前，用于水产动物病毒病的药物种类很少，而且至今作用较不肯定，也不理想，已使用的抗病毒药物有聚维酮碘和免疫制剂。用于水产动物细菌病的药物有 70 多种。包括磺胺类、抗生素类、喹诺酮类等药物。

1. 磺胺类

【主要种类和性状】磺胺类药物的主要种类、性状和特点见表 2-3。

【作用机制】主要是磺胺类药物与对氨基苯甲酸（PABA）竞争二氢叶酸合成酶，妨碍细菌叶酸的合成，导致细菌不能生长和繁殖，起到抑菌作用。抗菌谱极广，并对少数真菌、病毒有抑制作用。

表 2-3　磺胺类药物的主要种类、性状和特点

名　称	简称	性　状	特　点
磺胺甲基嘧啶	SM	白色，结晶性粉末；无臭；味微苦；遇光色变深	抗菌作用强，易损伤肾；半衰期 17h，中效磺胺类药
磺胺甲基异恶唑（新诺明）	SMZ	白色，结晶性粉末；无臭；味微苦；几乎不溶于水	抗菌作用强；半衰期 11h，中效磺胺类药物
磺胺嘧啶	SD	白色，结晶性粉末；见光色变深；几乎不溶于水	抗菌作用强，对肾有损害；半衰期 17h，中效磺胺类药
磺胺间甲氧嘧啶	SMM	白色，结晶性粉末；无臭；无味；遇光色变暗；不溶于水	抗菌作用强，吸收快且好，不良反应较少；维持期长，长效磺胺类药
磺胺间二甲氧嘧啶	SDM	白色，结晶性粉末；无臭；无味；几乎不溶于水	抗菌作用较强，吸收快，不良反应较小；持续期长，长效磺胺类药
磺胺二甲异恶唑	SIZ SFZ	白色，结晶性粉末；溶于水	抗菌作用仅次于 SMM 和 SMZ，吸收快，排泄快；半衰期 6h，短效磺胺类药物

【使用注意事项】

①一般首次剂量加倍，以后保持一定的维持量。

②细菌易对磺胺类药物产生耐药性。

③应避光密封保存。

④与磺胺增效剂（甲氧苄啶，TMP）合用，可增强抗菌能力。

⑤磺胺药物难溶或不溶于水，一般采用口服或浸泡等给药方式，一般不全池泼洒。

2. 喹诺酮类药物

【主要种类和性状】具体见表 2-4。

表 2-4　喹诺酮类药物的主要种类和性状

名　称	性　状	抗菌谱	备　注
奈啶酸	白色或淡黄色，结晶性粉末；无臭；几乎不溶于水；在酸、碱溶液中稳定，见光色变黑	主要抗革兰氏阴性菌	第一代喹诺酮类药物
恶喹酸	白色，柱状或结晶粉末；无臭；无味；几乎不溶于水；对热、光、湿稳定	主要抗革兰氏阴性菌	第一代喹诺酮类药物
吡哌酸	微黄色，结晶性粉末；无臭；味苦；微溶于水，易溶于酸或碱；见光色变黄	抗菌谱较广	第二代喹诺酮类药物
诺氟沙星	白色至淡黄色，结晶性粉末；无臭；味微苦；微溶于水，遇光色变深	广谱	第三代喹诺酮类药物

第三代的喹诺酮类药物（1979年开始合成）大多含有氟（F），与第一代（1962年开始合成）、第二代（1974年开始合成）的喹诺酮类药物相比，其抗菌范围更广，杀菌能力更强，抑菌浓度更低。

【作用机制】抑制细菌脱氧核苷酸的合成。

【使用注意事项】贮存于干燥处，避免阳光直射。

3. 抗生素类 细菌、放线菌和真菌等微生物的代谢产物，称为抗生素。目前，水产动物疾病防治方面常用的抗生素主要是四环素、金霉素、土霉素、青霉素、硫酸链霉素。其性状、抗菌谱、作用机制和使用注意事项见表2-5。

表2-5 抗生素类药物的主要种类

名 称	性 状	抗菌谱	抗菌机制	使用注意事项
四环素	黄色，结晶性粉末；无臭；在空气中较稳定，见光色变深；在碱性溶液中易失效	广谱	干扰蛋白质的合成	勿与碱性药物同时使用；需避光保存
金霉素	金黄色，结晶；无臭；在空气中较稳定，见光色变暗；水溶液呈酸性，中性和碱性溶液中易失效	广谱	干扰蛋白质的合成	勿与金属和碱性物质接触；需避光保存
土霉素	黄色，结晶性粉末；无臭；在空气中稳定，强光下色变深；饱和水溶液呈弱酸性，在碱性溶液中易失效	广谱	干扰蛋白质的合成	勿与碱性药物同时使用；需避光保存
青霉素	白色，结晶性粉末；无臭；易溶于水，水溶液不稳定；遇热、碱、酸、氧化剂、重金属等易失效	主要抗革兰氏阳性菌	干扰细胞壁的合成	药品现配现用；保存在4～6℃的冰箱中
硫酸链霉素	白色到微黄色；粉末或颗粒；无臭；味苦；有吸湿性，在空气中易潮解；易溶于水；性质较稳定	主要抗革兰氏阴性菌	干扰蛋白质的合成	勿与碱性药物同时使用；保存在4～6℃的冰箱中

（三）杀虫驱虫药

用来杀灭或驱除水产动物体内、体外寄生虫及敌害生物的一类物质称为杀虫驱虫药。常用的杀虫驱虫药有：硫酸铜、硫酸亚铁、敌百虫和硫酸二氯酚等。

1. 硫酸铜（蓝矾、胆矾、石胆）

【性状】蓝色透明，结晶性颗粒或结晶性粉末；无臭；具金属味；在空气中逐渐风化；易溶于水，水溶液呈酸性。

【作用机制】铜离子与菌体蛋白质结合成蛋白盐，使其沉淀，达到杀灭病原体的目的。

【使用注意事项】

①勿使用金属容器存放本品；贮存于干燥、通风处。

②本品安全浓度范围较小，毒性较大，使用时应准确计算用药量。

③溶解药物时，水温不应超过60℃，否则失效。

④具有一定的不良反应和铜的残留积累作用，故不能经常使用。

⑤药效与水温成正比，并与水中有机物含量、溶解氧、盐度、硬度、pH成反比。

2. 硫酸亚铁（绿矾、青矾、皂矾）

【性状】淡蓝绿色，柱状结晶或颗粒；无臭；味咸涩；在干燥空气中易风化；在潮湿空气中则氧化成碱式硫酸铁而成黄褐色；易溶于水，水溶液呈中性。

【作用机制】只能作为辅助剂，常与硫酸铜、敌百虫等合用，以提高主药效的通透能力而增强药效。

【使用注意事项】密封保存。若硫酸亚铁呈黄褐色，就不能再使用。

3. 氯化铜（二氯化铜）

【性状】绿色到蓝色，粉末或斜方双锥体结晶；无臭味；在潮湿空气中潮解，在干燥空气中风化；易溶于水，水溶液呈酸性。

【作用机制】铜离子与菌体蛋白质结合成蛋白盐，使其沉淀，达到杀灭病原体的目的。

【使用注意事项】

①除了用作杀虫剂外，还可用作杀菌消毒剂。

②准确计算用药量。

③贮存于干燥、通风处。

4. 敌百虫（马佐藤）

【性状】白色结晶；易溶于水，酸性；在中性或碱性溶液中发生水解，生成敌敌畏，进一步水解，最终分解成无杀虫活性的物质，是一种高效、低毒、低残留的有机磷农药。

【作用机制】使胆碱酯酶活性受抑制，失去水解破坏乙酰胆碱的能力，从而使寄生虫神经功能紊乱，中毒死亡。

【使用注意事项】

①忌用金属容器盛放本品；密封、避光、干燥处保存。

②遇碱即分解，故除碳酸氢钠外，不得与其他碱性药物合用。

③敌百虫对鳜、加州鲈、淡水白鲳及虾类的毒性较大，应慎用。

（四）代谢改善和强壮药

代谢改善和强壮药是指以改善水产养殖动物机体代谢，增强机体体质、病后恢复，促进生长为目的而使用的药物。包括激素、维生素、矿物质、氨基酸等。

（五）中草药

中草药是中药和草药的总称。中药是中医常用的药物，草药是指民间所应用的药物。

中草药的化学成分极为复杂。一种中草药往往含有多种化学成分，中草药的化学成分通常分为有效成分和无效成分两种。有效成分包括生物碱、苷类、挥发油、鞣质等；无效成分有树脂、油脂、糖类、蛋白质及色素等。中草药具有许多化学物质不能媲美的优点，即天然性、多功能性、无毒副残留性以及耐药性。现将水产动物疾病防治中常用的中草药介绍如下：

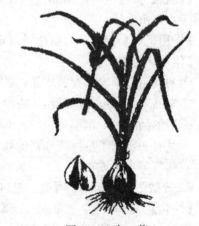

图 2-2　大　蒜

1. 大蒜（又名蒜）

【特性】百合科，多年生草本植物。鳞茎呈卵形微扁，直径 3～4cm；外皮白色或淡紫红色，有弧形紫红色脉线；内部鳞茎包于中轴，瓣片簇生状，分6～12瓣，瓣片白色肉质，光滑而平坦；底盘呈圆盘状，带有干缩的根须（图 2-2）。

【药用部分】鳞茎，现有人工合成的大蒜素和大蒜素微囊。

【有效成分】大蒜辣素，臭辣味。对热不稳定，遇碱易失效，但不受稀酸影响。

【性能和主要功效】性温、味辛、无毒，具有止痢、杀菌、驱虫、健胃作用。

2. 大黄

【特性】蓼科，多年生草本植物，高达 2m。地下有粗壮的肉质根及根块茎，茎黄棕色，直立，中空；叶互生，叶身呈掌状浅裂；花黄白色而小，呈穗状花序（图 2-3）。

【药用部分】根、根块茎。

【有效成分】大黄酸、大黄素及芦荟大黄素等蒽醌衍生物。每千克大黄加 20kg 0.3% 氨水，浸泡 12h，使蒽醌衍生物游离出来，可提高药效。

【性能和主要功效】性寒、味苦，具有抗菌、收敛、增加血小板，促进血凝固作用。

3. 乌桕（又名木油树、木蜡树、乌果树）

【特性】大戟科，落叶乔木，高可达 20m。叶互生，菱形或卵形，背面粉绿色；夏季开黄花，穗状花序顶生；蒴果球形，有三裂；三颗种子外被白色蜡层（图 2-4）。

图 2-3 大 黄

图 2-4 乌 桕

【药用部分】根、皮、叶、果。

【有效成分】酚酸类物质。它在酸性条件下溶于水，在生石灰作用下生成沉淀，有提效作用。

【性能和主要功效】性微温、味苦，具有抑菌、解毒、消肿作用。

4. 地锦草（又名奶浆草、铺地红等）

【特性】大戟科。一年生匍匐小草本，长约 15cm。茎从根部分为数枝，紫红色，平铺地面；叶小，对生，长椭圆形，边缘有细齿；茎叶含有白色乳汁；花极小，生于壶形苞内（图 2-5）。

【药用部分】全草。

【有效成分】黄酮类化合物及没食子酸。

【性能和主要功效】性平、味苦、无毒，具有

图 2-5 地锦草

强烈的抑菌作用，抗菌谱广，并有止血、中和毒素的作用。

5. 铁苋菜（又名海蚌含珠、人苋等）

【特性】一年生草本植物，高 20～40cm。叶互生，卵状菱形或卵状披针形，边缘有钝齿，叶片粗糙；花序腋生，雄花序穗状，花小，紫红色，雌花序藏于对合的叶状苞片内；果小，三角状半圆形，表面有毛（图 2-6）。

【药用部分】全草。

【有效成分】铁苋菜碱。

【性能和主要功效】性凉、味苦涩，具有止血、抗菌、止痢、解毒作用。

6. 穿心莲（又名一见喜、榄核莲、四方莲、苦草）

【特性】爵床科，一年生草本植物，高 50～80cm。茎方形，有棱，分枝多，节稍膨大；叶对生，深绿色，尖卵形，类似辣椒叶；疏散的圆锥花序生于枝顶或叶腋，花冠白色，近唇形，有淡紫色条纹；果长椭圆形，表面中央有一纵沟；种子长方形（图 2-7）。

【药用部分】全草。

【有效成分】穿心莲内酯，新穿心莲内酯和脱氧穿心莲内酯等。

【性能和主要功效】性寒、味苦，具有解毒、消炎、消肿、止痛、抑菌、止泻及促进白细胞的吞噬作用等功能，对双球菌、溶血性链球菌有抑制作用。

7. 乌蔹莓（又名五爪龙、母猪藤、五将军、过江龙等）

【特性】葡萄科，多年生蔓生草本植物。茎紫绿色，有纵棱，无毛，有卷须；掌状复叶，小叶五片，倒卵形至长椭圆形，边缘有钝锯齿；花小，黄绿色，腋生聚伞花序；浆果球形，熟时紫黑色（图 2-8）。

【药用部分】全草。

【有效成分】甾醇，黄酮类。

【性能和主要功效】性寒、味酸苦，具有抑菌、解毒、消肿、止痛、止血等作用。

8. 五倍子（又名佩子、百虫仑）

【特性】为漆树科属植物盐肤木、青麸杨和红麸杨等叶上寄生的虫瘿，虫瘿呈囊状，有角倍和肚倍之分。角倍呈不规则囊状，有若干瘤状突起或角状分枝，表面具绒毛；肚倍呈纺锤形囊状，无突起或分枝，绒毛少。

图 2-6 铁苋菜

图 2-7 穿心莲

图 2-8 乌蔹莓

9～10月摘下虫瘿，煮死内部寄生虫干燥即得（图2-9）。

【药用部分】虫瘿。

【有效成分】鞣酸等。

【性能和主要功效】性寒、味酸涩，具有抗菌、止血、解毒、收敛作用。

图2-9 五倍子

9. 辣蓼（又名水蓼、红辣蓼、酒药草等）

【特性】蓼科，一年生草本，高50～90cm。茎直立或下部伏地，茎节部膨大，紫红色，分枝稀疏；单叶互生，披针形，长5～7cm，叶面有"八"字形黑纹；花淡红色，顶生或腋生穗状花序；果小，熟时褐色，扁圆形或略呈三角形（图2-10）。

【药用部分】全草。

【有效成分】甲氧基蒽醌、蓼酸、糖苷、氧茚类化合物等。

【性能和主要功效】性温、味辛，具有杀虫、抑菌、消炎、止痛等作用。

图2-10 辣蓼

10. 黄柏（又名黄檗、元柏、檗木等）

【特性】芸香科，落叶乔木，高10～15m。树皮厚，灰色或棕褐色，外层木栓质发达，有深纵裂，内皮鲜黄色；单数羽状复叶对生，5～13片，卵状披针形；花小，黄绿色，单性，雌雄异株，圆锥状花序；果实球形，熟时紫黑色，果实揉碎后有松节油气味（图2-11）。

【药用部分】干燥树皮。

【有效成分】小檗碱、药根碱等。

【性能和主要功效】性寒、味苦，具有抑菌、消炎、止痛、解毒、消肿等作用。

11. 黄芩（又名山茶根、黄金茶根等）

【特性】唇形科，多年生直立草本，高20～60cm。主根粗壮，略呈圆锥形，外皮棕褐色；茎为方形，基部多分枝；叶对生，卵圆形；花蓝色，唇形，总状花序顶生（图2-12）。

图2-11 黄柏

图2-12 黄芩

【药用部分】干燥根。

【有效成分】汉黄芩素、黄芩苷和汉黄芩苷等多种黄酮类成分。

【性能和主要功效】性寒、味苦，具有抑菌、消炎、清热等作用。

12. 黄连（又名味连、古勇连、雅连、鸡爪连等）

【特性】毛茛科，多年生草本植物，高 20～50cm。根状茎，细长柱形，多分枝，形如鸡爪，节多，生有极多须根；叶从根茎长出，有长柄，指状三小叶，小叶有深裂，裂片边缘有细齿；花小，淡黄绿色，花 3～8 朵，顶生（图 2-13）。

【药用部分】根状茎。

【有效成分】小檗碱等。

图 2-13　黄　连

【性能和主要功效】性寒、味苦，具有抗菌、杀虫、消炎、解毒等作用。

13. 车前草（又名车轮叶、钱贯草、蒲杓草、蛤蟆叶、耳朵棵等）

【特性】车前科，多年生草本植物，高 10～30cm。根状茎短，有许多须根；叶根生，卵形，基出掌状脉 5～7 条。花细小，淡绿色，穗状花序，长 6～7cm；果卵形，长约 3cm（图 2-14）。

【药用部分】全草。

【有效成分】车前苷，桃叶珊瑚苷。

【性能和主要功效】性凉、味淡甘，具有抗真菌、消炎、抗肿瘤等作用。

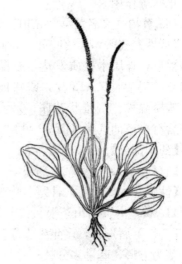

图 2-14　车前草

14. 生姜

【特性】姜科，多年生草本，高 40～100cm。根状茎肉质，扁平多节，黄色，有芳香及辛辣味；叶二列式互生，线状披针形，基部无柄；花橙黄色，花萼单独自根茎抽出，穗状花序，卵形，通常不开花；蒴果 3 瓣裂（图 2-15）。

【药用部分】鲜根状茎。

【有效成分】姜醇、姜烯等挥发油。

【性能和主要功效】性微温、味辛，具有抗菌、解毒、杀虫作用。

15. 马齿苋（又名瓜子菜、马齿菜、酱瓣草、马苋等）

【特性】马齿苋科，一年生肉质草本植物，高约 35cm。茎淡紫红色，全株味酸；叶互生，肉质，紫红

图 2-15　生　姜

色，形似瓜子；花小，黄色，腋生或顶生；蒴果圆形，从中裂开，内有许多黑色种子（图2-16）。

【药用部分】全草。

【有效成分】去甲肾上腺素，生物碱。

【性能和主要功效】性寒、味酸，具有清热解毒、消炎镇痛、治痢杀虫等作用。

16. 板蓝根　本品为十字花科植物菘蓝的干燥根，药名为板蓝根，其叶干燥后，药名为大青叶。

【特性】原植物2年生草本，高40～90cm。主根直径5～8mm，灰黄色。茎直立，光滑无毛，多少带白粉状。单叶互生，基生叶长圆状椭圆形，茎生叶长圆形至长圆状披针形；花序复总状，花黄色；角果顶端圆钝或截形（图2-17）。

图2-16　马齿苋

图2-17　板蓝根

【药用部分】为菘蓝的根。

【有效成分】靛苷。

【性能和主要功效】性寒、味苦，具有清热解毒、抗菌、抗病毒等作用。

17. 苦楝（又名森树、楝树）

【特性】落叶乔木，高15～20m。树皮暗褐色，有皴裂；叶互生，二至三回奇数羽状复叶；花淡紫色，腋生圆锥花序；果球形，熟时黄色（图2-18）。

【药用部分】根、树皮和枝叶。

【有效成分】川楝素。

【性能和主要功效】性苦、味寒，具有杀虫、抗真菌作用。

【防治对象及使用方法】可防治车轮虫和锚头蚤病，按每立方米水体10g，将苦楝根或枝叶打成浆后全池泼洒。也可配以菖蒲全池泼洒。

18. 枫树（又名枫香树）

图2-18　苦　楝

【特性】落叶乔木，高 20～40m。单叶互生，有长柄，掌状三裂或裂片三角形，边缘有细锯齿，秋天呈黄色；花淡黄褐色，雌雄同株，顶生短穗状花序；蒴果圆球形，种子多角形（图 2-19）。

【药用部分】叶。

【有效成分】倍半萜稀化合物与桂皮酸酯等挥发油。

【性能和主要功效】性辛、平、味苦，具有解毒、止血、止痛作用。

【防治对象及使用方法】可防治肠炎、烂鳃等细菌性鱼病，将枫树枝叶按每立方米水体 30g，扎成捆（每捆 10～20kg）浸泡池角或池边，隔 1 周后将成捆的枫树枝叶翻动 1 次，浸泡约 20d，把未泡烂的枝叶从池中捞出。

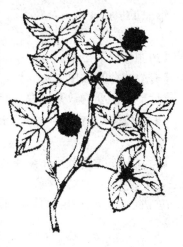

图 2-19 枫 树

19. 菖蒲

【特性】多年生挺水草本，叶具中肋，叶片剑形。长 50～100cm，宽 1～3cm。常生于池塘浅水处，沼泽或水泡子中，分布于我国南北各省（图 2-20）。

【药用部分】根茎。

【有效成分】挥发油、糖类、鞣质、菖蒲苷。

【性能和主要功效】消化、健胃。

20. 芦苇

【特性】多年生高大草本，叶扁平，带状披针形，高 1～3m，直径 2～10mm，具粗壮匍匐茎，叶片带状披针形，长 15～50cm，宽 1～3cm，我国南北各地皆有分布（图 2-21）。

图 2-20 菖 蒲

图 2-21 芦 苇

【药用部分】芦根。

【有效成分】不详。

【性能和主要功效】清热、利尿、消炎。

【防治对象及使用方法】可防治草鱼肠炎病，按每万尾鱼种用芦根 5kg 加大蒜 0.25kg

和食盐 0.25kg，打成浆，拌喂或制成药饵投喂，每天 2 次，连喂 4～6d。

21. 艾蒿

【特性】多年生草本，茎直立，具明显棱条，密生白色短绒毛，侧生细支，叶互生。高 60～80cm，直径 0.3～0.8cm。生长在荒地或池边（图 2-22）。

【药用部分】全株。

【有效成分】桉叶油素、多种维生素、矿物质和生长因子。

【性能和主要功效】止血、治恶疮、消炎、杀虫。

【防治对象及使用方法】可防治肠炎、烂鳃病。将艾蒿按每立方米 30g，扎成捆（每捆 10～20kg）浸泡池角或池边，隔 1 周后将成捆的马尾松枝叶翻动 1 次，浸泡约 20d，把未泡烂的枝叶从池中捞出。也可将干艾蒿粉按每万尾鱼种 100g，加干辣蓼粉 1 000g 制成药饵，每天喂 1 次，连喂 4d。

图 2-22 艾 蒿

22. 角蒿

【特性】一年生草本，茎略弯，叶互生，高 30～90cm，直径 0.3～0.8cm，生长在荒地、路边和河岸（图 2-23）。

【药用部分】全株。

【有效成分】青蒿素。

【性能和主要功效】治恶疮、消炎、杀虫。

【防治对象及使用方法】同艾蒿。

23. 青蒿（别名黄蒿）

【特性】草本，茎表面有纵浅沟，幼时褐色，老时黄褐色，根生叶及下部叶在开花时凋落，叶抱茎，卵形，高 1.0～1.5m，生长在路旁、荒野或荒地（图 2-24）。

图 2-23 角 蒿

图 2-24 青 蒿

【药用部分】地上部分。

【有效成分】青蒿素、双氢青蒿素。

【性能和主要功效】解热、消炎。

【防治对象及使用方法】同艾蒿。

24. 马尾松

【特性】常绿大乔木，松皮红褐色或灰褐色，易剥落，叶针形，深绿色，树高 20～30m，叶长 10～20cm，生长于阳光充足的山地或平原，我国大部分地区都有分布（图 2-25）。

【药用部分】枝和叶。

【有效成分】松树油。

【性能和主要功效】灭菌、杀虫。

【防治对象及使用方法】可防治肠炎、烂鳃并对鱼蚤、鱼虱等寄生虫也有一定疗效。将马尾松枝叶按每立方米水 30g，扎成捆（每捆 10～20kg）浸泡池角或池边，隔 1 周后将成捆的马尾松枝叶翻动 1 次，浸泡约 20d，把未泡烂的枝叶从池中捞出。

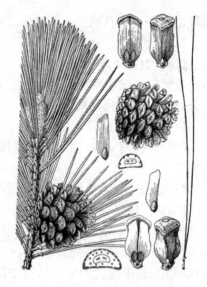

图 2-25　马尾松

（六）生物制品和免疫激活剂

1. 生物制品　生物制品是指用微生物及其代谢的产物、动物毒素或水生动物的血液及组织加工制成的产品。生物制品包括抗病血清、诊断试剂、疫苗等，可用于预防、治疗或诊断特定的疾病。它多为蛋白质，性质不稳定，一般都怕热、怕光，有些还不可冻结，需贮存于 2～10℃干燥暗处。

2. 免疫激活剂　免疫激活剂主要是促进机体免疫应答反应的一类物质，一般均为非生物制品。免疫激活剂按其作用机制分为两大类：一类是改变疫苗免疫应答的物质，促使疫苗产生，增强或延长免疫应答反应，这就是佐剂，一般与疫苗联合使用或预先使用。另一类是非特异性的免疫激活剂。免疫激活剂可激发水产动物体内特异性和非特异性防御因子的活性，增强机体的抗病力。

（七）抗霉剂、抗氧化剂、麻醉剂和镇静剂等

1. 抗霉剂　抗霉剂是为了抑制微生物活动，减少饲料腐败变质，而在饲料中添加的保护物质。如山梨酸、苯甲酸钠。

2. 抗氧化剂　抗氧化剂是为了阻止或延长饲料氧化，而在饲料中添加的物质。如乙氧基喹、维生素 E。

3. 麻醉剂和镇静剂　麻醉剂和镇静剂是指在人工授精和活体运输中使用的药物。如间氨基苯甲酸乙酯甲磺酸盐（MS_{222}）、丁香酚等。其作用是降低机体代谢机能和活动能力，减少和防止机体受伤。

自测训练

一、填空

1. 药物按化学性质分有＿＿＿＿＿、＿＿＿＿＿和＿＿＿＿＿3大类。

2. 药物按来源分有_____和_____ 2 大类。

3. 药物按临床应用分有_____、_____和_____ 3 大类。

4. 中草药化学成分通常分为_____和_____ 2 种。

二、判断

1. 池水的 pH 越低，次氯酸分子越多，漂白粉的杀菌效果就越好。　（　　）

2. 一般漂白粉使用前最好先测定其有效氯含量。　（　　）

3. 次氯酸分子与次氯酸离子的杀菌力的比约为 100：1。　（　　）

4. 一般水温升高，药物的毒性增强。　（　　）

5. 硫酸铜在软水中比在硬水中具有更大的药效。　（　　）

6. 一般水中的溶解氧越低，药物对鱼的毒性就越大。　（　　）

7. 除碳酸氢钠外，敌百虫不得与其他碱性药物合用。　（　　）

8. 敌百虫对鳜、加州鲈、淡水白鲳及虾类的毒性较大，应慎用。　（　　）

9. 福尔马林在 9℃以下易聚合发生混浊或沉淀。使用福尔马林时水温不应低于 18℃。

　（　　）

10. 过氧化氢适用于浅部伤口的清洁。但体弱的病鱼不宜使用。　（　　）

三、简答

1. 常用水产药种类有哪些？

2. 改良剂种类及作用有哪些？

任务三　选药原则及给药方法

任务内容

1. 了解选药意义，理解选药原则，掌握选药方法。

2. 掌握正确的给药方法。

学习条件

1. 多媒体教室、教学课件、教材、参考图书。

2. 水产养殖基地。

3. 药品。

相关知识

一、渔药选择原则

　　药物在水产动物疾病防治中具有重要的作用。许多疾病是通过各种药物来获得治疗的。但是治疗一种疾病，究竟应选用哪种药物，应遵循以下几条基本原则：

1. 有效性　从疗效方面考虑，首先要看药物对这种疾病的治疗效果。为使患病机体在短时间内，尽快好转和恢复健康，以减少生产上和经济上的损失，用药时应选择疗效最好的药物。高效、速效、长效是渔药选择的发展方向。如对细菌性肠炎病，一般选择某些磺胺类药物制成药饵投喂，或根据病情采用药饵口服和杀菌消毒剂泼洒相结合的方法；对细菌性皮肤病，许多药物如抗生素、磺胺类和含氯消毒剂等均有疗效，但首选的应是含氯消毒剂，它能迅速杀死水产动物体表和水体中的病原菌，且效果好。

2. 安全性　药物或多或少都会有些副作用或毒性，因此在选药时，既要看到它治疗疾病的一面，也要看到它引起不良作用的一面。有的药物疗效虽好，但是毒性太大，选药时不得不放弃，而改用疗效较好，毒性较小的药物。如敌敌畏，治疗甲壳动物引起的寄生虫病，杀虫效果显著，但它不仅污染水体，而且经常使用容易积累，影响机体健康，因此选药时，应选杀虫效果比它稍差的敌百虫。渔药的安全性应考虑：药物对水产动物本身的毒性损害、药物对水域环境的污染和药物对人体健康的影响3个方面。

3. 方便性　渔药除少数情况下使用注射法和涂抹法直接对个体用药外，绝大多数情况下是间接对群体用药，如口服法、全池泼洒法。因此，在防治某种疾病时一定要考虑操作是否方便。例如针剂类药物，费工费时，个体太小难以操作。

4. 廉价性　在水产动物疾病防治中，除观赏鱼或繁殖个体外，绝大多数用药量很大。因此，在保证疗效和安全的原则下，尽可能选用廉价易得的药物。昂贵的药物养殖者是不会接受的。

二、给药方法

如果给药方法不当，即使有特效药，也难以达到用药的预期目的，甚至还会对患病机体增加危害。因此应根据发病对象的具体情况和药物本身的特性，选用适宜的给药方法。目前，水产动物疾病防治中常用的给药方法有以下几种：

1. 遍洒法　遍洒法又称全池泼洒法，即将药物充分溶解并稀释，再均匀泼洒全池，使池水达到一定的药物浓度，以杀灭水产动物体表及水中的病原体。此法杀灭病原体较彻底，但安全性差，用药量大，副作用也较大，对水体有一定的污染，使用不慎易发生事故。此法可用于预防和治疗。

遍洒法必须先测量水体的面积和平均水深，计算出池水的体积，然后根据药物施用的浓度算出总的用药量。对于不规则池塘水体面积的测量可用割补的方法，即割补出的部分与补入的部分大致相等，将池塘划分为若干长方形、三角形或梯形来测量，然后计算出各部分的面积，将它们的面积加起来，即为不规则形水体的水面面积。测量水体的平均水深，首选要根据水体各处的深浅情况，选择有代表性的测量点，然后测量各点水深，最后将各点深度相加，除以测量的总点数，即为平均水深。将所求的水体面积乘以平均水深即等于池水体积。将所求得的水体积乘以施用的药物浓度即等于总的用药量。

遍洒药物时应注意：正确测量水体；不易溶解的药物应充分溶解后再泼洒；勿使用金属容器盛放药物；泼洒药物和投饵不宜同时进行，应先喂食后泼药；泼药时间一般在晴天上午进行，对光敏感的药物宜在傍晚进行；操作者应位于上风处，从上风处往下风处泼；遇到雨天、低气压或"浮头"时不应泼药。

2. 浸洗法 浸洗法又称浸浴法，即将水产动物置于较小的容器或水体中进行高浓度、短时间的药浴，以杀死其体外的病原体。此法用药量少，疗效好，不污染水体，但操作较复杂，易碰伤机体，且对养殖水体中的病原体无杀灭作用。一般只作为水产动物转池、运输前后预防性消毒使用。

浸洗法必须先确定浸洗的对象，然后在准备好的容器内装上水，记下水的体积，按浸洗要求的药物浓度，计算和称取药物并放入非金属容器内，搅拌使其完全溶解，记下水温，最后把要浸洗的对象放入药液容器中，经过要求的浸洗时间后，将其取出直接放入池中或经清水洗过后再放入池中。

浸洗法用药应注意：浸洗的时间应根据水温、药物浓度、浸洗对象的忍耐度等灵活掌握；捕捞，搬运水产动物时应小心谨慎，防止机体受伤；浸洗程序不可颠倒，即应先配药液，后放浸洗对象。每次浸洗鱼的数量不宜太多。药液最好现配现用。

3. 挂袋挂篓法 挂袋挂篓法又称为悬挂法，即将盛有药物的袋或篓挂在食场的四周，利用水产动物进食场摄食的机会，达到消毒的目的。一般易腐蚀的药物放在竹篓内，不易腐蚀的药物装在布袋内。此法用药量少，方法简便，不良反应小，但杀灭病原体不彻底，只有当水产动物到挂袋或挂篓的食场吃食和活动时，才有可能起到一定的消毒作用。此法只适用于预防和疾病早期的治疗。

挂袋挂篓法应先在养殖水体中选择适宜的位置，然后用竹竿、木棒等扎成三角形或方形框，并将药袋或药篓悬挂在各边框上，悬挂的高度根据水产动物的摄食习性而定。漂白粉挂篓法，每篓装漂白粉100g，每个食场挂 3～6 只。挂在底层的，应离底 15～20cm，篓口要加盖，防止漂白粉浮出篓外；挂到表层的，篓口要露出水面。硫酸铜和硫酸亚铁合剂（5：2）挂袋法，每袋装硫酸铜 100g，硫酸亚铁 40g，每个食场挂 3 只。每天换药 1 次，连挂3～6d（图 2-26、图 2-27、图 2-28）。

图 2-26 防治草鱼细菌性赤皮病的漂白粉挂篓法

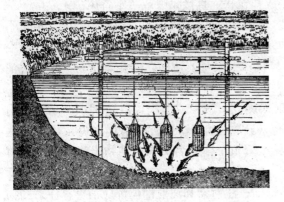

图 2-27 防治青鱼赤皮病的
漂白粉挂篓法

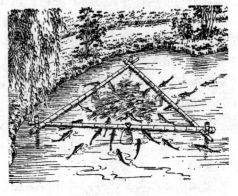

图 2-28 防治寄生虫病的硫酸铜与
硫酸亚铁挂袋法

采用挂袋挂篓法用药应注意：食场周围药物浓度要适宜。过低水产动物虽来摄食，但杀不死病原体，达不到消毒的目的；过高水产动物不来摄食，也达不到用药目的。药物的浓度宜掌握在水产动物能来摄食的最高忍耐浓度及高于能杀灭病原体的最低浓度，且该浓度须保持不短于水产动物摄食的时间，一般需挂药3d。放药前宜停食1～2d，保证水产动物在用药时前来摄食。

4. 涂抹法　涂抹法又称涂擦法，即在水产动物体表患处涂抹较浓的药液或药膏，以杀灭病原体。此法用药量少、安全、副作用少，但适用范围小。此法适用于治疗繁殖个体、名贵水产动物体表疾病。

涂抹法的具体操作是将患病水产动物捕起，用药时用一块湿纱布或毛巾将其裹住，然后将药液涂在病灶处。

涂抹药物时应注意：将头部稍提起，以免药物流入口腔、鳃而产生危害。

5. 浸沤法　浸沤法是将中草药扎成捆，浸泡在池塘上风处或进水口处，让浸泡出的有效成分扩散到池中，以杀灭或抑制水产动物体表和水中的病原体。此法药物发挥作用较慢，一般只适用于预防。

6. 口服法　口服法又称投喂法，即将药物或疫苗与水产动物喜欢吃的饲料拌匀后直接投喂或制成大小适口、在水中稳定性好的颗粒药饵投喂，以杀灭水产动物体内的病原体。此法用药量少，使用方便，不污染水体，但只对那些尚有食欲的个体有作用，而对病重者和失去食欲的个体无效。此法适用于预防和治疗。

口服药量一般是根据每千克水产动物的体重来计算的；也有按每千克饲料的质量来计算的。口服药物使用1次，一般达不到理想的疗效，至少要投喂1个疗程（3～5d）。药饵的制作应根据水产动物的摄食习性和个体大小，用机械或手工加工，主要有两种类型：即浮性药饵和沉性药饵。

浮性药饵的制作：将药物与水产动物喜欢吃的商品饲料，如米糠、麦麸等均匀混合，加入面粉或薯粉做黏合剂（10∶3）和适量水，经饲料机加工成颗粒状，直接投喂或晒干备用。或者先将水产动物喜欢吃的嫩草切成适口大小，再将药物和适量黏合剂均匀混合，加热水调成糊状，冷却后拌在嫩草上，晾干后直接投喂。

沉性药饵的制作：将药物与水产动物喜欢吃的商品饲料，如豆饼、花生饼等均匀混合，加入黏合剂（5∶1）和适量水，经饲料机加工成颗粒状，直接投喂或晒干备用。

投喂药饵时应注意：药饵要有一定的黏性，以免遇水后不久即散，而影响药效，但也不宜过黏；计算用药量时，不能单以生病的品种计算，应将所有能吃食的品种计算在内；投喂前应停食1～2d，保证水产动物在用药时前来摄食；投喂量要适中，避免剩余。一般易被消化道破坏的药物，不宜采用口服方法。

7. 注射法　注射法是用注射器将药物注射入胸腔、腹腔或肌肉，以杀灭水产动物体内的病原体。此法用药量准确，吸收快，疗效高（药物注射），预防效果佳（疫苗、菌苗注射），但操作麻烦，容易损伤机体。此法一般只在繁殖个体、名贵水产动物患病及人工注射疫苗时采用。

注射用药应注意：先配制好注射药物和消毒剂；注射器和注射部位都应消毒；注射药物要准确，快速，勿使水产动物机体受伤。

上述几种给药方法，除了注射法和口服法属于体内用药外，其他给药方法均属体外用药。体外用药一般是发挥局部作用的给药方法。体内用药除驱肠虫药和治疗肠炎病的药（发挥局部作用）外，其他主要是发挥吸收作用的给药方法。

自测训练

一、填空

1. 水产药物选择应遵循_____、_____、_____、_____基本原则。

2. 常用的给药方法有_____、_____、_____、_____、_____、_____和_____7种。

3. 水产动物常用的体内用药方法有_____、_____、_____、_____、_____5种。

4. 水产动物常用的体外用药方法有_____和_____2种。

二、简答

1. 选药原则有哪些？

2. 简述各种给药法的优缺点及给药时的注意事项。

任务四 安全用药

能力目标

能认识到当前渔药使用中存在的问题。

能在疾病防治中遵照无公害水产品渔药使用原则。

知识目标

了解渔药使用中存在的问题。

理解安全用药知识。

掌握渔药使用原则。

相关知识

（一）渔药的作用和特点

1. 作用 预防和治疗水产动物疾病；改良养殖水域环境，杀灭和控制病原体；增进机体健康、增强抗病力、提高免疫功能。

2. 特点 渔药虽是兽药的一部分，但它有明显的特点，主要表现在：应用对象主要是水产动物、水生植物以及水环境；药效受水环境如水质、水温等诸多因素的影响。这两个特点增加了渔药使用技术的复杂性和难度，在使用上与兽用药有较大的差别。

（二）渔药使用中存在的问题

药物防治是水产动物病害控制的措施之一，也是我国水产动物病害防治中最直接的方式。我国渔药的种类较多，使用范围较广，由于使用不规范或渔药的滥用和错用，带来了诸多问题。

渔药使用过程中存在的问题主要有：

（1）未遵守休药期的有关规定或者缺乏休药期的意识，上市前使用渔药。

（2）不正确使用渔药，在用药剂量、给药途径、用药部位和用药动物的种类等方面不符合用药规定。

（3）对水产动物疾病及其防治缺乏认识，疾病发生后乱用药、乱投药。

（4）不做用药记录。

（5）过多地使用消毒和抗菌类药，养殖水体病原体的耐药性问题日趋严重。

（6）用药药理和配伍之间模糊不清。

（7）使用抗生素和激素类等禁用药。

（8）不重视养殖环境保护，受污染水随意排放，污染周边环境。

以上养殖过程中渔药使用的问题存在着严重的安全隐患。近几年先后出现的氯霉素、恩诺沙星、孔雀石绿等涉及渔药使用安全的事件多是长期不科学使用渔药所导致的渔药残留。

（三）渔药残留

为防治水产动物疾病而大量投入抗生素、磺胺类等化学药物往往造成药物残留于水产动物体内，伴随而来的是对公众健康和环境的潜在危害。随着膳食结构的不断改善和对动物性蛋白质需求的不断增加，人们对动物性食品的要求也就越来越高，对食品兽药残留也引起了普遍的关注。世界组织已经开始重视这个问题的严重性，并认为兽药残留将是今后食品安全问题中重要问题之一。

FAO/WHO（联合国粮农组织/世界卫生组织）联合组织的食品中兽药残留立法委员会（CCRVDF）指出：兽药残留是指动物产品的任何可食部分所含兽药的母体化合物及/或其代谢物，以及与兽药有关的杂质的残留。药物残留包括原药及其在动物体内的代谢产物。水产品中主要残留药物有：喹诺酮类、抗生素、磺胺药、呋喃类、某些激素。

1. 渔药残留产生的原因 我国渔药残留的主要原因有以下几方面：

（1）不遵守休药期有关规定。

（2）不正确使用药物和滥用药物。

（3）饲料加工、运送过程受药物污染。盛过药的容器或贮藏器未洗净。

（4）使用未批准的药物作为饲料添加剂。

（5）用药方法错误或未做用药记录。

（6）屠杀前使用渔药掩饰病症。

（7）养殖用水中含药物。

2. 渔药最高残留限量 允许在水产品表面或内部残留药物或化学物的最高量（或浓度）。又称允许残留量。

3. 渔药残留对人体的危害

（1）诱导病原产生耐药性，增加人类对某些疾病的治疗难度。迄今为止，具有耐药性的微生物通过物性食品转移到人体内时对人体健康产生危害的问题尚未得到解决。

（2）产生毒性反应。人类长期摄入含药物残留的水产品后，药物不断在人体内蓄积，当积累到一定程度后，就会对人体产生毒性作用。如磺胺类药物可引起肾损害，特别是乙酰化磺胺在尿中溶解度低，析出结晶后对肾损害更大。

（3）产生过敏反应。经常食用一些含低剂量抗菌药物（如青霉素、四环素、磺胺类）的水产品还能使易感个体出现过敏反应，严重者可引起休克、喉头水肿、呼吸困难等严重症状。青霉素药物引起的变态反应，轻者表现为接触性皮炎和皮肤反应，严重者表现为致死性过敏性休克。磺胺类药物的过敏反应表现为皮炎、白细胞减少、溶血性贫血和药热。

（4）导致人体内微生物平衡失调。过多应用药物会使人体内菌群平衡失调，导致长期的腹泻或引起维生素缺乏等反应，造成对人体的危害。

（5）产生"三致"作用——致畸、致突、致癌。如孔雀石绿、呋喃类具有致癌效应。

（6）激素作用。激素类药物会导致人体生理功能紊乱，更严重的是会影响儿童的正常生长发育。

（四）安全用药

水产养殖安全用药不仅是水产养殖业持续、健康发展的需要，同时也是保障人民身体健康和参与国际贸易竞争的需要。因此，必须按照国家有关规定科学、规范和安全地使用渔药。

1. 渔药的购买方法

（1）应购买符合国家有关规定及有关部门批准使用的渔药，这些药要符合《中华人民共和国兽药典》《兽药管理条例》《兽药质量标准》等规定。

（2）采购渔药应到持有国家经营许可证的渔（兽）药经营单位购买，质量才有保证。

2. 渔药的鉴别

（1）购买时应检查药品包装是否符合有关规定。标签和说明书上要注明通用名称、成分、含量、规格、生产企业、产品批准文号、产品批号、生产日期、有效期、适应证或者功能（主治）、用法、用量、休药期、注意事项、运输与贮存保管条件等内容。

（2）检查注册商标。在包装、标签和说明书上应当有注册商标。

（3）查看"三证"（生产许可证、批准文号、生产批号）是否齐全，是否符合有关规定。

（4）目测鉴别渔药质量。渔药大致可以分为粉剂、水剂、针剂，各有各的包装方法。但总的来说，购买时要注意"两看"：一看外包装是否完整，有无胀气、泄漏现象；二看内容物是否色泽一致，有无结块、霉变和异样物等。

3. 渔药使用

（1）渔药的使用应以不危害人类健康和不破坏水域生态环境为基本原则。渔药的使用既不能对使用对象造成危害，也不能对水环境造成破坏，要保证用药对人类的安全。

（2）养殖过程对病虫害的防治，应坚持"以防为主，防治结合"的原则。

（3）治疗用药前要认真调查、仔细观察，准确诊断。用药前要认真回顾和调查有关养殖情况（包括养殖密度、饲料、投喂量及残饵、环境因素等），仔细观察养殖生物的活动、摄食及发病情况，分辨发病症状，准确诊断病原。诊断病情时，首先是目测检查：用肉眼观察患病动物及器官的颜色是否正常；有无炎症、充血、出血、贫血、肿胀、溃疡等变化，有无真菌和寄生虫等异物；然后，有条件的可以用显微镜观察，查找病原体；接着采取解剖的方式，观察动物内部器官组织的颜色、形状变化，有无炎症、充血、出血、贫血、肿胀、溃疡、积水、寄生虫及其包囊等。通过目测、镜检和解剖检查，对鱼病有了初步的诊断，考虑用什么药。为了确诊病原，还可以采取送检的方式，让专业技术人员用实验室的其他办法来确认病原，提出治疗措施。

（4）选择正确的用药方法，同时不能滥用渔药和盲目增大用药量，或追加用药次数、延长用药时间等。

（5）食用鱼上市前的休药期。休药期是指水产品在最后一次使用渔药到产品上市销售的最短时间。休药期的长短，应确保上市水产品的药物残留限量符合国家有关规定要求。

（6）严禁使用国家规定的禁用药。如致畸、致癌的孔雀石绿；引起溶血性贫血、急性重型肝炎等症的呋喃西林、呋喃唑酮等呋喃类药物；引起再生障碍性贫血等的氯霉素。

4. 确定合适的给药剂量

（1）给药剂量按渔药制剂产品说明书为准：要严格按照产品说明书的剂量用药，不能擅自加大剂量。否则可能产生危害。

（2）外用给药量的确定。准确地测量池塘或网箱水的体积或浸浴水体的体积；计算出用药量：用药量（g）＝需用药物的浓度（g/m^3）×水体积（m^3）。

（3）内服药给药量的确定。用药标准量是指每千克体重所用药物的毫克数，每种市售药均有注明；养殖水产动物的总体重（kg）＝估计每尾鱼的体重（kg）×鱼的尾数；给药总量（g）＝用药标准量×鱼总体重。

5. 确定合理的给药时间

（1）通常情况下，当日死亡数量达到养殖群体的0.1％以上时，就应进行治疗。

（2）给药时间一般选择在晴天11：00之前（一般为09：00～11：00）或15：00后（一般为15：00～17：00）给药，因为这时药生效快、药效强、不良反应小。

6. 确定疗程　不同的养殖对象和不同的病原体其疗程各不相同。一般来说，抗生素渔药的疗程为5～7d；杀虫类渔药的疗程为1～2d；采用药饵防病时疗程为10～20d，酌情灵活掌握。

（五）无公害水产品渔药使用原则

1. 无公害渔药　我国水产养殖业发展迅速，养殖规模不断扩大，养殖品种不断增多，养殖产量也不断增加，水产品的质量问题，尤其是安全卫生问题已成为制约我国水产养殖业进一步发展的瓶颈。养殖环境不断恶化，导致病害增多，药物频繁使用，使用药量不断加大，并残留于水产动物体内，对生态环境以及人类的健康都会造成不利的影响。

我国渔药的发展历史较短，专门从事渔药研究的人员不多，现在生产上使用的药物大部分是由兽药和人用药物转移而来的，缺乏对水产动物的药效学、药动力学、毒理学和对养殖环境的影响等基础理论的研究。一些药物在实际应用中还存在疗效不明显，不良反应较大和使用剂量不准确、药物残留量超标等问题。这些已不适应我国现代水产养殖发展的要求。因此，加紧研制和开发疗效显著、效果确实、安全无不良反应，对人体无危害和对环境无不利影响，并在水产品中不产生有害残留的新型渔药，即无公害渔药，将大力推进健康养殖生产的实施。

无公害渔药是不会对养殖对象、养殖环境以及人类本身造成不良影响的渔药。无公害渔药是我国实行"无公害食品行动计划"对渔药提出的一种更高的要求。

（1）无公害渔药研究与开发的基本原则。无公害渔药是一种科技含量较高、要求较高、开发研制难度较高的渔药。研究与开发无公害渔药既要考虑应具有疗效显著、给予途径方便和价格便宜特点，而且更要注意安全性，不会产生较大的危害和副作用。无公害渔药的研制应符合"渔业法"及"兽药管理条例"等相关法律法规的规定，也应符合国内外相关标准的要求。

（2）无公害渔药基本要求。

①必须是有效的，甚至是高效的、速效的、长效的。如果是防病治病制剂，要求它能快速地、有选择性的杀灭病原体；如果是诊断制剂，它必须有较高的灵敏度、准确性和特异性；如果是水质改良制剂，施用后它应该对水产养殖环境有较明显的改善作用；如是营养和免疫增强剂，它能使养殖对象的生理机能和生长状态有明显的促进作用。总之，无公害渔药的药效应该是明显的。

②毒性较小。无公害渔药必须容易分解或降解，其分解或降解的产物基本上是无害的或者很容易通过其他动物转换，从而在水产养殖对象的组织或水域环境中消失，避免在养殖对象组织中或环境中积累。还必须提供有关的毒性试验报告，以确定相关的毒理学指标和参数，确定它的毒性大小。任何毒理学指标不明了的药物，任何有致畸、致癌、致突变的药物均不可作为无公害渔药使用。

③副作用较小。无公害渔药对养殖对象的应激反应和正常生理活动的影响应控制在它们所能承受的范围内。

④使用剂量应尽量小。只有较小的使用剂量，才会减少其不良反应，也才会在使用成本上有较大的降低，获得较大的使用价值。

⑤必须制定出合理的给药方法、给药剂量、给药间隔时间和休药期等参数。同时也应该对有可能引起的不良反应提出警示。

⑥具有较好的稳定性。适宜的常温下保存，便于运输、销售和贮藏。

⑦剂型设计较合理，给药途径比较方便。

⑧有较大的价格优势。

2. 渔药使用准则

（1）渔药使用应以不危害人类健康和不破坏水域生态环境为基本原则。

（2）水生动植物增养殖过程中对病虫害的防治，坚持"以防为主，防治结合"。

（3）渔药使用应严格遵循国家和有关部门的有关规定，严禁生产、销售和使用未经取得生产许可证、批准文号与没有生产执行标准的药物。

（4）积极鼓励研制、生产和使用"三效"（高效、速效、长效）、"三小"（毒性小、副作用小、用量小）的药物，提倡使用水产专用药物、生物源药物和生物制品。

（5）病害发生时应对症用药，防止滥用药物与盲目增大用药量或增加用药次数、延长用药时间。

（6）食用鱼上市前，应有相应的休药期。休药期的长短，应确保上市水产品的药物残留限量符合 NY 5070—2002 要求。

（7）水产饲料中药物的添加应符合 NY 5072—2002 要求，不得选用国家规定禁止使用的药物或添加剂，也不得在饲料中长期添加抗菌药物。

（8）严禁使用高毒、高残留或具有"三致"毒性（致癌、致畸、致突变）的药物。严禁使用对水域环境有严重破坏而又难以修复的药物，严禁直接向养殖水域泼洒抗生素，严禁将新近开发的人用新药作为渔药的主要或次要成分。

（9）除采取上述措施外，还应加大水产养殖用药的科学管理，主要举措如下：

①加强渔药商标、注册、品名及"三证"管理。

②严格规范渔药的准入制度，监督企业依法生产、经营、使用渔药，加大对违禁渔药的查处力度。

③加强对饲料生产企业的监管，严禁不符合规定的饲料进入市场。

④对养殖生产者进行登记、监管。用药进行审查、指导，杜绝禁用渔药。养殖生产者应将用药情况记录在养殖生产日志上。

⑤加大渔药残留监控，完善渔药检验监控体系。

⑥加大宣传，使广大消费者自觉抵制残留超标水产品，使有残留渔药和违禁渔药无市场空间。

只有科学合理使用渔药，提高水产品质量，在社会各行业、各环节之间的密切配合下，水产业才能安全健康有序的向前发展。

项目三

健 康 养 殖 技 术

能力目标

掌握健康养殖中需注意的问题。

掌握水产动物疾病控制和消灭病原体的方法。

知识目标

了解水产动物疾病预防的意义。

理解各种预防水产动物疾病的作用。

掌握水产动物疾病预防措施和方法。

健康养殖是指根据养殖对象的生物学特性，运用生态学、营养学原理来指导生产，为养殖对象营造一个良好的、有利于快速生长的生态环境，提供充足的全价营养饲料，使其生长发育期间，最大限度地减少疾病发生，使养成的食用商品无污染，个体健康，产品营养丰富与天然鲜品相当；并对养殖环境无污染，实现经济效益、生态效益和社会效益的和谐统一。开展健康养殖，通过采取改善水产动物的生态环境、提高水产动物的抗病力以及控制和消灭病原等综合的预防措施，来减少或避免疾病的发生。

任务一 改善水产动物的生态环境

任务内容

掌握改善水产动物生态环境的方法。

学习条件

1. 水产养殖基地。
2. 多媒体课件、教材。

相关知识

（一）养殖场的设计和建造应符合防病要求

在建造养殖场前要对水源进行周密考察。水源一定要充足，不被污染，不带病原，水的理化性质要符合水产养殖动物生长要求。在设计进排水系统时，应使每个池塘有独立的进、排水口，使养殖池的水源都能独立地从进水渠道进水，并能独立地将池水排到排水渠去。如能配备蓄水池就更好，水经蓄水池沉淀、自行净化，或经过滤、消毒后再引入养殖池，就能防止病原从水源中带入，尤其在育苗时更为需要。

（二）改善水产动物的生态环境

1. 清淤 除去池底过多的淤泥，或排干池水后对池底进行翻晒、冰冻。淤泥不仅是病原的滋生和贮存场所，而且淤泥在分解时要消耗大量的氧，在夏季容易引起"泛池"；在缺氧状况下，产生大量的还原性物质，如有机酸、氨、硫化氢、亚硝酸盐等，改变水的酸碱度，氨、硫化氢等物质还会引起水产动物中毒。

2. 定期调节养殖水体的 pH 养殖过程中要定期监测水体 pH 的变化。当 pH 偏低时，泼洒生石灰水、碳酸氢钠、硼砂，改善水质，提高淤泥肥效；当 pH 偏高时，换水或泼洒醋酸、降碱灵，调节水的 pH 至符合水产动物的要求。

3. 定期加注新水，保持水质清新 根据不同的养殖对象，确定加水时间和加水量。要保持养殖环境的相对稳定，使加水后养殖水体达到肥、活、嫩、爽的要求，并保持较高的溶解氧。养殖前期水深以浅为好，有利于水温的回升和饵料生物的生长繁殖。以后随个体的长大和水温的上升，水深逐渐加深；水色最好是淡黄色、淡褐色、黄绿色，以硅藻为主；其次是淡绿色或绿色，以绿藻为主。水色呈红色、黑褐色对养殖动物不利。透明度为 30～40 cm。水色或透明度适宜时，一般不换水或少量换水，水色不良或透明度过低水质易老化，应尽快换水。

4. 定时开动增氧机或水质改良机，改善水质 在高温季节的晴天中午或早晨开动增氧机，增加水体氧盈，降低氧债，改变溶解氧分布的不均匀性，改善水体溶解氧状况。在主要生长季节晴天的中午，用水质改良机搅动底泥，搅动的面积不要超过池塘面积的 1/2，以加快有机物的分解速度，提高水体生产力，形成新的食物团，改善水体环境，增加水体经济效益。

5. 定期泼洒水质改良剂或底质改良剂，改善水质和底质 定期泼洒生石灰、沸石粉和微生态制剂等水质或底质改良剂，能够净化水质、防止底质酸化和水体富营养化，促进水产动物的生长和发育。

任务二 增强机体的抗病力

任务内容

熟悉增强水产动物机体抗病力的措施。

学习条件

多媒体课件、教材。

✿ 相关知识

（一）加强饲养管理

健康管理是在特定养殖方式下，根据养殖种类的不同生长阶段和生产管理的特点，采用合理的养殖技术和养殖模式，并对水质进行合理的管理和技术调控，维持良好的养殖生态环境，控制病害的发生。加强饲养管理，提高和改进养殖技术，增强机体的抗病力，是预防水产动物疾病的重要内容。

1. 合理放养 合理放养包括合理混养和合理密养两方面内容。提倡合理混养或合理密养，能在有限的空间内使某一种养殖种类的密度减少，这样便可减少了同一种类接触传染的机会。单养要比同等条件下的混养容易发病。单养的密度也要合理，既要考虑单位面积的产量，又要注意防止疾病的发生。应根据池塘条件、水质和饵料状况、饲养管理水平进行合理的混养和密养。

2. 科学投饵与施肥 坚持"四定"投饵技术。"四定"是指定质、定量、定时、定位。饵料应质优量适。质优：鲜活饵料需新鲜；配合饵料未变质、营养应全面，适口性好，不含有毒成分，对环境污染少。量适：少量多餐、适量、宁少勿多，每次投喂前要检查前次投喂情况，以便及时调整投饵量，保证水产动物都能吃饱、吃好，而又不浪费。

施肥应根据池塘底质的肥瘦以及肥料种类等灵活掌握，有机肥应进行发酵处理。

3. 加强日常管理，操作谨慎 要使水产动物的生活正常，健壮生长，抗病力增强，必须加强日常管理。日常管理工作主要有：勤巡塘、勤除污、勤除害、勤检查，注意观察水质变化，观察水产动物的吃食情况及动态，发现问题，及时解决，并做好记录。对于已患病和带有病原的水产动物要及时隔离，已病死的水产动物应及时捞出并深埋或销毁。在捕捉、运输、投放苗种等环节要细心操作，尽量避免水产动物受伤，提高抗病力，减少疾病的发生。

（二）选育抗病力强的养殖品种

进行抗病、抗逆养殖新品种的选育是开展健康养殖的关键。我国是水产养殖大国，养殖的水产动物上百种。目前我国苗种培育技术不稳定，生产工艺落后，主要养殖种类绝大多数都没有经过人工选育和品种改良，遗传基础还是野生型的，其生长速度、抗逆能力乃至品质都急需经过系统的人工育种而加以改进。这与农业和畜牧业中产量、质量及抗逆能力的提高在很大程度上依靠品种的更新和改良有很大的差距。品种问题已成为制约我国水产养殖业稳定、健康和持续发展的瓶颈问题之一。此外，我国多数的育苗场设施和设备比较落后，苗种培育期间各种要素的可控程度差，一旦发生变故，实施应急措施的能力受到极大的限制，也制约了新技术的开发和利用，从而影响苗种的质量和数量。因此，建立设施和设备较为先进的育苗场和积极开展抗病、抗逆养殖品种的选育是健康养殖的当务之急。

具有较强的抗病害及抵御不良环境能力的养殖品种，不但能减少病害的发生，降低养殖风险，增加养殖效益，同时也可以避免大量用药对水体可能造成的危害以及对人类健康的影响。如对虾无特定病原群体的选育为减轻对虾暴发性流行病的危害起到了重要作用。因此，研究开发抗病、抗逆养殖品种，对于健康养殖的可持续发展具有重大的意义。目前，水产养殖抗病、抗逆品种的研究还处于起步阶段，要取得突破性进展，必须依靠现代生物技术与遗传育种技术的结合。

1. 选育自然免疫的品种 利用某些养殖品种对某种疾病有先天性或获得性免疫力的原

理，选择和培育自然免疫的品种。最简单的办法就是从生病池中选择始终未受感染的或被感染但很快又痊愈了的个体，集中专池进行培养，并作为繁殖用的亲体，培育出抗病力强的品种。

2. 杂交培育抗病力强的品种　利用获得免疫力的机体可以遗传给子代的特点，通过水产动物的种间或种内杂交，培育抗病力强的品种。如团头鲂×草鱼→鲩鲂，鲩鲂生长比团头鲂快，对草鱼"三病"有良好抗性；家鲤与野鲤杂交所产生的后代对鲤赤斑病有良好抗性。这种方法在鱼类养殖研究中应用多一些，其他动物的养殖应用较少。但杂交中的远缘杂交一般不育，因此影响这一方法的应用。

此外，还可以通过理化诱变、细胞融合和基因重组技术培育抗病力强的品种，这些方法，目前生产上应用较少，如无特异性病原种苗（SPF）和抗特异性病原菌种苗（SPR），有待进一步的研究开发，以推动水产动物养殖业的发展。

（三）培育和放养健壮苗种

放养健壮和不带病原的苗种是养殖生产成功的基础。放养的苗种应体色正常，健康活泼。苗种生产期应重点做好以下几方面：选用经检疫不带病原的亲本（如 SPF 亲本），亲本入池前要消毒；受精卵移入孵化池前要用 $50g/m^3$ 聚维酮碘消毒；育苗用水使用经沉淀、过滤或消毒过的水；忌高温育苗，忌滥用抗生素；动物性饲料投喂前应消毒，保证鲜活，不喂变质腐败的饲料。

（四）降低应激反应

偏离养殖动物正常生活范围的异常因素称为应激源。养殖动物对应激源的反应称为应激反应。人为（如水污染、投饵技术和方法）或自然（如暴雨、高温、缺氧）因素常会使养殖动物产生应激反应。如果应激源过于强烈或持续时间过长，养殖动物就会因耗能过大，而使机体的抵抗力降低，最终引发疾病。因此，在养殖过程中，要想提高机体的抗病力，就应尽量创造条件降低应激反应。

（五）免疫接种

免疫接种是控制水产动物暴发性流行病最为有效的方法。近年，已陆续有一些疫苗、菌苗应用于预防鱼类的重要流行病，而且免疫接种的最佳方法也在不断探索之中。详见本项目任务四。

任务三　控制和消灭病原体

任务内容

掌握控制和消灭病原体方法。

学习条件

1. 水产养殖基地。
2. 鱼苗、药品。

相关知识

（一）彻底清塘

池塘是水产动物生活栖息的场所，也是病原体的滋生及贮藏的地方，池塘环境的优劣直接影响水产动物的生长和健康，所以一定要彻底清塘。通过清塘，改良底质和水质，增加水体容量，加固塘堤，减少渗漏，杀灭病原体和敌害生物。彻底清塘通常包括清整池塘和药物清塘两大内容。

1. 清整池塘　通常是在冬春季或每次水产动物收捕完后进行，排干池水，根据不同的养殖对象，挖去过多的淤泥，改良底质。封闸晒池，维修池堤、闸门，清除池边杂草，疏通加固进、排水渠。

2. 药物清塘　在放养水产动物之前，先用药物进行清塘，清除池中的病原体及敌害生物。常用的药物及清塘方法有下列几种：

（1）生石灰清塘。生石灰清塘能杀灭池中各种病原体及敌害生物，使池水呈微碱性，保持 pH 的稳定，增加池水的缓冲能力，水中钙离子浓度增加，起到直接施肥的作用。生石灰还可降低池水混浊度，有利于浮游植物光合作用。清塘方法有干塘清塘和带水清塘两种。

①干塘清塘。先将池水排干或留水 5～10cm，在池底四周挖几个小坑，将生石灰放入坑中，用水溶化后，不待冷却立即均匀遍洒全池，包括池堤内侧也要均匀泼洒。有条件最好能用长柄泥耙在塘底推耙一遍，使石灰浆与塘泥充分混合，提高清塘效果。干塘清塘的生石灰用量是每公顷用 750～1 125kg。但是各地实际用量出入较大，这主要是与池水留多少、淤泥的厚薄、土壤的 pH 有关，如果是酸性土质，生石灰的用量肯定要增加才有效。

②带水清塘。就是在一些排水困难或水源不足的地方，在池水不排出的情况下用生石灰清塘。操作时将生石灰溶化后趁热全池均匀泼洒，生石灰的用量为每公顷水面（平均水深 1m）用 1 800～2 250kg。溶解生石灰时，不能用塑料容器，以免生石灰在溶解时产生的高温损坏塑料容器。

生石灰清塘 7～10d 后，药性消失即可放入养殖水产动物。

（2）漂白粉清塘。漂白粉是一种有强烈的氯臭味，含有效氯 30% 的混合物。漂白粉的有效成分为次氯酸钙，遇水后生成次氯酸和碱性氯化钙，次氯酸又立即分解释放出新生态氧。新生态氧具有强烈杀菌和消灭敌害生物的作用。漂白粉的清塘效果与生石灰相似，有用药量少、毒性消失快等优点，对急于使用池塘清塘更为适用。但没有使池塘增肥及调节 pH 的作用，而且容易挥发和潮解，使含氯量降低，影响清塘效果。清塘方法也有干塘清塘和带水清塘两种。

①干塘清塘。将池水排干，把漂白粉充分溶解后全池均匀泼洒。漂白粉的用量为每公顷用 45～75kg。

②带水清塘。将漂白粉充分溶解后全池均匀泼洒。漂白粉的用量为每公顷用 150～225kg（平均水深 1m）。清塘后 4～6d 药性消失，即可放入水产动物。

漂白粉在使用前应测定有效氯是否在 30%，可根据测定结果，按有效氯多少，按比例增减使之达到 30% 标准。漂白粉应密封保存于阴凉干燥处，使用时不能用金属工具。操作者应戴口罩、帽子，着长袖上衣，在上风头处泼洒，以免中毒和腐蚀人体。

（3）茶饼清塘。茶饼是油茶的果实榨油后剩下的渣，内含皂角苷，它是一种溶血性毒素。茶饼能杀死野杂鱼类及部分敌害生物，并有施肥作用。但对病原体无杀灭作用，对敌害生物杀灭不彻底，还能助长蓝绿藻的繁殖。茶饼清塘也分干塘清塘和带水清塘两种方法，干塘清塘用量为每公顷用 $300\sim450kg$，带水清塘（平均水深 1m）用量为每公顷用 $600\sim750kg$。使用时先将茶饼打碎，用水浸泡一昼夜，与水充分搅溶后均匀遍洒全池。茶饼清塘后毒性消失较慢，放养前必须通过试水，确认毒性消失后，才能放养水产动物。

此外，还可用三氯异氰尿酸、二氧化氯等药物清塘。

（二）机体消毒

在分塘换池及苗种、亲本放养时，有必要对养殖动物进行消毒。消毒一般采用药液浸洗法（表 3-1），在机体消毒前，应认真做好病原体的检查工作，根据病原体种类的不同，选择适当的药物进行消毒处理，才能取得预期的效果。

表 3-1　药物浸洗消毒用药、时间参考

药物名称	浓度（g/m^3）	水温（℃）	浸洗时间	可防治的疾病
漂白粉	10	$10\sim15$ $15\sim20$	$20\sim30min$ $15\sim20min$	细菌性皮肤病和鳃病
硫酸铜	8	$10\sim15$ $15\sim20$	$20\sim30min$ $15\sim20min$	隐鞭虫、鱼波豆虫、车轮虫、斜管虫、毛管虫等病
漂白粉、硫酸铜合用	10 8	$10\sim15$	$20\sim30min$	同时具有两种药物单独使用时的功效
高锰酸钾	20	$10\sim20$ $20\sim25$	$20\sim30min$ $15\sim20min$	三代虫、指环虫、车轮虫、斜管虫等病
	14	$20\sim30$	$1\sim2h$	锚头鳋病
	10	30 以上	$1\sim2h$	
食盐	$3\%\sim4\%$		5min	水霉病、车轮虫病、隐鞭虫病及部分黏细菌病
敌百虫（90%晶体）	$2.0\sim2.5$		$5\sim15min$	指环虫、中华鳋、烂鳃、赤皮病等
敌百虫（90%晶体） 碳酸氢钠（$NaHCO_3$）合用	5 3	$10\sim15$	$20\sim30min$	指环虫、三代虫病
甲醛	$25\sim40$	$20\sim25$	$10\sim30min$	体外原虫病

（三）饲料及肥料消毒

投喂的饲料应清洁、新鲜、不带病原体。配合饲料一般不用进行消毒。水草等必要时可用 $6g/m^3$ 漂白粉溶液浸泡 $20\sim30min$；水蚯蚓等用 $15g/m^3$ 高锰酸钾溶液浸泡 $20\sim30min$；卤虫卵用 $300g/m^3$ 漂白粉浸泡消毒，淘洗至无氯味时（也可用 $30g/m^3$ 硫代硫酸钠去氯后再洗净）再孵化。其他鲜活饲料要选用新鲜的，洗净后再投喂。

肥料的消毒主要是指粪肥等有机肥料（无机肥料直接施用即可）。半干半湿的粪肥每 500kg 加 120g 的漂白粉或 5kg 的生石灰，拌匀消毒后投入养殖池。

（四）工具消毒

养殖的各种工具，往往成为传播疾病的媒介，因此发病池用过的工具，应与其他养殖池使用的工具分开，避免将病原体从一个养殖池带入另一个养殖池。发病池用过的工具应进行消毒处理后再使用。一般网具、捞海等可用 $20g/m^3$ 福尔马林溶液、5%盐水等浸泡 30min，晒干后再使用；木制或塑料工具，可用 5% 的漂白粉药液消毒，在洁净水中洗净后再使用。

（五）食场消毒

食场食台内常有残余饲料，腐败后为病原体的繁殖提供有利条件。这种情况在水温较高、疾病流行季节最易发生，人工控温养殖场更易出现，所以要注意投饲量要适当，每天捞除剩饲，清洗食场食台，并定期在食场周围及食台上遍洒漂白粉或硫酸铜、敌百虫等进行杀菌、杀虫，用量要根据食场食台的大小、水深、水质及水温而定，一般为 $250\sim500g/m^3$。

（六）水体消毒

在疾病流行季节，要定期向养殖池施放药物，以杀死水中及养殖动物体表的病原体。水体消毒常采用全池遍洒法、悬挂法或浸沤法。如预防细菌性疾病，可用 $1g/m^3$ 漂白粉或 $20g/m^3$ 生石灰水全池遍洒；还可在食场周围悬挂漂白粉。预防寄生虫病，可选择硫酸铜、敌百虫等药物遍洒或悬挂。

（七）定期口服药饵

水产动物体内疾病的预防一般采用口服法。用药的种类应随各种疾病的不同而不同。在疾病流行季节前或流行高峰，针对性的投喂一些抗病原或提高机体抵抗力的药物来预防疾病的发生。一般半个月口服 1 次。

（八）消灭其他寄主

有些病原体的生活史较为复杂，一生要更换几个寄主，水产动物仅是几个寄主中的一个，鸟类及其他陆生动物是某些病原体的终末寄主，而一些螺类及其他水生生物是一些病原体的中间寄主。消灭带有病原体的终寄主和中间寄主，切断其生活史，同样能够达到消灭病原体的目的。如驱赶水鸟，通过清塘或用水草诱捕，以杀灭池中的螺类等。

（九）建立健全检疫和隔离制度

建立健全水产动物检疫制度和隔离制度，防止疾病的扩散及蔓延传播。对进出口水产动物疾病检疫方法采取现场检疫、实验室检疫和隔离检疫。检疫发现疾病时，应立即进行隔离。病死的水产动物要深埋，不得乱弃。用过的工具消毒。患病水产动物不准外运销售。隔离治疗病愈后，经防检机构再检疫，开具检疫证明书后，方准调运。国内省际水产动物种苗的运输交流，也应建立常规检疫制度，对发现疫情严重的种苗应禁止交流，以防危害严重的疾病在国内蔓延扩散。

任务四　免疫预防

任务内容

1. 掌握免疫的基础知识。
2. 掌握疫苗的使用方法。

学习条件

1. 水产养殖基地。
2. 鱼种、疫苗、注射器。

相关知识

（一）免疫基本概念

1. 免疫概念　免疫是机体对侵入体内的微生物、异物以及体内发生异常变化的组织细胞，进行识别、排除的一种复杂和重要的生理防卫功能。也可以说免疫是生物机体识别自身和异己物质，对自身物质形成天然免疫耐受，对异己物质产生清除作用的一种生理反应。简单说，免疫是机体对病原产生抵抗力，使其免受感染的过程。水产动物之所以能健康地生活在水中，是因为它们本身存在若干有效防御机制。

在正常情况下，免疫对机体有利，可产生抗感染、抗肿瘤等维持机体生理平衡和稳定的免疫保护反应；免疫功能失调时，会对机体造成伤害，如超敏反应、自身免疫疾病和肿瘤等。可见，免疫是动物体的一种保护性反应。免疫对感染来说是相对的，处于动态平衡中，一旦病原体与机体的平衡遭到破坏，机体就受到病原体的袭击，出现症状，由免疫转变为感染。

2. 抗原与抗体的概念

（1）抗原。凡是能够刺激机体产生抗体和致敏淋巴细胞，并能与之结合引起特异性免疫反应的物质，称为抗原。

（2）抗体。机体免疫活性细胞受抗原刺激后，在体液中出现的由浆细胞产生的一类能与相应抗原发生特异性结合的球蛋白。简单说，抗体是一种免疫球蛋白。

（二）免疫功能

1. 免疫防御　为机体清除异己物质的一种免疫保护功能。免疫正常时，能充分发挥防御抗感染免疫作用（如消灭病原生物、中和毒素）；免疫异常时，免疫反应过高会引起变态反应（超敏反应）；免疫反应过低会引起免疫缺陷症。

变态反应：某些抗原或半抗原再次进入致敏机体，在体内引起特异性体液或细胞免疫反应，由此导致组织损伤或生理功能紊乱。免疫缺陷症：指机体免疫系统由于先天性发育不良或后天遭受损伤所致的免疫功能降低或缺乏的系统综合征。

2. 免疫稳定　机体免疫系统维持内环境相对稳定的一种生理功能。免疫正常时，能消除体内衰老的和被破坏的细胞；免疫异常时，免疫识别紊乱导致自身免疫病。

自身免疫病：自身抗体或自身致敏淋巴细胞攻击自身靶抗原细胞和组织，使其产生的病理性改变或功能障碍。

3. 免疫监督　机体免疫系统识别、清除体内突变、畸形的细胞和病毒感染细胞的一种生理保护作用。在免疫正常时识别和消除突变细胞；免疫异常时，易生恶性肿瘤、病毒持续感染。

（三）免疫类型

1. 非特异性免疫（也称先天性免疫、天然免疫）　非特异性免疫是生物体在长期的进化过程中形成的先天具有的正常生理防御功能，对所有的病原体都有一定程度的抵抗力，没有特殊的选择性，受性别、年龄等的影响较小。如黏液、皮肤、吞噬细胞、溶菌酶等。

2. 特异性免疫（也称获得性免疫）　特异性免疫是生物体在生长发育过程中，由于自然感染或预防接种以后产生的，对某一种或某一类的病原体有特异性免疫力。特异性免疫又可分为自然免疫和人工免疫。

（1）自然免疫。自然免疫是在自然情况下获得的。机体由于患传染病或隐性传染后而获得的免疫称为自然自动免疫；机体通过母体而获得的免疫称为自然被动免疫。

（2）人工免疫。人工免疫是通过人工的方式获得的。人工给机体注射某种抗原（疫苗），使机体获得特异性免疫力称为人工自动免疫；人工给机体注射含有抗体的免疫血清称为人工被动免疫。人工自动免疫与人工被动免疫的区别见表 3-2。

表 3-2　人工自动免疫与人工被动免疫的区别

	人工自动免疫	人工被动免疫
免疫速度	较慢（注射后1～4周产生）	立即
抗体量	不断增加，再次接触抗原刺激出现增强反应	＜所接受的量，再次接触抗原也不出现增强反应
免疫期	较长（＞半年）	较短（2～3周）
主要用途	预防	治疗或应急预防

（四）人工免疫在水产动物疾病防治中的应用

1. 用于疾病的诊断

（1）用已知抗原诊断病原。用已知抗原与从患病动物中提取的抗体进行血清学反应，以确定病原种类。该法只能用于病体已产生抗体的诊断。

（2）用已知抗体诊断病原。将已知抗体与从病体中分离的病原进行血清学反应，以确定病原的种类，该法适于所有被诊断动物。诊断方法见表 3-3。

表 3-3　已知抗体诊断病原方法

诊断方法	特　点	抗体检测量（$\mu g/mL$）	应用范围
血清中和试验	灵敏度高，费时	$\geqslant 10^{-3}$	病毒病
沉淀反应	方便可靠，灵敏度低	$\geqslant 20$	细菌病
补体结合试验	灵敏度高，存在干扰	$\geqslant 10^{-1}$	细菌病
凝集反应	快速准确，应用局限	$\geqslant 3 \times 10^{-2}$	部分细菌病
免疫荧光	快速方便，需特殊仪器	$\geqslant 20$	细菌病
放射免疫测定	快速灵敏，需特殊仪器	$\geqslant 10^{-3}$	病毒病
ELISA	快速灵敏，应用前景好	$\geqslant 10^{-3}$	细菌病

2. 用于疾病的治疗　利用被动免疫，即给患病动物接种抗体进行应急治疗。先将抗原（疫苗）注入同种或其他种动物机体，1～4周后从接种动物的血液等部位提取抗体（或制备卵黄抗体），并将提取的抗体接种到患病动物中进行疾病治疗。

3. 用于疾病的预防　水产动物免疫最重要的应用方向为研制疫苗进行疾病的预防。在水产养殖动物中，由于只有鱼类、两栖类和爬行类等脊椎动物才能在接种抗原后产生抗体，目前认为只有这些动物才能用免疫学方法进行疾病的预防。

（五）水产动物免疫的特点

（1）水产动物病原与人类疾病关系不大，不易引起重视。

（2）水产动物免疫机制依赖于外界环境变化较为明显。

（3）水产动物抗体与人等高等生物的已知抗体不同，其疾病的免疫防治方法尚在探索中。

（4）水产动物是变温动物，其免疫学研究必须在同一特定条件下进行。

（5）水产养殖生产上应用疫苗预防疾病还极为有限。

（六）水产动物免疫在病害防治中的意义

（1）通过人工免疫或对病后有免疫力个体筛选，培育免疫新品种（SPR）。

（2）通过人工免疫，可有效预防流行病的发生。

（3）免疫防治可有效避免药物残留及化学药物对水体的污染。

（4）免疫防治可避免长期使用抗生素等药物而产生的耐药性。

（5）疫苗防治可维持较长的药效时间。

（七）人工免疫预防

1. 疫苗　疫苗是用致病微生物为材料，通过人工的方法制成的预防传染性疾病的生物制品。人工免疫预防是将人工制成的疫苗、菌苗、瘤苗、类毒素或细胞免疫制剂等接种到水产动物体上，使水产动物自身产生对相应疾病的防御能力。用病原菌制成的抗原制剂称为菌苗，用病毒、立克次氏体制成的抗原制剂称为疫苗，有的将两种通称为疫苗。用肿瘤组织制成的抗原制剂称为瘤苗。细菌的外毒素经 $0.3\% \sim 0.4\%$ 的福尔马林处理后，毒性消失而免疫原性仍然保留即为类毒素。细胞免疫制剂有干扰素、转移因子等。

2. 疫苗种类

（1）根据疫苗的活力来分。灭活疫苗和减毒活疫苗（弱毒疫苗）。

①灭活疫苗。灭活疫苗是指用物理学化学方法（热灭活、药物灭活、紫外线灭活、超声灭活）将病原微生物杀死后制成的，用于预防传染性疾病的生物制品。水产上使用的疫苗大多为死疫苗。其优点是易保存，使用安全性好，制造简单。缺点是接种次数多，用量多，免疫持久性差，免疫效果比活疫苗差。

②减毒活疫苗。减毒活疫苗是指通过人工方法诱导或从自然环境中直接获得的毒力高度减弱或基本无毒的微生物制成的生物制品。如草鱼出血病疫苗和病毒性出血败血症疫苗。其优点是接种 1 次，用量少，免疫效果好，维持时间长。缺点是不易保存，有效期短，使用安全性差。

（2）根据疫苗的性质和组成成分来分。

①单价疫苗。由单一病菌培养制备的疫苗。

②多价疫苗。由同一种病菌的不同型或不同株培养制备的疫苗。

③混合疫苗。又称为联苗，由一种以上的病菌或其代谢产物制备的疫苗。如二联疫苗。

（3）根据抗原类别来分。

①病毒疫苗。如草鱼出血病疫苗。

②细菌疫苗。如石斑鱼创伤弧菌疫苗。

③寄生虫疫苗。如小瓜虫疫苗。

（4）疫苗接种。疫苗接种即人工免疫是将人工制成的疫苗制剂接种到水产动物体上，使水产动物自身产生对相应疾病的防御能力。由于鱼类与其他脊椎动物相似，受抗原刺激可以产生特异性的细胞免疫和体液免疫，因此，在水产动物中对鱼类的免疫研究的较多。自从Duff（1942）研制成功预防硬头鳟的疖疮病的疫苗以后，国内外已陆续研制成功一批鱼用疫苗，绝大部分是由生物制品厂生产的商品化疫苗。鱼类常用疫苗有：

①鱼类病毒病疫苗。

a. 传染性胰坏死病（Infectious pancreatic necrosis，IPN）的灭活疫苗、减毒疫苗、多肽疫苗和基因工程疫苗。

b. 传染性造血组织坏死病（Infectious hematopoietic necrosis，IHN）的灭活疫苗、减毒疫苗和基因工程疫苗。

c. 斑点叉尾鮰疱疹病毒病（Herpesvirus disease of channel catfish，HDCC）的减毒疫苗和灭活疫苗。

d. 病毒性败血症（Viral haemorrhagic septicemia，VHS）的灭活疫苗和减毒疫苗。

e. 鲤春病毒病（Spring Viremia of carp，SVC）的减毒疫苗。

f. 草鱼出血病（Haemorrhage of Crass Carp）的组织浆疫苗、灭活疫苗和弱毒疫苗。

②鱼类细菌疫苗。

a. 鲑、鳟、鳗鲡、鲤、金鱼等鱼类类结疖病（Furunculosis）的灭鲑产气单胞菌（*Aeromonas salmonicida*）灭活全菌苗、菌体成分苗和减毒疫苗等。

b. 鲑、鳟、鳗鲡、鲤、香鱼、罗非鱼等鱼类的弧菌病（Vibriosis）的鳗弧菌（*Vibrio anguillarum*）单价、多价灭活全菌苗和菌体成分苗（脂多糖）。

c. 淡水鱼类的细菌性败血病（Bacterial septicemia）的嗜水气单胞菌（*Aeromonas hydrophila*）灭活全菌苗、菌体成分苗、弱毒菌苗。

d. 鲑、鳟类红嘴病（Redmouth disease）的鲁克氏耶尔森氏菌（*Yersinia rucheri*）灭活全菌苗。

e. 鳗鲡、斑点叉尾鮰的爱德华氏菌病（Edwardsiellosis）的迟钝爱德华氏菌（*Edwardsiella tarda*）灭活全菌苗、菌体成分苗。

f. 草鱼、鲤、鳜等鱼类细菌性烂鳃病（Bacterial gill-rot disease）的柱状嗜纤维菌（*Cytophaga columnaris*）灭活全菌苗、菌体成分苗。

g. 草鱼细菌性烂鳃、肠炎、赤皮病的组织浆疫苗（又称土法疫苗）。

③鱼类寄生虫病疫苗。预防各种淡水鱼类小瓜虫病的多子小瓜虫（*Ichthyophthirius multifiliis*）灭活全虫疫苗和虫体成分苗。

3. 简易疫苗的制备

（1）草鱼出血病灭活疫苗的制备。草鱼出血病组织浆疫苗的制备：取患典型症状病鱼的肝、脾、肾、肌肉、肠等病变组织，称重，剪碎，加10倍的无菌生理盐水制成匀浆，置于3 000～3 500r/min的离心机中，低温离心30min，取上清液，加入青霉素1 000U/mL，链霉素1 000μg/mL，混匀后在4℃下过夜除菌，即制成病毒悬液。再加入福尔马林至最终浓度为0.1%，摇匀后，置32℃恒温水浴锅灭活72h，封口，置4℃冰箱保存。做安全及效力试验后即可使用。

（2）草鱼细菌性烂鳃、肠炎、赤皮病的组织浆疫苗（又称土法疫苗）。土法疫苗的制备：取患有典型症状病鱼的肝、脾、肾等病变组织，用清水冲洗后称重，用研钵磨碎，加5～10

倍的生理盐水，成匀浆后用两层纱布过滤，取滤液。将滤液经 60～65℃恒温水浴灭活 2h 后，加入福尔马林使其最终浓度为 0.5％，封口后，置 4℃冰箱中保存。做安全及效力试验后即可使用。

4. 疫苗的接种方法　不同的生物制品需要采用不同的接种途径。同种生物制品可因接种途径不同而出现不同的免疫效果。水产动物常用的免疫接种方法有注射法、浸洗法、口服法和喷雾法。

（1）注射法。将疫苗直接注射到肌肉、腹腔或心脏的免疫接种方法。优点：免疫效果好；缺点：操作困难，易损伤接种鱼类，幼鱼无法使用。

（2）口服法。将疫苗通过投喂的方法接种到鱼类机体。优点：操作简单；缺点：免疫效果不稳定（因消化液对疫苗的消化分解）。

（3）浸泡法。将鱼类浸泡于疫苗溶液通过皮肤吸收达到免疫接种目的。优点：操作简单；缺点：免疫效果不稳定（浸泡进入机体的疫苗量有限）。

（4）喷雾法。将疫苗以高压喷射到接种生物体表以进行免疫的方法。优点：操作简单；缺点：免疫效果差。

（5）其他方法。如超声免疫法等，该法是在浸泡法基础上外加超声作用而实施的接种方法，目前尚在探索中。

目前对水产动物采用注射免疫接种效果较好。在一定剂量范围内，免疫效果与接种剂量成正比。应用灭活疫苗时，最好接种 2～3 次，每次注射间隔 7～10d。

5. 免疫激活剂的应用　免疫激活剂根据其功能的不同可分为两大类：一类是能增强水产动物的特异性免疫机能。另一类是能增强由疫苗诱导的特异性免疫机能（又称为佐剂作用）。目前研究较多的是前者。免疫激活剂的种类较多，已证实对水产养殖动物具有免疫激活作用的种类主要有：福氏完全佐剂、植物血凝素、葡聚糖、左旋咪唑、壳质素、维生素 C、生长激素和催乳素、FK‐565 ［由从橄榄灰链霉素菌（*Streptomyces olivaceogriseus*）的培养液中分离的 EK‐156 合成的物质］、EF‐203（利用微生物对鸡蛋清发酵而获得的物质）、ETE 和 HD（从海产无脊椎动物中分离的具有杀菌和抗肿瘤作用的物质）等。免疫激活剂可以激活水产动物的非特异性免疫机能。在水产动物疾病预防中适当的利用免疫激活剂，通过激活水产动物自身的非特异性免疫潜能，具有重要现实意义。

任务五　生物预防

任务内容

1. 了解生物预防的作用。
2. 了解微生态制剂的应用。

学习条件

1. 多媒体课件、教材。
2. 生物制药厂、养殖场。

相关知识

生物预防是指在养殖水体中和饲料中添加有益的微生物制剂，调节水产养殖动物体内、外的生态结构，改善养殖生态环境和养殖动物胃、肠道内微生物群落的组成，增强机体的抗病能力和促进水产养殖动物的生长。在养殖水体中泼洒有益的微生物制剂可以调节养殖环境中的微生物组成和分布，抑制有害微生物的过量繁殖，加速降解养殖水环境中的有机废物，改善养殖生态环境。在饲料中添加有益微生物制剂，可通过改变动物消化道中微生态结构，而达到预防疾病的目的。人们将这些有益的微生物制剂称为微生态制剂，利用微生态制剂预防疾病，是水产养殖动物疾病预防的重大发展，对推动健康养殖和生产清洁食品具有重要的现实意义。

（一）微生态制剂的种类

微生态制剂又称为微生态调节剂，是一类根据微生态学原理而制成的含有大量有益菌及其代谢产物的活菌剂。具有维持生态环境的微生态平衡，调节动物体内微生态失调和提高健康水平的功能。目前在我国应用的微生态制剂其菌种主要有以下几种：

1. 光合细菌　光合细菌是目前在水产上应用比较成熟的一种微生态活菌剂。是一类有光合作用能力的异养微生物，主要是红螺菌科、硫螺菌科、绿曲菌科、绿菌科中的菌种。光合细菌主要利用小分子有机物而非二氧化碳合成自身生长繁殖所需要的各种养分。光合细菌具有光合色素，呈现淡粉红色，它能在厌氧和光照的条件下，利用化合物中的氢并进行不产生氧的光合作用，将有机质或硫化氢等物质加以吸收利用，把硫化氢转化为无害的物质，使好氧的异养微生物因缺乏营养而转为弱势，同时使水质得以净化。但光合细菌不能氧化大分子物质，对有机物污染严重的底泥作用则不明显。

2. 芽孢杆菌制剂　芽孢杆菌是一类需氧的非致病菌，具有耐酸、耐盐、耐高温、耐高压的特点，是一类较为稳定的有益微生物。目前应用的主要以枯草芽孢杆菌、地衣芽孢杆菌、蜡样芽孢杆菌及巨大芽孢杆菌为主。芽孢杆菌具有芽孢，以其芽孢的形式存在于动物肠道的微生物群落中，能使空肠内的 pH 下降，氨浓度降低，促进淀粉、纤维素和蛋白质的分解。

3. 硝化细菌　硝化细菌是一种好氧细菌，属于绝对自营性微生物，包括两个完全不同的代谢群：一个是亚硝酸菌属，在水中将氨氧化成亚硝酸，通常被称为"氨的氧化者"，其所维持生命的食物来源是氨；另一个是硝酸菌属，将亚硝酸分子氧化成硝酸分子。硝化细菌在中性、弱碱性，溶氧量高的情况下发挥效果最佳。可以将对水产养殖动物有毒害作用的氨和亚硝酸转化为无毒害作用的硝酸分子，成为浮游植物的营养盐。

4. 酵母菌　酵母菌喜生长于偏酸环境的需氧菌，在肠道内大量繁殖。它是维生素和蛋白质的来源，可以增加消化酶的活性，并能增加非特异性免疫系统的活性。酵母菌的致死温度为 $50\sim60℃$，配合饲料制粒时的温度可以将其杀死。

此外，还有反硝化细菌、硫化细菌等一系列菌种，需要指出的是，目前市场上销售的微生态制剂除光合细菌、芽孢杆菌外，大多为复合菌剂，即采用上述菌种中的几种混合而成。也有一些厂家生产的微生态制剂采用的是经过基因改造的工程菌。目前在水产养殖上作为环境修复剂应用较多的是光合细菌和芽孢杆菌。

（二）生物预防的作用

1. 拮抗与免疫激活作用　有益微生物能通过竞争作用调节宿主体内菌群结构，包括竞争黏附位点、对化学物质或可利用能源的争夺以及对铁的争夺。有的有益微生物在生长过程中产生抑菌物质，如乳酸菌产生乳酸、乳酸菌素、过氧化氢等，对病原微生物具有抑制作用。有的有益微生物具有免疫激活作用，是良好的免疫激活剂，能增强养殖动物的非特异性免疫的活性。还有的能防止有毒物质的积累，从而保护机体不受毒害。

2. 微生态的平衡作用　健康动物体内的微生态平衡会由于病原体的入侵、环境因素的变化等原因而被破坏，如果破坏的程度超出了养殖动物的适应能力，会使养殖动物的免疫力下降，导致营养和生长障碍以及疾病的发生。这时，补给适当有益微生物，会及时使微生态环境得到修补，让动物恢复健康状态。一些需氧菌制剂，特别是芽孢杆菌可以消耗肠道内的氧气，造成厌氧环境，有助于厌氧微生物的生长，从而使失调的菌群平衡，恢复到正常状态。

3. 促生长作用　饲用有益微生物不仅能提高对病原菌的抵抗力，预防疾病的发生，而且具有促进其生长的作用。作为饲料添加剂的许多有益微生物，其菌体本身含有大量的营养物质，同时随着他们在动物消化道内的繁殖、代谢，可产生动物生长所需要的营养物质，还可产生消化酶类，协助动物消化饲料，提高饲料的转化率。

4. 水质调节作用　光合细菌具有独特的光合作用能力，能直接消耗利用养殖水体中的有机物、氨态氮，还可利用硫化氢，并可通过反硝化作用除去水中的亚硝态氮，从而改善水质。有益微生物进入养殖池后，可以参加水体最基础的物质循环，把有机物降解为硝酸盐、磷酸盐和二氧化碳等，为单细胞藻类的生长繁殖提供营养；而单细胞藻类的光合作用又为有机物的氧化分解、微生物及养殖动物的呼吸提供溶解氧，构成一个良性生态循环。

（三）生物预防在水产养殖中的应用效果

国外学者早在1980年就预言，细菌不论作为食物、水产动物疾病的防治剂还是养分再生循环的催化剂都将发挥其重大作用。Austin和Akifumi等都曾报道，在虾、贝生产中，利用溶藻胶弧菌、产色素细菌可控制育苗期的多种病原性弧菌。Moriarty报道，在印度尼西亚所做的试验表明，向养殖水体中加入某些特定的芽孢杆菌，可以使水体中的发光弧菌等有害弧菌数量大大降低，实验池对虾的成活率大大高于对照池。对照池放养不到80d，对虾就几乎全部患弧菌病而死亡；而实验池放养对虾超过160d未见发病。有实验证明，酵母菌与乳酸菌共用，可提高印度对虾幼苗的生长率、成活率。

生物预防在水产养殖上的应用国内的报道也很多，莫照兰等报道，一株气味黄杆菌（*Flavobacteria ordoratum*）可以产生抗性物质细菌素，对病原性哈维氏弧菌具有良好的拮抗作用。张淑华等将有益微生物加入对虾混合饲料中饲喂对虾，结果表明饲料中添加0.1%有益微生物能使对虾个体增重增加4.60%～6.35%，成活率提高5.03%～6.18%，单产提高8.76%～12.45%，经济效益增加10.86%～16.50%。王梦亮等报道，用光合细菌饲喂鲤能提高鲤肠道微生态中的种群数量，增加该系统的稳定性和自身调节能力，同时提高消化酶的活力，增强鱼的抗肠道疾病能力和对饲料的消化能力。薛恒平等研制的复合菌剂，由芽孢杆菌、光合细菌、蛭弧菌等组成，将其用于对虾养殖，在虾苗放养1个月后，每周投入1次，计3次，结果试验池对虾病毒病发病时间较对照池延迟10d，产量增加40%。李建等报道，在对虾清洁养殖中使用微生态制剂，南美白对虾室内养殖成活率高于对照组10%～

15%，池塘养殖中国对虾 45d，实验组比对照组平均体长增长 15%。

（四）生物预防的应用前景

生物预防虽然发明的时间很长，但被大规模的应用到水产养殖业上，却是近几年的事情。国内目前主要在高密度集约化养殖中应用较多，池塘养殖中主要应用在对虾养殖。由于微生物产品的特殊性和养殖条件的复杂多样性，使得生物预防的应用效果存在一定的不稳定性。随着菌种筛选技术、产品加工工艺的不断完善，生物预防的应用会逐步得到更多人的认可。更为重要的是生物预防在改善水产动物的品质方面具有抗生素、消毒剂等化学药剂无法比拟的优势。如今，全球都在提倡健康养殖，这给生物预防在水产养殖上的广泛应用提供了难得的契机。

自测训练

一、填空

1. 疾病预防的方针是_____、_____。

2. 彻底清塘通常包括_____和_____2大内容。

3. 常用的清塘药物有_____和_____。

4. 特异性免疫分_____和_____2种。

5. 机体由于患传染病或隐性传染后而获得的免疫称为_____。

6. 疫苗的应用除采用注射方法外，还可采用_____、_____和_____等方法。

7. "疫苗"根据病原类别可分为_____、_____和_____。

8. "疫苗"根据病原的活力可分为_____和_____。

9. 疫苗灭活的方法有_____和_____。

10. 疾病预防既要消灭_____、切断_____，又要改善_____，提高养殖水产动物机体的抗病力。

二、判断

1. 只有贯彻采取"无病先防，有病早治"的方法，才能达到减少或避免疾病的发生。
（　　）

2. 只有贯彻采取"防治结合，治重于防"的方法，才能达到减少或避免疾病的发生。
（　　）

3. 体外用药一般适用于小水体，而对大面积的湖泊、水库及河流就难以应用。（　　）

4. 体外用药可用于各种类型的水体。（　　）

5. 只有采取全面的综合的预防措施，才能减少或避免疾病的发生。（　　）

6. 肥料的消毒主要是指粪肥等有机肥料，无机肥料直接施用即可。（　　）

三、简答

1. 预防水产动物疾病可采用哪些方法？

2. 简述人工自动免疫与人工被动免疫的区别。

项目四

鱼类病害的防治

能力目标

掌握常见病毒性鱼病——草鱼出血病、痘疮病、败血症等的症状、流行情况及防治方法。

掌握常见细菌性鱼病——烂鳃病、肠炎病、打印病、竖鳞病、白头白嘴病、赤皮病等的症状、流行情况及防治方法。

掌握常见真菌病和寄生藻类病——水霉病、鳃霉病、鱼醉菌等的症状、流行情况及防治方法。

掌握常见原生虫类——鞭毛虫、纤毛虫、孢子虫、毛管虫、变形虫等引起的鱼病的寄生部位、症状、流行情况及防治方法。

掌握常见单殖吸虫——指环虫、三代虫、海盘虫等引起的鱼病的寄生部位、症状、流行情况及防治方法。

掌握常见复殖类——双穴吸虫、血居吸虫、侧殖吸虫、华支睾吸虫等吸虫引起的鱼病的寄生部位、症状、流行情况及防治方法。

掌握常见绦虫类——鲤蠢绦虫、许氏绦虫、头槽绦虫、舌状绦虫、双线绦虫等引起的鱼病的寄生部位、症状、流行情况及防治方法。

掌握常见线虫、棘头虫类——毛细线虫、鲤嗜子宫线虫、长棘吻虫等引起的鱼病的寄生部位、症状、流行情况及防治方法。

掌握常见甲壳类寄生虫——中华鳋、锚头鳋、鱼虱、鱼怪等引起的鱼病的寄生部位、症状、流行情况及防治方法。

知识目标

了解鱼类病毒性疾病流行情况，理解病毒性疾病发病机理，掌握防治病毒性疾病方法。

了解鱼类细菌性疾病流行情况，理解细菌性疾病发病机理，掌握防治细菌性疾病方法。

了解鱼类真菌性疾病流行情况，理解真菌性疾病发病机理，掌握防治真菌性疾病方法。

了解鱼类寄生虫性疾病流行情况，理解寄生虫性疾病发病机理，掌握防治寄生虫性疾病方法。

任务一 病毒性疾病

任务内容

1. 掌握病毒性鱼病预防措施和方法。
2. 熟悉病毒性鱼病发病机理。

学习条件

1. 多媒体课件、教材。
2. 组织切片、显微镜。
3. 病鱼标本。

相关知识

由病毒感染而引起的鱼类疾病称为鱼类病毒性疾病。病毒是一类体积微小，能通过细菌滤器，含有一种核酸（DNA 或 RNA），专性活细胞寄生的非细胞型微生物。它必须在电子显微镜下才能观察得到。病毒无完整的细胞结构，表面呈球形、砖形、杆形、蝌蚪形等形状，构成的方式为核酸外包裹蛋白壳而成。病毒的繁殖方式为"复制"形式。当病毒在细胞内生长繁殖时，可引起细胞形成一种特殊的斑块结构，称为包含体，经特殊染色后，可在普通显微镜下看到，体外培养只能在敏感细胞中进行。由于大多数病毒对抗生素不敏感，因而至今尚无理想的治疗方法，主要进行预防。迄今为止，已从鱼体中分离到 50 余种病毒，其中不少是口岸检疫的对象。

病毒性疾病主要特点：潜伏期长，不易发现；传播快，难控制；防治困难，无特效药。

草鱼出血病

【病原】草鱼呼肠孤病毒（GCRV）。病毒呈 20 面体对称的球形颗粒，直径为 65～72nm，具双层衣壳。

【症状】病鱼体色发黑，离群独游水面，反应迟钝，摄食减少或停止。主要症状是病鱼各器官组织有不同程度的充血、出血。根据病鱼所表现的症状及病理变化，大致可分为如下 3 种类型：

1. "红肌肉"型 病鱼外表无明显的出血症状，或仅表现轻微出血，但肌肉明显充血，严重时全身肌肉均呈红色，鳃瓣则严重失血，出现"白鳃"。这种类型一般在较小的草鱼鱼种（体长 7～10cm）较常见。

2. "红鳍红鳃盖"型 病鱼的鳃盖、鳍基、头顶、口腔、眼眶等明显充血，有时鳞片下也有充血现象，但肌肉充血不明显，或仅局部出现点状充血。这种类型一般见于在较大的草鱼鱼种（体长 13cm 以上）上出现。

3. "肠炎"型 病鱼体表及肌肉的充血现象均不明显，但肠道严重充血。肠道部分或全部呈鲜红色，肠系膜、脂肪、鳔壁等有时有点状充血。肠壁充血时，仍具韧性，肠内虽无食物，但很少充有气泡或黏液，可区别于细菌性肠炎病。这种类型在各种规格的草鱼鱼种中都可见到。

上述 3 种类型的病理变化可同时出现，也可交互出现。

【流行情况】本病是我国草鱼鱼种培养阶段危害最大的病害之一，主要危害 2.5～15.0cm 的草鱼和 1 足龄的青鱼，有时 2 足龄以上的草鱼也患病。主要流行于长江流域和珠江流域诸省市，尤以长江中、下游地区为甚，近年来在华北地区也有发生。流行严重时，发病率达 30%～40%，死亡率可达 50%，严重影响草鱼养殖。每年 6～9 月是此病的主要流行季节，水温 27℃以上最为流行，水温降至 25℃以下，病情逐渐消失。病毒的传染源主要是带毒的草鱼、青鱼以及麦穗鱼等，从健康鱼感染病毒到疾病发生需 7～10d。一旦发生，常导致急性大批死亡。

【诊断方法】初诊：根据症状；确诊：EM 检查肾等部位有无病毒粒子。注意与细菌性肠炎病的区别：草鱼出血病肠壁弹性好，黏液量少；细菌性肠炎病肠壁弹性差，大量黄色黏液。

【预防方法】疾病一旦发生，彻底治疗通常比较困难，故强调预防。

（1）严格执行检疫制度，不从疫区引进鱼种。

（2）清除池底过多淤泥，并用浓度 200g/m³ 生石灰，或 20g/m³ 漂白粉，或 10g/m³ 漂白粉精消毒，以改善池塘养殖环境。

（3）人工免疫预防。用草鱼出血病疫苗进行人工免疫预防本病具有较好的效果。

①注射法。6cm 以下的鱼种，腹腔注射 10^{-2} 浓度（将疫苗用生理盐水稀释 20 倍）疫苗 0.2mL 左右；8cm 以上鱼种为 0.3～0.5mL；20cm 以上的，每尾注射疫苗 1mL 左右。

②浸浴法。用 0.5% 疫苗液，加 10g/m³ 莨菪碱，尼龙袋充氧浸浴 3h。或尼龙袋充氧，0.5% 疫苗液浸浴夏花 24h。

（4）使用含氯消毒剂全池泼洒彻底消毒池水。养殖期内，每半个月全池泼洒浓度 0.3 g/m³ 二氯异氰尿酸钠（优氯净）或三氯异氰尿酸，或 0.1～0.2g/m³ 漂白粉精。

（5）加强饲养管理，进行生态防病。如定期加注清水，高温季节注满池水，以保持水质优良和水温稳定；投喂优质且适量的饲料，定期泼洒生石灰，食场周围定期用漂白粉或漂粉精消毒。还可以采用稻田培育草鱼鱼种的方法预防疾病双季（5～7 月草鱼为主养鱼；8～10 月搭配鱼）。

【治疗方法】

（1）口服大黄，按每 100kg 鱼体重用 0.5～1.0kg 计算，拌入饲料内或制成颗粒饲料投喂，1d 1 次，连用 3～5d。

（2）每万尾鱼用水花生 4kg，捣烂后拌入 250g 大蒜、少量食盐和豆粉制成药饵，每天投喂 2 次，连续 3d。

（3）50% 大黄、30% 黄柏、20% 黄芩制成三黄粉，再用三黄粉 250g、麸皮 4.5kg、菜饼 1.5kg、食盐 250g 制成药饵，投喂 50kg 鱼，连用 7d 为 1 个疗程。

（4）口服植物血凝素（PHA），每千克鱼日用量 4mg，隔天喂 1 次，连续 2 次，或用浓度 5～6g/m³ 的 PHA 溶液浸洗鱼种 30min。此外，还可用注射法，每千克鱼注射 PHA 4～8mg。

鲤春病毒病

【病原】鲤弹状病毒（*R. carpio*），大小为（90～180）nm×（60～90）nm；在 pH7～10 时稳定，侵染率 100%；pH11 时侵染率 50%～70%。对热敏感，加热 15min，45℃时侵染率仅 1%，60℃时为 0。血清对病毒的侵染力具保护作用，保存在含 2%血清培养液中的病毒，在 4 次冷冻和解冻过程中侵染率仅损失 10%，缺乏血清时则损失 95%；用冷冻干燥法可长时间保存病毒。

【症状】病鱼呼吸缓慢，沉入池底或失去平衡侧游，体色发黑，腹部膨大，眼球突出，肛门红肿，鳃丝颜色变淡并有出血点；腹腔内有积液，肠壁发炎，内脏有出血斑点，肝、脾、肾肿大，颜色变淡；肌肉也有出血斑块，血红蛋白含量减少，血浆中糖原及钙离子浓度降低。

【流行情况】在欧洲广为流行，死亡率可高达 80%～90%，主要危害 1 龄以上的鲤，鱼苗、夏花很少感染，春季（水温在 13～20℃）时适宜流行，水温超过 22℃时就不再发病，所以称为鲤春病毒病。病鱼、死鱼及带病毒鱼是传染源，可通过水传播，人工感染的潜伏期随水温、感染途径、病毒感染量而不同，一般为 1～60d；15～20℃时潜伏期为 7～15d。流行取决于鱼群的免疫力，血清抗体效价在 1∶10 以上者都不感染，病鱼病愈后有很强的抗感染能力。

【防治方法】
(1) 加强综合预防措施，严格执行检疫制度。
(2) 水温提高到 22℃以上。
(3) 选育有抗病能力的鱼种放养。

传染性胰腺坏死病

【病原】传染性胰坏死病毒（IPNV）。病毒颗粒呈正 20 面体，无囊膜，有 92 个壳粒，直径 50～75nm，双链 RNA 型。生长温度为 4.0～27.5℃，最适生长温度为 15～20℃。

【症状】病鱼游泳失衡，常做上下回转游动。体色发黑，眼球突出，腹部膨大并有充血，肛门处常拖一条线形黏液便。剖腹后观察，肠内无食而充满透明或乳白色黏液，肠壁薄而松弛，幽门部、胰有点状出血，肝、脾、肾、心脏贫血苍白。

【流行情况】本病是 20 世纪 80 年代中期从国外引进虹鳟发眼卵时带入。在我国主要危害 14～70 日龄的虹鳟苗和鱼种，开食后 2～3 周的发病率最高，发病后的死亡率为 50%～100%。我国东北三省、陕西、山东、甘肃以及台湾等地均曾发现。该病毒可经鱼卵进行垂直传播，也可由病鱼的粪、分泌物排入水中做水平传播。此病在 10～15℃时流行，10℃以下或 15℃以上发病较少，病情也较轻。2～3 周的鱼苗发病常呈急性型，几天之内可大批死亡；体重 1g 以上的幼鱼，大多为慢性型，每天死少量，但持续时间长。20 周龄以上的幼鱼，一般不再发生此病。本病是鱼类口岸检疫的第一类检疫对象。

【预防方法】疾病治疗十分困难，以预防为主。
(1) 严格执行检疫制度，不得将带有 IPNV 的鱼卵、鱼苗、鱼种和亲鱼引进及输出。
(2) 发现疫情应实施隔离养殖，严重者应彻底销毁，并用含氯消毒剂消毒鱼池。
(3) 发眼卵用浓度 50g/m³ 聚维酮碘浸洗，洗浴 15min。

（4）通过降低水温（10℃以下）或提高水温（15℃以上）来控制病情发展。

（5）发病早期用聚维酮碘拌饵投喂，每千克鱼体重每天用有效碘 1.64～1.91g，须连喂半月。

【治疗方法】国外采用注射 IPN 疫苗，防治效果较好。

传染性造血组织坏死病

【病原】传染性造血组织坏死病毒（IHNV），属弹状病毒属（*Rhabdovirus*）。弹丸形，大小为（120～300）nm×（60～100）nm，单链 RNA，对乙醚、甘油、氯仿敏感，有囊膜；不耐热，耐低温；生长温度为 4～20℃，最适生长温度为 15℃。15℃时，病毒在淡水中可生存 25d，为海水生存时间的两倍。

【症状】发病初期，病鱼呈昏睡状，摇晃摆动状游动，继而突然狂游，旋即死亡，是本病特征之一。病鱼体色发黑，眼球突出，腹部膨大，有时体表有充血现象，肛门处常拖有 1 条较粗长的白色黏液便，是本病的又一特征。刚脱卵的鱼苗，其卵黄囊肿胀并有出血斑。鳃贫血，肝、脾、肾色浅，而肌肉、脂肪、鳔、心包膜、腹膜上可见出血斑点。

【流行情况】本病最早在加拿大、美国流行，1971 年传入日本，约在 1985 年传入我国东北地区，主要危害虹鳟、大鳞大麻哈鱼、红大麻哈鱼、马苏大麻哈鱼、河鳟等鲑科鱼类的鱼苗和鱼种，尤其以刚孵出的鱼苗到摄食 4 周龄的鱼种发病率最高。发病水温为 4～13℃，水温 8～10℃时发病率最高，15℃以上发病停止。传染源主要是病鱼和隐性感染的鱼，是鱼类口岸第一类检疫对象。

【防治方法】目前尚无治疗方法，预防措施参照"传染性胰腺坏死病"。可将水温调至 17～20℃。

痘疮病（鲤痘疮病）

【病原】鲤疱疹病毒（*Herpes-virus cyprini*）。病毒颗粒近球形，20 面体，为有囊膜的 DNA 病毒，对乙醚、pH 及热不稳定。

【症状】发病初期，病鱼体表出现薄而透明的灰白色小斑状增生物，以后小斑逐渐扩大，互联成片并增厚，形成不规则的玻璃样或蜡样增生物，形似癣状痘疮。背部、尾柄、鳍条和头部是痘疮密集区，严重的病鱼全身布满痘疮，病灶部位常有出血现象。

【流行情况】该病早在 1563 年就有记载，流行于欧洲，现在朝鲜、日本及我国的湖北、江苏、云南、四川、河北、东北和上海等地均有发生，大多呈局部散在性流行，大批死亡现象较少见。主要发生在 1 足龄以上鲤，鲫可偶尔发生，同池混养的其他鱼则不感染。该病流行于秋末至春初的低温季节及密养池。水温在 10～15℃时，水质肥沃的池塘和水库网箱养鲤中易发生。当水温升高或水质改善后，痘疮会自行脱落，条件恶化后又可复发。本病通过接触传播，也有人提出单殖吸虫、蛭、鲺等可能是传播媒介。

【诊断方法】根据初期的小白点及后期的石蜡状增生物可初诊。

【预防方法】

（1）严格执行检疫制度，不从患有痘疮病渔场进鱼种，不用患过病的亲鲤繁殖。

（2）流行地区应改养对本病不敏感的鱼类。

（3）做好越冬池和越冬鲤的消毒工作，调节池水 pH，使之保持在 8 左右。

（4）秋末或初春时期，应注重改善水质或升高水温或减少养殖密度。

（5）发病池塘应及时灌注新水或转池饲养。

【治疗方法】用浓度 $0.4\sim1.0g/m^3$ 甲砜霉素全池遍洒，有一定疗效。

◉ 淋巴囊肿病

【病原】淋巴囊肿病毒（*Lymphocystis Virus*）。病毒粒子为正 20 面体，直径 $200\sim$ 250nm，为 DNA 病毒。

【症状】病鱼的头部、躯干、鳍、尾部及鳃上长出单个或成群的珠状肿物，肿物大多沿血管分布，颜色呈白色、淡灰色至黑色，成熟的肿物可轻微出血，甚至形成溃疡。有时淋巴囊肿还可见于肌肉、腹膜、肠壁、肝、脾及心脏的膜上。对淋巴囊肿进行组织切片，可观察到在细胞的胞浆中存在嗜碱性包含体。

【流行情况】淋巴囊肿是世界性鱼病，多种海水鱼、咸淡水鱼及淡水鱼类均受害，受危害严重的鱼类主要有鲈形目、鲽形目和鲀形目。我国养殖的石斑鱼、鲈、牙鲆、大菱鲆、东方鲀、真鲷、鲈鲷、红斑笛鲷及平鲷也有发生。本病在 10 月至翌年 5 月，水温 $10\sim25℃$ 时为流行高峰期，主要危害当年鱼种，对 2 龄以上的鱼，一般不引起死亡，但鱼体较瘦，外表难看，失去商品价值。本病可通过接触感染、消化道感染，网箱养殖的感染率可达 60％以上，池塘养殖的感染率为 20％～27％。

【诊断方法】依外观初诊，以电镜观察确诊。其症状易与小瓜虫及吸虫的胞囊混淆，但后两者在显微镜下可见在胞囊内有活动的虫。

【预防方法】目前尚无有效的治疗方法，主要是进行综合预防。

（1）亲鱼应严格检疫，以确保无病毒感染；不购买带有此病症的苗种鱼进行养殖。

（2）鱼池进行彻底清塘。

（3）发现病鱼及时捞除并销毁，避免与病池中的鱼、水接触。

（4）病池应全池遍洒杀菌药，以防细菌感染，加重病情。

◉ 鳗狂游病（狂奔病、昏头病等）

【病原】鳗冠状病毒样病毒（*Eel Coronavirus-like Virus*）。

【症状】患病鳗首先出现异常抢食，接着停止摄食，离群独游，之后在水面呈挣扎状急游，片刻后沉入水中，再上浮做挣扎状游动，张口呼吸，并无力地聚集在排污口，直至死亡。病鳗肌肉痉挛，躯体扭曲，肝区肿大，鳍和胸部充血。剖解可见，肝肿大，肝、肾和心脏严重充血、出血。

【流行情况】鳗鲡狂游病在我国广东、福建均有发生。主要危害欧洲鳗和非洲鳗，其中，当年鳗及 2 龄鳗最易受害，死亡率高，且在同一池塘中总是大鳗先死。流行季节为 4～10 月，5～8 月为发病高峰。高温与残饵的积累是该病的诱发因子。

【诊断方法】依外观初诊，以电镜观察确诊。

【预防方法】目前尚缺乏有效的治疗方法，故必须强调预防，以下措施仅供参考。

（1）在鳗池上设置遮阳棚，避免阳光直射。

（2）注意保持池水环境清洁和相对稳定，防止水质、水温变化过大。

（3）发病季节中应控制投饵量，宜少不宜多，饵料中可按要求添加抗菌药和驱虫药，以增强鱼体健康。

（4）发病季节，用浓度 0.2～0.3g/m³ 二氯异氰尿酸钠或三氯异氰尿酸，或 0.1～0.3 g/m³ 二氧化氯遍洒消毒，每半月左右 1 次。

鳗出血性张口病

【病原】一种披膜病毒。

【症状】患病鳗鲡表现为严重出血，主要是颅腔出血，其次是口腔及头部肌肉出血。病鱼骨质疏松，易发生骨碎裂，颅腔出现"开天窗"；齿骨与关节骨之间的连接处松脱，口腔常张开，不能闭合。肝、脾、肾肿大，极度贫血。对病鳗血液进行超薄切片观察，在血细胞内可见到病毒颗粒。

【流行情况】此病发生在福建、广东，主要危害日本鳗鲡，多数呈散在性流行，大范围流行比较少见，发病后有一定的死亡率。主要流行于夏季，1 足龄以上日本鳗易于发生。此病流行尚无明显规律，往往当年发生后，隔年并不一定流行。

【预防方法】目前尚无有效的治疗方法。主要是在综合性预防的基础上，全池遍洒杀菌药，以防细菌感染而加重病情。

鳜暴发性传染病

【病原】暂定为鳜病毒（SCV）或鳜传染性肝、肾坏死病毒（SILRNV）。

【症状】病鱼口腔周围、鳃盖、鳍条基部、尾柄处充血，有的病鱼眼球突出或有蛀鳍现象；大部分鱼鳃贫血，剖腹后，可见肝、脾、肾上有出血点，肝肿大，常可见坏死斑，胆囊肿大。

【流行情况】本病发生于单养鳜池中，主要发生于鱼种和成鱼养殖阶段，大多呈急性流行，发病率在 50%，死亡率可达 50%～90%。发病季节在广东省为 5～10 月。

【预防方法】由于单养鳜是用活杂鱼做饵料，故除要求做好常规的清塘消毒及活杂鱼消毒以外，目前尚无治疗方法。

鲈疱疹状病毒病

【病原】疱疹状病毒。病毒颗粒呈 20 面体构造，大小 100～500nm，为 DNA 病毒。

【症状】病鱼头部、躯干部、尾部、鳍和眼球等表面形成潜在的小水疱样异物，多时集合成块状。病鱼的游动、摄食均正常，一般不直接造成死亡。

【流行情况】本病一般在夏初和夏季的高温期发生，于水温下降期消失。

【预防方法】在发病季节，避免分池、倒池、分选等操作。不要移动病鱼网箱，以免疾病传播。目前尚无有效的治疗方法。

牙鲆弹状病毒病

【病原】牙鲆弹状病毒（*Rhabdovirus olivacens*）。病毒粒子枪弹形，大小为 80nm（160～180）nm；5～20℃可生长，25℃时失活，对酸、乙醚敏感。

【症状】病鱼体表和鳍充血或出血，腹部膨胀，内有腹水。解剖鱼体，肌肉、肠黏膜的固有层出血，生殖腺的结缔组织充血或出血。

【流行情况】此病 1986 年日本首次报道。山东的青岛、威海、荣成等地室内水泥池养殖的牙鲆发现有此病症。发病季节为冬季和早春，在水温 10℃时牙鲆的死亡率可高达 60%。本病主要危害牙鲆，人工感染对真鲷、黑鲷有强烈的致病性。从香鱼中也分离到此病毒，对虹鳟也有致病作用。此病主要分布于日本，近年来我国山东沿海有类似此病症。

【预防方法】

(1) 孵化用水经紫外线消毒处理后再使用。

(2) 受精卵用 25g/m³ 聚维酮碘浸洗 15min。

(3) 将养殖水温保持在 15℃以上，可有效地防止本病发生。

东方鲀白口病

【病原】据有关资料，为一种病毒。

【症状】病鱼开始时口唇变黑，表现异常狂躁，并互相撕咬，随后口吻部发生严重的溃烂并变白。随着病情发展，上、下颚的齿槽外露。解剖病鱼，可观察到肝几乎全部呈线状出血。

【流行情况】此病于 1982 年在日本首先发现。适宜的发病水温为 25℃左右，高水温期一旦发病，感染率和死亡率都很高。我国山东、浙江等地区养殖的东方鲀曾发现有此病症。据有关资料介绍，白口病病毒可经水传播，养殖池或网箱中鱼互相撕咬也是传播途径之一。

【预防方法】

(1) 放养健康、不携带有此病原的苗种。

(2) 使用无病毒污染的水源，可疑水源用 25～30mL/m³ 福尔马林消毒，24～36h 后再用。

(3) 放养密度要适宜，投饵定时，并要有足够的数量，以避免缺饵而互相撕咬残食。

(4) 及时捞除病鱼和死鱼并彻底销毁。对发病池，实施隔离，断绝可能相通的水流和禁止养殖工具交互使用。

自测训练

一、填空

1. 病毒是一类体积微小，能通过_____，含有一种_____，只能在_____中才能生长繁殖的非细胞型微生物。

2. 按病原体的不同，水产动物微生物疾病可分_____、_____、_____和_____ 4 大类。

3. 病毒主要是由_____和_____组成。以_____为核心，外包_____衣壳。

4. 病毒的繁殖方式为_____。其在细胞内生长繁殖时，可使细胞形成一种称为_____的特殊结构。

5. 病鱼体表先出现薄而透明的灰白色小斑状增生物，以后小斑块逐渐扩大，联成片并增厚，形成不规则蜡样增生物，此为_____。

6. 传染性胰腺坏死病简称_____病。其最明显的病理变化是_____。

7. 传染性造血组织坏死病简称_____病。其最明显的病理变化是_____。

8. 病鱼的头部、躯干、鳍、尾部及鳃上长出单个或成群的珠状肿物，使皮肤呈砂纸状，此为_____。

9. 狂游病是由_____引起的。

10. 狂游病主要危害_____，_____月为发病高峰。

二、判断

1. 草鱼出血病是由细菌感染引起。 （　　）

2. 注射疫苗是防治草鱼出血病的有效办法。 （　　）

3. 大多数病毒对抗生素不敏感。体外培养只能在敏感细胞中进行。 （　　）

4. 痘疮病主要发生在 1 足龄以上鲤，鲫可偶尔发生，同池混养的其他鱼则不感染。
（　　）

5. 痘疮病流行水温为 10～16℃，在水质肥沃的池塘和水库网箱养鲤中易发生痘疮病。
（　　）

6. 当水温升高或水质改善后，痘疮会自行脱落，条件恶化后又可复发。 （　　）

7. 传染性胰腺坏死病主要危害 14～70 日龄的虹鳟等鲑科鱼类苗种。 （　　）

8. 鱼类致病菌大量存在于水体、底泥及其他水生动物上，只有当鱼体抵抗力减弱、细菌毒力或致病力提高时，才产生病变，形成流行病。 （　　）

三、选择

1. 鱼体表先出现点状白斑，而后白斑增厚、增大呈乳白色的增生物，这是（　　）。
　　A. 白斑病　　　　　　B. 白皮病　　　　　　C. 白云病　　　　　　D. 痘疮病

2. 危害鲑科鱼类苗种的病毒病主要是（　　）。
　　A. IPN 病　　　　　　B. LD 病　　　　　　C. MBV 病　　　　　　D. BMV 病

3. 草鱼出血病的病原是（　　）。
　　A. 草鱼疱疹病毒　　B. IPN 病毒　　　　C. 草鱼呼肠孤病毒　　D. 草鱼虹彩病毒

4. 水温（　　）℃时，传染性胰坏死病有减缓的趋势。
　　A. 5～6　　　　　　　B. 8～10　　　　　　C. 10～15　　　　　　D. 15～17

四、简答

1. 叙述草鱼出血病的病原、症状、流行、防治等特点。

2. 如何区别肠炎型草鱼出血病和细菌性肠炎病？

任务二　细菌性疾病

任务内容

1. 掌握细菌性鱼病预防措施和方法。

2. 掌握细菌性鱼病发病机理。

学习条件

1. 多媒体课件、教材。

2. 组织切片、显微镜、无菌操作台。

3. 病鱼标本。

 相关知识

由细菌感染而引起的鱼类疾病称为鱼类细菌性疾病。细菌性疾病是鱼类最为常见而且危害较大的一类疾病。细菌是一类体积微小、结构简单、细胞壁坚韧的原核微生物。细菌大小以微米（μm）为单位，必须借助光学显微镜才能观察。形状有球状、杆状和螺旋状，以杆状菌为多见。细菌与病毒不同，容易进行人工培养。鱼类致病菌大多为革兰氏阴性菌，多数适温范围为 25～30℃，喜欢弱碱性环境，pH7.2～7.6。多数致病菌的适应能力强，变异性大，在疾病发生前大量存在于水体、底泥及其他水生动物上（如螺、鱼等），只有当鱼体抵抗力减弱、细菌毒力或致病力提高时，才产生病变形成流行病，所以鱼类致病菌多数是一种条件致病菌。

细菌性烂鳃病（乌头瘟）

【病原】一种认为是柱状纤维黏细菌，曾命名为鱼害黏球菌（*Myxococcus piscicola*）。菌体细长，两端钝圆，稍弯曲。菌体长短不一致，一般长 2～24μm，宽 0.8μm。菌体无鞭毛，通常做滑行运动或摇晃颤动。在琼脂平板上生长良好。革兰氏阴性菌，菌落扩散型，边缘不整齐，假根状，呈淡黄色转金黄色，中央较厚，一般直径 3mm 左右。另一种认为是柱状屈挠杆菌（*flexibacter columnaris*）。菌体细长，0.5μm×（4.0～4.8）μm，柔韧，可屈挠，无鞭毛。革兰氏阴性菌，菌落黄色，扩散型。最适温度 28℃，适宜 pH6.5～8，为好氧性细菌。

引起鱼类烂鳃的原因很多，其中主要有 3 类，即细菌、寄生虫和水生藻状菌。

【症状】病鱼游动缓慢，离群独游，体色发黑，头部尤甚。病鱼鳃丝腐烂，呈"白鳃"且沾有污泥，鳃丝软骨外露，末端膨大，鳃盖骨内表皮常充血，中间部分的表皮常腐蚀成一个圆形不规则的透明小窗，称"开天窗"。病变区域的细胞组织腐烂、溃烂和出血。

【流行情况】此病主要危害草鱼、青鱼，其他养殖的海、淡水鱼类均有感染发病。从鱼种至成鱼均可感染发病。流行最适温度是 28～35℃，水温 15℃以下的季节较少见，通常呈散发性，20℃以上时开始流行。由于致病菌的宿主范围很广，因此此病易传染、蔓延。本病易与赤皮病、肠炎病并发。

【诊断方法】

（1）依症状来初诊；依镜检结果进一步诊断；依病原分离与鉴定来确诊。

（2）注意与其他鳃病的区别。

①寄生虫性鳃病。车轮虫与指环虫：显微镜下可见鳃上有大量虫体；大中华鳋：肉眼可见鳃上有小蛆一样的虫体。

②鳃霉病。显微镜下可见菌丝进入鳃组织或软骨，黏细菌不进入鳃组织内。

【预防方法】

（1）彻底清塘，池塘施肥时应经充分发酵处理（草食动物的粪便中含有该病原）。

（2）鱼种放养前，用2%～2.5%的食盐水浸洗5～20min（病原在0.7%的食盐浓度中难以生存），或用浓度为10～20g/m³的高锰酸钾水溶液浸洗15～30min。

（3）注射细菌性烂鳃病疫苗。注射前，用1/50 000的晶体敌百虫消毒麻醉鱼体3～4min。

【治疗方法】采用外用药与内服药相结合。

1. 外用药　发病季节定期用药物全池泼洒。

（1）发病季节，遍洒15～20g/m³生石灰，每半月1次。

（2）全池遍洒1g/m³漂白粉；也可用0.3～0.5g/m³二氯异氰尿酸钠或三氯异氰尿酸。

（3）大黄经20倍质量的0.3%氨水浸泡提效后，连水带渣全池遍洒，使池水浓度成2.5～3.7g/m³。

（4）全池泼洒五倍子（先粉碎后用开水冲融），使池水浓度成2～4g/m³。

（5）将乌桕用20倍质量的2%石灰水浸泡过夜再煮沸10min进行提效，然后连水带渣全池遍洒，使池水浓度成6.25g/m³。

2. 内服药　下列内服药物任选一种投喂。

①复方新诺明药饵。用量是每千克鱼每天10～20mg，连喂3～5d。

②磺胺-2，6-二甲嘧啶药饵。用量是每千克鱼每天10～20mg，连喂5～7d。

③磺胺-6-甲嘧啶药饵。用量是每千克鱼每天10～20mg，连喂5～7d。

白皮病（白尾病）

【病原】分离到两种细菌。

（1）白皮假单胞菌（*Pseudomonas dermoalba*）。菌体大小为0.4μm×0.8μm，革兰氏阴性的短杆菌。多数两个相连，极端单鞭毛或双鞭毛，有运动力，无芽孢和荚膜。菌落圆形稍凸起，表面光滑湿润，边缘整齐，灰白色。24h后产生黄绿色色素，直径0.5～1mm。

（2）鱼害黏球菌（*Myxococcus piscicola*）。菌体细长，柔软而易弯曲，滑行，直径0.6～0.8μm，表面光滑，菌落上有时有多个子实体。

【症状】发病初期，病鱼尾柄处出现一白点，然后迅速蔓延以致背鳍与臀鳍间的体表至尾鳍基部全部发白。严重时，病鱼尾鳍烂掉或残缺不全，头向下，尾向上，时而挣扎游动，时而悬挂于水中，不久即死亡。

【流行情况】本病主要危害鲢、鳙，其他鱼类也可发生，尤对鱼苗和夏花危害较大，死亡率高，可达50%以上。病程短，从发病至死亡2～3d。广泛流行于我国各地鱼苗、鱼种池，每年6～8月为流行季节。尤其在夏花分塘前后，因操作不慎或体表有大量车轮虫等原虫寄生，导致鱼体受伤，病菌乘虚而入。

【诊断方法】依症状和流行情况做出初步诊断。

【防治方法】

（1）保持池水清爽，避免鱼体损伤。

（2）用浓度12.5g/m³金霉素或25g/m³土霉素浸洗病鱼20～30min。

（3）同细菌性烂鳃病的防治方法。

白头白嘴病

【病原】一种黏球菌（*Myxococcus* sp.），菌体细长，0.8μm×（5.0～9.0）μm。革兰

氏阴性菌，无鞭毛，滑行运动，柔软易屈挠，好氧。最适温度 25℃，最适 pH7.2。菌落淡黄色，边缘假根状，菌落直径 0.38～0.50mm。

【症状】病鱼自吻端至眼球处的皮肤色素消退，呈乳白色，唇似肿胀，张闭失灵，造成呼吸困难，口周围皮肤溃烂，黏附有絮状物，隔水观察，可见"白头白嘴"症状，但将病鱼捞出水面，症状则不明显。个别病鱼颅顶充血，呈现"红头白嘴"症状。最终，病鱼体瘦发黑，反应迟钝，漂游在下风近水面处，不久即死。

【流行情况】危害草鱼、青鱼、鲢、鳙、鲤、加州鲈等的鱼苗和夏花鱼种，尤其对夏花草鱼的危害最大。一般鱼苗饲养 20d 左右，如不及时分塘，就易暴发此病。本病发病快，传染迅猛，死亡率高。流行于每年的 5～7 月，5 月下旬开始，6 月为发病高峰，7 月下旬以后少见。

【诊断方法】
(1) 依症状来初诊；依镜检结果进一步诊断。
(2) 镜检时注意与车轮虫病、钩介幼虫病的区别。

【防治方法】
(1) 鱼苗饲养密度要合理，夏花鱼种应及时分塘。
(2) 同细菌性烂鳃病的防治方法。

赤皮病（出血性腐败病、赤皮瘟、擦皮瘟等）

【病原】荧光假单胞杆菌（*Pseudomonas fluorescens*），菌体短杆状，两端圆形，大小为（0.70～0.75）μm×（0.40～0.45）μm。单个或成对排列。极端鞭毛，1～3 根，有动力，无芽孢，革兰氏阴性菌。菌落灰白色，半透明，圆形，直径 1.0～1.5mm，微凸，表面光滑湿润，边缘整齐，24h 或 48h 后产生荧光素或黄绿色色素。在 pH5～11 中均能生长，当 pH<3 或 pH>13 时不生长。最适温度 25～30℃，在 60℃ 中 10min 致死。

【症状】病鱼体表局部或大部分出血发炎，鳞片脱落，鱼体两侧及腹部尤为明显。蛀鳍。在鳞片脱落和鳍条腐烂处，常有水霉菌寄生。鱼的上、下颌及鳃盖部分充血，呈块状红斑。病鱼行动缓慢，离群独游于水面。

【流行情况】本病危害草鱼、青鱼、鲤、鲫、团头鲂等多种淡水鱼，是草鱼、青鱼的主要疾病之一，主要发生在鱼种和成鱼。我国各养鱼地区均有发生，特别是华东、华南、华中等地，终年可见。常在春末夏初与烂鳃、肠炎病并发。本病原菌不能侵入健康鱼的皮肤，只有当鱼因捕捞、运输、分养过程或寄生虫寄生而使鱼体受损时病菌才会乘虚而入。

【诊断方法】依外观依症状就可初诊。但要注意与疖疮病的区别。确诊需从脾或肾等部位进行细菌分离与鉴定。

【预防方法】
(1) 生石灰彻底清塘。
(2) 放养、搬运等操作过程中，避免鱼体受伤，并及时杀灭鱼体表寄生虫。
(3) 鱼种放养前，用 5～10g/m³ 漂白粉溶液浸洗 20～30min，或用 3％～5％ 的食盐水浸泡 5～15min。药浴时间视水温和鱼体忍受力灵活掌握。

【治疗方法】采用外用药与内服药相结合。

1. 外用药 可用治疗烂鳃病的任何一种外用药全池泼洒。

2. 内服药 敏感抗生素药饵，连喂 3～5d。

竖鳞病（鳞立病、松鳞病、松球病等）

【病原】水型点状假单胞杆菌（*Pseudomonas punctata f. ascitae*），短杆状，单个排列，有运动力，无芽孢，革兰氏阴性菌。菌落圆形，中等大小，边缘整齐，表面光滑、湿润、半透明、略黄而稍灰白。

【症状】发病早期，鱼体发黑，病鱼身体前部或胸腹部鳞片像松球一样向外张开，鳞片基部囊内水肿，内部积聚着半透明或含血的渗出液，用手轻压鳞片，渗出液从鳞囊中溢出，鳞片也随之脱落。严重时，全身鳞片竖起，并有体表充血、眼球突出、腹部膨大、肌肉浮肿等体表症状。腹腔内积有腹水，肝、脾、肾等内脏肿大、色浅等综合症状。病鱼游动迟缓，呼吸困难，身体失去平衡，最终死亡。

【流行情况】本病为鲤、鲫等鱼的一种常见病。近年来，乌鳢、月鳢、宽体鳢等也常有发生，草鱼、青鱼、鳙也偶有发生。此病常在成鱼和亲鱼养殖中出现，发病后的死亡率为50％，严重时，死亡率可达80％以上。鲤、鲫、金鱼竖鳞病主要发生于春季，水温为17～22℃时，以北方地区非流水养鱼池中较流行；乌鳢、月鳢等则在夏季，水温为25～34℃时为发病高峰期，流行于广东、湖南、湖北、江西、浙江、江苏等地区，且大多呈急性流行。疾病的发生大多与鱼体受伤、池水污浊、投喂变质饵料及鱼体抗病力降低有关。

【诊断方法】依外观依症状就可初诊。镜检鳞囊内的渗出液可进一步诊断，但要注意与鱼波豆虫病的区别。

【预防方法】

（1）放养、搬运等操作过程中，避免鱼体受伤，并及时杀灭鱼体表寄生虫。

（2）发病季节，用含氯消毒剂全池遍洒预防。

（3）鱼种放养时，用浓度3％的食盐水浸洗鱼种10～15min。

【治疗方法】

（1）轻轻压破鳞囊的水肿疱，勿使鳞片脱落，用10％温盐水擦洗，再涂抹碘酊，同时注射碘胺嘧啶钠2mL，有明显效果。

（2）治疗乌鳢竖鳞病。口服复方新诺明（每千克鱼用6g）、卡那霉素（每千克鱼用6g）药饵，每天1次，连服4～6d。

（3）治疗鲤、鲫竖鳞病。口服磺胺二甲氧嘧啶药饵，每千克鱼用100～200mg，每天1次，连用5d。

鲤白云病

【病原】恶臭假单胞菌（*Pseudomonas putida*），革兰氏阴性短杆菌，单个或成对相连，极生多鞭毛，无芽孢；在琼脂平板上菌落圆形，黄白色；生长适温25～30℃，适宜pH7～8.5，pH6以下不生长。

【症状】患病早期，鱼体表附有白色点状黏液物，随着病情的发展，白色点状黏液物逐渐蔓延，好似全身布满一层白云。严重时，病鱼鳞片基部充血，鳞片脱落，不摄食，游动缓慢，不久即死。剖开鱼腹，可见肝、肾充血。

【流行情况】此病在微流水、水质清瘦、溶解氧充足的网箱养鲤及流水越冬池中经常出现。当鱼体受伤后更易暴发流行，常与竖鳞病、水霉病并发，死亡率可高达60%以上。流行水温6～18℃，水温上升到20℃以上，此病可不治而愈。在没有水流的养鱼池中，溶解氧偏低，很少发病或不发病。仅危害鲤，同一网箱中饲养的草鱼、鲢、鲫则不感染。

【诊断方法】

(1) 依症状和流行情况来初诊；依镜检结果进一步诊断；依病原分离与鉴定来确诊。

(2) 镜检时注意与鲤斜管虫病、车轮虫病的区别。

【预防方法】

(1) 选择健壮、无伤的鲤进箱，进箱前鱼种用浓度为10～20g/m³的高锰酸钾水溶液浸洗15～30min，或1%～4%的盐水浸洗5～10min。

(2) 流行季节，每月投喂抗生素（每千克饲料用0.5g）或磺胺药物（每千克饲料用1g）1～2次，每次连投3d。

【治疗方法】

(1) 在网箱内，遍洒浓度为5g/m³的福尔马林或浓度为3g/m³的新洁尔灭。

(2) 全池泼洒漂白粉，浓度为1g/m³。

细菌性败血病

【病原】由多种病原菌引起，主要为气单胞菌类，如嗜水气单胞菌、温和气单胞菌，东北地区鲤尚有豚鼠气单胞菌（*Aeromonas caviae*），湖北、湖南、河南等地则发现有河弧菌生物变种Ⅲ（*Vibrio fluvialis biovor* Ⅲ），3～4月则由鲁氏耶尔森氏菌（*Yersinia ruckeri*）引起。

【症状】疾病初发时，病鱼的颌部、口腔、鳃盖、体侧和鳍条基部出现局部轻度充血现象，此时病鱼食欲减退。随后病情迅速发展，上述症状加剧，体表各部位充血严重，部分鱼因眼眶充血而出现突眼，此时，剥去鱼皮，全身肌肉因充血而成红色；剖腹后，腹腔内积有黄色或血红色腹水，肝、脾、肾肿胀，肠壁充血且半透明，肠道内充气且含稀黏液，因此鱼体显得粗宽，部分鱼鳃器官色浅，呈贫血症状。

【流行情况】此病危害鱼的种类最多，危害鱼的年龄范围最大，流行地区最广，流行季节最长，危害水域类别最多。可危害许多种类的淡水鱼，主要危害鲢、鳙、鲤、鲫、团头鲂、白鲫、黄尾鲴、鲮等鱼。近年来，名优鱼类（如鳜、斑点叉尾鲴等）也有病例报告；全国20多个省市都有流行；夏花鱼种至成鱼均可发生此病，但以2龄成鱼为主；流行水温9～36℃，以28～32℃时为高峰，6～7月容易急性暴发。池塘、湖泊、水库中均可发生流行病。据知，本病的流行与池水中淤泥累积、水质恶化、养殖密度过大、投喂变质饵料以及很少或根本不进行池塘消毒等因素有关。

【诊断方法】根据症状、流行情况可做出初步诊断。南京农业大学在1991年研制出嗜水气单胞菌毒素检测试剂盒，可在3～4h内做出正确诊断。

【预防方法】

（1）用生石灰彻底清塘。

（2）发病季节，每半月施石灰水或含氯消毒剂。同时内服抗菌药物，用量为治疗量的 1/2，每日 1 次，连服 3d。

【治疗方法】外用药与内服药相结合进行治疗。

1. 外用药　下列药物任选一种进行全池泼洒。

（1）25～30g/m³ 生石灰。

（2）1g/m³ 漂白粉（有效氯 30%～32%）。

（3）0.5g/m³ 漂白粉精（有效氯 60%～65%）。

（4）0.3g/m³ 三氯异氰尿酸（有效氯 85%）。

2. 内服药　氟苯尼考药饵。每千克鱼 5～15mg，每天 1 次，3～5d 为 1 个疗程。

细菌性肠炎病（烂肠瘟）

【病原】肠型点状产气单胞杆菌（*Aeromonas punctata f. Intestinalis*），菌体短杆状，(0.4～0.5) μm×(1.0～1.3) μm，极端单鞭毛，有动力，无芽孢，革兰氏阴性菌，多数两个相连。菌落圆形，表面光滑，边缘整齐，半透明。1～2d 产生褐色色素，适温 25℃，pH6～12 中均能生长。

【症状】疾病早期，除鱼体表发黑、食欲减退外，外观症状并不明显。剖腹可见局部肠壁充血发炎，肠道中很少充塞食物。随着疾病的发展，外观常可见到病鱼腹部膨大、鳞片松弛、肛门红肿，从头部提起时，肛门口有黄色黏液流出。剖腹后，腹腔中有血水或黄色腹水，全肠充血发红，肠管松弛，肠壁无弹性，轻拉易断，内充塞黄色脓液和气泡，有时肠膜、肝也有充血现象。

【流行情况】本病是草鱼、青鱼的常见病，1 冬龄以上草鱼危害严重，常与烂鳃病、赤皮病并发，成为草鱼的三大主要病害。在罗非鱼、黄鳝养殖中也出现典型的肠炎病，死亡率较高。本病在全国各地均有发生，流行季节为 4～9 月。最先发病的鱼，身体均较肥壮，贪食是诱发因子之一。特别是鱼池条件恶化，淤泥堆积，水中有机质含量较高和投喂变质饵料时容易发生此病。

【诊断方法】

（1）依据肠道（特别是后肠）充血发红做出初步诊断。从肝、肾或血中检出病原菌可以确诊。

（2）注意与其他传染性疾病的区别。

①与病毒性草鱼出血病的区别。

a. 细菌性肠炎病。肠壁弹性差，无光泽，大量黄色黏液。

b. 草鱼出血病。肠壁弹性好，具光泽，黏液量少。

②注意与食物中毒区别。

a. 细菌性肠炎病。不可能出现突然死亡及同时肠内有大量食物的现象，其从发病到死亡总有一个过程。

b. 食物中毒。肠内有大量食物，且呈突然大批死亡。

【预防方法】

（1）彻底清塘消毒，保持水质清洁，投喂新鲜饵料，严格执行"四消四定"措施。

（2）鱼种放养前用 $8\sim10g/m^3$ 漂白粉浸洗 $15\sim30min$。

【治疗方法】

（1）磺胺-2，6-二甲嘧啶制成药面投喂。每 50kg 鱼第 1 天用药 5g，第 2～6 天每天 2.5g，每天 1 次，连续 6d。同时，用漂白粉 $1g/m^3$，全池遍洒，或用生石灰遍洒，防治并发症。一般 1 龄鱼效果可达 60%，2 龄以上可达 80%～100%。

（2）地锦草、铁苋菜、水辣蓼按每 50kg 鱼用干草 250g 或鲜草 $1.00\sim1.25kg$，每天 1 次，连续 3d。如与石灰乳（$20g/m^3$）联用，则效果更好。

（3）将大蒜头捣烂，制成每千克含 200g 大蒜的药饵，每天投喂 1 次，连续投喂 3d。

❱❱ 打印病（腐皮病）

【病原】点状产气单胞杆菌点状亚种（*Aeromonas punctata* sub. *punctata*），短杆菌，$(0.6\sim0.9)$ $\mu m\times$ $(0.7\sim1.7)$ μm，两端圆形，多数两个相连，少数单个，极端单鞭毛。有运动力，无芽孢。革兰氏阴性菌，菌落圆形，直径 1.5mm 左右，48h 增至 3～4mm，微凸，表面光滑、湿润，边缘整齐、半透明、灰白色。适温为 28℃ 左右。

【症状】病灶大多发生在肛门附近两侧或尾柄部位。初期症状是病灶处出现圆形或椭圆形出血性红斑，随后，红斑处鳞片脱落，表皮腐烂，露出肌肉，坏死部位的周缘充血发红，形似打上一个红色印记。随着病情发展，病灶直径逐渐扩大，肌肉向深层腐烂，甚至露出骨骼，病鱼游动迟缓，食欲减退，鱼体瘦弱，直至衰竭而死。

【流行情况】本病是鲢、鳙常见的一种疾病。近年来，团头鲂、黄尾鲴、加州鲈、大口鲇、斑点叉尾鮰等鱼也有病例报道，主要危害成鱼和亲鱼。全国各地均有散在性流行，发病池中，感染率可高达 80% 以上，大批死亡的病例很少发生，但严重影响鱼的生长、繁殖。本病全年均可发生，以夏、秋两季最为常见。由于病程较长，尤其是初期症状不容易发现，常被忽视，导致高发病率。

【诊断方法】根据症状初步诊断。但应注意与疖疮病区别。打印病病灶常在肛门附近两侧；疖疮病病灶常在背鳍基部两侧。

【预防方法】

（1）注意水质调节，防止池水污染，水质较差的鱼池，可依实际情况，用生石灰 $20g/m^3$ 全池遍洒，改良水质。

（2）病池用 $1g/m^3$ 漂白粉全池遍洒，或用 $0.4g/m^3$ 三氯异氰尿酸全池遍洒。

（3）亲鱼患病时，可用 1‰ 高锰酸钾溶液清洗病灶，或用金霉素或用四环素软膏涂抹病灶处。病情严重时，则需肌内或腹腔注射硫酸链霉素，每千克鱼用 20mg；或金霉素，每千克鱼用 5 000U。

❱❱ 疖疮病（瘤痢病）

【病原】疖疮型点状产气单胞杆菌（*Aeromonas punctata f. furunculus*），革兰氏阴性小杆菌，$(0.5\sim0.6)$ $\mu m\times$ $(1.0\sim1.4)$ μm，无荚膜，有动力，极端单鞭毛。最适温度 25～30℃。菌落半透明，灰白色，直径 $1.0\sim1.5mm$。

【症状】鱼体躯干的局部组织上有一个或几个脓疮，通常在鱼体背鳍基部附近的两侧。病灶存在于皮下肌肉内，病灶内部肌肉组织溶解、出血、渗出体液，有大量细菌和血球。触摸有柔软浮肿感，隆起皮肤先是充血，以后出血，再发展到坏死、溃烂、形成溃疡口。

【诊断方法】根据症状初步诊断。但要注意与某些黏孢子虫病的区别。有的黏孢子虫寄生在肌肉中，也可引起体表隆起，患处的肌肉失去弹性、软化及皮肤充血。两者可以通过镜检区别。

【流行情况】主要危害青鱼、草鱼、鲤，鲢、鳙则不多见。无明显流行季节，四季都有出现，一般为散在性发生。此病通常发生于1龄以上的鱼，不引起流行病。我国各养殖地区均有发生，但发病率较低。

【防治】

（1）尽量避免鱼体受伤，放养密度不宜过高，经常换水，保持水质清新。

（2）发病后，用磺胺类药物内服，如磺胺甲基嘧啶（SM）每千克体重200mg，磺胺二甲嘧啶（SDM）或磺胺甲基异噁唑（SMZ）每千克体重100mg，混饲4～5d。

（3）抗生素类药物内服，每千克鱼体重每日量，盐酸土霉素50～70mg，连用10d；四环素75～100mg，连用10d。

红鳍病（赤鳍病）

【病原】嗜水气单胞菌（*A. hydrophila*），革兰氏阴性短杆菌，（0.6～1.1）$\mu m \times$（0.9～6.0）μm 极端单鞭毛，没有芽孢和荚膜；菌落圆形，肉色；生长温度5～40℃；pH 6～11内均可生长；含盐0～4％均可生长。

【症状】发病初期，病鳗食欲不振，胸鳍发红，随着病情的发展，病鳗各鳍都充血发红，停止摄食。严重时腹部全面充血、红肿。剖腹可见肝、脾肿胀、淤血，呈暗红色，肾肿大、淤血，胃、肠发炎充血，胃、肠内充有黏性脓汁。白仔到黑仔阶段发病时，除各鳍充血外，鱼体相对比较僵硬。

【流行情况】此病是养鳗场中的常见流行病，尤以露天鳗池为多，可以形成急性流行，发病后死亡率较高。本病多发生于水温20℃以下的春、秋两季，尤以梅雨期为甚，高水温的夏季较少流行。饥饱不匀，特别是饵料不足，在较长饥饿状态下，突然予以暴食，容易诱发此病。

【诊断方法】赤鳍病与爱德华氏菌病、红点病及弧菌病外表症状相似，仅以此特征不能做出正确的诊断，确诊必须进行细菌的分离、鉴定，或采用快速诊断方法（如荧光抗体法）。

【预防方法】保持水质清新，喂食均匀，勿过饱过饥，避免鱼体受伤。

【治疗方法】外用药与内服药相结合进行治疗。

1. 外用药 采用含氯消毒剂全池遍洒。

2. 内服药

（1）甲氧苄啶（TMP）＋磺胺嘧啶（SD）合剂（1∶5）药饵。用量是每千克鳗用50～60mg混饲投喂，每天1次，连续3d。

（2）四环素药饵。用量是每千克鱼用100mg，连用5d。

红 点 病

【病原】鳗败血假单胞菌（*Pseudomonas anguilliseptica*）。革兰氏阴性短杆菌，$0.5\mu m \times (1.0 \sim 3.0) \mu m$ 极端单鞭毛，有荚膜；菌落圆形；生长温度 $5 \sim 30℃$；pH5.3～9.7 均可生长；含盐 $1\% \sim 4\%$ 均可生长。

【症状】病鱼体表各处出现点状出血，以下颌、鳃盖、胸鳍、胸部、腹部尤为显著。严重时出血点密布全身，并合成血斑。剖腹检查，腹膜有点状出血，肝、脾、肾均显肿胀，呈暗红色，并有网状血丝。肠壁充血，胃松弛。

【流行情况】主要发生于日本鳗鲡，欧洲鳗则很少发生。本病大多发生于水中含盐度较高的鳗场。水温低于 $25℃$ 时流行，$30℃$ 以上时，疾病即可缓解或终止。

【诊断方法】根据重病鱼体表各处点状出血，用手摸患处有带血的黏液沾手，即可做出初步诊断，确诊必须进行细菌的分离、鉴定，或采用快速诊断方法。

【预防方法】

(1) 严格饲养管理和消毒措施，尽量控制水的盐度，养殖水温适当升高到 $28℃$ 以上。

(2) 将鳗移入淡水饲养。

(3) 注射灭菌苗。

【治疗方法】采用外用药与内服药结合进行。

1. 外用药　采用含氯消毒剂全池泼洒。

2. 内服药　四环素药饵，用量是每千克鱼用 100mg，每天 2 次，拌饵投喂，连用 $4 \sim 6d$。

爱德华氏菌病（肝肾病）

【病原】迟缓爱德华氏菌（*E. tarda*），或浙江爱德华氏菌（*E. Zhejiangensis*），或福建爱德华氏菌（*E. fujianensis*）。

【症状】爱德华氏菌还可感染多种海水鱼类，在不同患病鱼中症状不同。牙鲆稚鱼患病时出现腹胀，腹腔内有腹水，肝、肾、脾肿大、褪色，肠道发炎、眼球白浊等；幼鱼肾肿大，并出现许多白点。鲴患病时腹部及两侧发生大面积脓肿，病灶处组织腐烂，放出强烈恶臭味，并有腹胀现象。真鲷、鲕的肾脾有许多小白点。日本鳗鲡发生此病的症状主要分肝型和肾型两种，也有肝肾混合型的。

肝型病鱼的前腹部（即肝区）肿大，充血，腹壁肌肉坏死而致体表软化，严重时，坏死部位穿孔，可见肝，通常臀鳍充血，剖腹观察，肝明显肿大，有一到数个大小不等的溃疡病灶，内充满脓液；肾型病鱼则表现为肛门红肿，以肛门为中心的躯干部红肿，红肿部位肌肉坏死，皮肤、鳍条充血，挤压腹部，有脓血流出。剖腹可见脾肾肿胀，有小脓肿病灶。肝肾混合型则同时呈现上述两种症状。

【流行情况】迟缓爱德华氏菌流行于夏、秋季节，是条件致病菌。其宿主范围广，除海水养殖鱼类外，淡水养殖的日本鳗鲡、罗非鱼、虹鳟、斑点叉尾鮰等多种淡水鱼类都易感染，但以日本鳗鲡和牙鲆幼鱼为主。此病是我国养鳗业中危害较严重的常见疾病之一，国内大多数养鳗场均曾发生过此病。无论是白仔、黑仔或成鳗均可发生，幼鳗发病死亡率可达 50%，成鳗死亡率为 $5\% \sim 10\%$。在温室养鳗过程中，本病可常年发生；露天养鳗池则以夏季为流行盛期。本病主要经口感染。白仔鳗在饲料（如水蚯蚓）诱食后约1周，很容易造成急性流行。本病发生后，易继发红鳍病。

【诊断方法】根据症状可做出初步诊断，确诊必须进行细菌的分离、鉴定，或采用快速诊断方法。注意与赤鳍病的区别：剖腹检查肝、肾是否有溃疡。

【预防方法】预防方法同其他细菌性鱼病。白仔投喂水蚯蚓时，应经过清洗。

【治疗方法】

1. 外用药 采用含氯消毒剂遍洒。

2. 内服药

（1）磺胺甲基异噁唑药饵。用量是每千克鱼第1天用药200mg，第2～5天药量减半。

（2）甲氧苄啶（TMP）＋磺胺嘧啶（SD）合剂（1∶5比例）药饵。用量是每千克鱼用药50～60mg，每天1次，连用3d。

（3）四环素药饵。用药量是每千克鱼用药100mg，每天1次，连用5d。

烂尾病

【病原】点状气单胞菌或温和气单胞菌、嗜水气单胞菌。

【症状】发病开始时，鱼的尾柄处皮肤变白，因失去黏液而手感粗糙，随后，尾鳍开始蛀蚀，并伴有充血。最后，尾鳍大部或全部断裂，尾柄处皮肤腐烂，肌肉红肿，溃烂，严重时露出骨骼。

【流行情况】常见于草鱼、鳗鲡、斑点叉尾鮰、大口鲇等苗种养殖阶段，发病鱼池处置不当，可以造成大批死亡。多发生于养殖水质较差的鱼池中，在苗种拉网锻炼或分池、运输后，因操作不慎，尾部受损伤后易于发生。发病季节大多集中于春季。

【诊断方法】根据症状和流行情况进行初步诊断，确诊必须进行细菌的分离、鉴定。

【预防方法】同赤皮病。

【治疗方法】鱼苗用浓度为100g/m³的二氢链霉素或25g/m³的土霉素浸洗。

罗非鱼皮肤溃烂病

【病原体】病原体为嗜水气单胞菌（*Aeromonas hydrophila*）。菌体短杆状，单个或两个相连，极端单鞭毛，有动力，无芽孢，革兰氏染色阴性。pH5～9均能生长，适宜生长温度为28～30℃。

【症状及病理变化】病鱼体表出血发炎有红斑，随着病情的发展，皮肤溃烂，鳞片脱落，肌肉腐烂，严重时可烂及肌肉至骨骼。病灶无特定部位，全身各处都可发生，严重时遍及全身。解剖鱼体可见肝呈褐色，胆囊肿大呈墨绿色，有时肠道发红。

【流行情况】该病主要发生于罗非鱼，其他鱼类，主要是由于鱼体受伤，放养密度太大，水温变化大和水质污浊，鱼体免疫力差，引起细菌感染所致。严重时感染率可达50%以上。

【防治方法】

（1）在捕捞、运输、放养时应操作仔细，避免鱼体受伤。

（2）放养密度适宜，保持水质清新。

（3）发病时全池泼洒含氯消毒剂，用量见烂鳃病。

（4）土霉素拌饵投喂，每千克鱼每天 100mg，连喂 7d。

（5）复方新诺明拌饵投喂，每千克饲料添加 1.0～1.5g，连喂 3～5d。

弧菌病（细菌性溃疡病）

【病原】弧菌属（*Vibrio*）中的一些种类，菌体短杆状，稍弯曲，两端圆形，大小为（0.5～0.7）μm×（1.0～2.0）μm，极端单鞭毛，有动力，革兰氏阴性菌。主要种类是鳗弧菌（*Vibrio anguillarum*）适温范围 10～35℃。

【症状】其症状随患病鱼的种类不同而有所不同。较为共同的症状是：发病初期，体表部分褪色，随后充血或出血（鳍基部和鳍膜最为明显）、鳞片脱落、溃疡；肛门红肿或眼球突出，眼内出血或眼球变白混浊。牙鲆仔鱼肠道白浊，腹部膨胀；真鲷、黑鲷鳃贫血，腹部膨胀、内有腹水。解剖病鱼，肝、肾、脾等内脏出血或淤血，甚至坏死；肠道发炎、充血，肠黏膜组织腐烂脱落，肠内有黄色或橘黄色黏液。

【流行情况】弧菌病是海水鱼类养殖最为常见的一种细菌性疾病，鲷科、鲈科、鲻科、鲀科、鲹科以及鲆、鲽类等都可受其害。发病适宜水温为 15～25℃，每年 6～10 月是流行病季节。该病在全球范围内广泛发生，其暴发性流行不仅给海水养殖鱼类、贝类和甲壳类等经济动物的养殖业造成巨大的经济损失，还导致野生的海水鱼类、贝类和甲壳类大量死亡。水质不良，池底污浊，放养密度过大，饵料质量低劣，操作管理不慎，鱼体受伤等与疾病的发生密切相关。

【诊断方法】依症状可初步诊断；从病灶部位刮取组织镜检可进一步诊断；根据细菌培养与鉴定结果来确诊。

【预防方法】

（1）保持优良的水质和养殖环境，不投腐败变质的小杂鱼、虾等。

（2）避免饲养过密，细心操作，避免鱼体受伤。

（3）用淡水或浓盐水浸洗治疗体表、鳃上的寄生虫病后，投喂抗生素药饵。

（4）及时捞出死鱼，对病池或网箱应消毒隔离。

（5）接种鳗弧菌疫苗，美、日等国已有商品性产品。

【治疗方法】

（1）用金霉素、盐酸土霉素或四环素等抗生素纯粉剂，制成药饵，用量为每天每千克鱼体 30～70mg，连续投喂 5～7d。

（2）投喂磺胺甲基嘧啶饵料。第 1 天每千克鱼用 200mg，第 2 天后减半，连续投喂 7～10d。同时，用含氯消毒剂（有效氯 25%～32%）1g/m³ 全池泼洒 2～3 次，每日或隔日 1 次，效果更好。

链球菌病

【病原】链球菌（*Streptococcus* sp.），属链球菌科。革兰氏阴性菌，菌体圆形或卵圆形，呈链状排列，直径 1μm 左右，有荚膜，无运动性，无鞭毛不形成芽孢；生长适温为 20～37℃，适盐为 0～2%，适宜 pH 为 7.6～8.4。

【症状】病鱼体色发黑，游动缓慢，浮于水面，或头向上，尾向下，呈悬垂状；临死前，病鱼或间断性猛游，或腹部向上。最明显的症状是眼球突出、充血；鳃盖内侧发红、充血或强烈出血；肛门红肿。低水温期发病时，还会出现各鳍充血发红或溃烂，体表尤其是尾柄往往溃烂或带有脓血的疖疮。解剖病鱼，肝肿大、出血，或脂肪变性，褪色；幽门垂有出血点，胃肠积水，肠壁发炎。病原菌如侵入脑，还可引起鱼体弯曲。

【流行情况】其主要传染途径被认为是经口感染。易感动物有鰤、虹鳟、香鱼、银大麻哈鱼、金体美鳊、比目鱼、鲷、竹荚鱼、鳎等海水鱼、咸淡水鱼及淡水鱼。主要流行于夏季，从当年鱼至成鱼均受害，死亡率高。常与爱德华氏菌病、弧菌病并发。在日本、美国、加拿大、瑞典、爱尔兰及我国均有流行。全年均可发病，但流行高峰在 7～9 月，水温降至 20℃以下时则较少。此病发生与养殖密度大，换水率低，饵料新鲜度差及投饵量大密切相关。

【诊断方法】依眼球突出和鳃盖内侧出血等外观的典型症状以及内部器官的病理变化可初步诊断；确诊需从病灶部位刮取组织进行细菌培养、分离与鉴定。

【预防方法】同细菌性烂鳃病。

（1）加强养殖环境管理，改进水体交换。投鲜饵并适量添加复合维生素（0.3%）。

（2）适度放养。网箱养殖放养密度为 10kg/m³，池塘养殖放养密度 7kg/m³。

【治疗方法】

1. 外用药 用含氯消毒剂全池遍洒。

2. 内服药 可选择以下方法。

（1）土霉素药饵。每千克鱼每天用 50～75mg 拌饵投喂，连喂 10d。

（2）磺胺-6-甲氧嘧啶药饵。每千克鱼每天用 50～200mg 拌饵投喂，连喂 4～6d，第 1 天药量加倍。

（3）盐酸多西环素药饵。每千克鱼每天用 20～50mg，连喂 7d。

（4）四环素药饵。每千克鱼每天用 75～100mg，连喂 10～14d。

诺卡氏菌病

【病原体】病原体为卡帕其诺卡氏菌（*Nocardia kampachi*）。菌体呈分枝丝状，无鞭毛，无横格，随着菌体的生长，逐渐变为长杆状、短杆状以致球形。生长的 pH 为 5.8～8.5，最适生长的 pH 为 6.5～7。生长的温度范围为 12～32℃，最适生长温度为 25～28℃。在 0～45 的盐度范围均能生长，最适生长盐度为 0～10。

【症状及病理变化】该病分为 2 种类型：躯干结节型和鳃结节型。

1. 躯干结节型 在病鱼躯干的皮下脂肪组织和肌肉组织中发生溃疡，产生脓肿结节或疖疮。外观病灶处肿胀膨大并隆起，体表发炎并形成脓包。剖开疖疮后由白色或稍带红色的脓汁。心、脾、肾、鳔等处也有结节。

2. 鳃结节型 在病鱼鳃丝的基部形成乳白色的大结节，鳃显著褪色。内脏各个器官也出现结节，特别是 2 龄鰤的鳔内最容易发生。

【流行情况】该病是日本养鰤业中主要的疾病之一，主要危害 1 龄及养成阶段的鰤。流行期为 7 月至翌年的 2 月，9～10 月较为流行，鳃结节型多发生在冬季。

【防治方法】

（1）避免鱼体受伤。

（2）放养密度适宜，及时清除残饵，保持水质清新。

（3）口服盐酸链霉素，每天每千克鱼用50～70mg，拌饵投喂，连喂20d以上方可见效。

巴斯德氏菌病

【病原体】病原体为杀鱼巴斯德氏菌（*Pasteurella piscicida*）。菌体短杆状，无鞭毛，大小为（0.6～1.2）$\mu m \times$（0.8～2.6）μm。生长的pH范围6.8～8.8，最适pH为7.5～8.0；生长温度为17～32℃，最适生长温度为25～30℃；生长的盐度范围为5～50，最适生长盐度为20～30。

【症状及病理变化】病鱼失去食欲，静卧池底，不久即死。病程发展很快，除体色稍发黑外，体表无明显症状。解剖病鱼可见内脏有许多白点，特别是脾、肾白点较多，心脏、肝、胰、肠系膜、鳔和鳃等处也有少数白点。白点形状大多近球形，直径在1mm左右，大的可达数毫米。白点是由细菌菌落外包一层纤维组织形成的，在完全封闭的白点中，细菌都已死亡，在尚未完全封闭的白点中则有活菌。肾中白点多时，肾肿胀，呈贫血状；脾中白点多时，脾肿胀，带暗红色；血液中菌落多时，在微血管中形成栓塞，这是致死的主要原因。

【流行情况】该病在日本对养殖的鰤危害较大，从幼鱼至成鱼都可感染，尤其对幼鱼危害较大。除鰤外，真鲷、黑鲷、鲈、香鱼也可感染。发病季节为水温20～25℃的梅雨季节，大雨过后海水的盐度降低时容易发病，但在相同水温的秋季几乎不发病，20℃以下通常不发病，

【防治方法】
（1）及时捞出病死鱼。
（2）用四环素或氨苄西林拌饵投喂，每天每千克用20～50mg，连喂5～7d。

自测训练

一、填空

1. 赤皮病又名＿＿＿＿＿＿。赤皮病的病原为＿＿＿＿＿＿。

2. 白头白嘴病是由＿＿＿＿＿＿引起的。对＿＿＿＿＿＿危害最大。

3. 病鱼自吻端至眼球处的皮肤色素消退呈乳白色，此为＿＿＿＿＿。

4. 红鳍病是由＿＿＿＿引起的。其主要症状是各鳍充血。

5. 鳗爱德华氏菌病症状主要分＿＿＿＿、＿＿＿＿和＿＿＿＿3种。

6. 竖鳞病是由＿＿＿＿＿＿＿＿＿＿＿引起的。

7. 打印病又称腐皮病，是由＿＿＿＿＿＿＿＿＿＿＿＿＿引起的。

8. 白皮病的病原有＿＿＿＿＿＿和＿＿＿＿＿＿＿＿。

9. 鲤白云病是由＿＿＿＿＿＿＿＿＿＿＿＿引起的。

10. 由黏球菌引起的鱼病主要有＿＿＿＿、＿＿＿＿和＿＿＿＿。

二、判断

1. 细菌性败血病危害鱼的种类最多，危害鱼的年龄范围最大，流行地区很广，流行季节最长，危害养殖水域类别最多，造成的经济损失最大。　　　　　　　　　　（　　）

2. 初期病鱼肛门附近两侧或尾柄部位出现圆形或椭圆形出血性红斑，形似打上一个红

色印记。随后，红斑处鳞片脱落，表皮腐烂，露出肌肉，甚至露出骨骼。此鱼患有打印病。
（　　　）

3. 打印病是主要危害鲢、鳙成鱼和亲鱼。 （　　　）

4. 背鳍与臀鳍间的体表至尾鳍基部全部发白，此鱼患有白皮病。主要危害鲢、鳙鱼苗和夏花。 （　　　）

5. 鲤白云病经常在微流水、水质清瘦、溶解氧充足的网箱养鲤及流水越冬池中发生。
（　　　）

6. 草鱼"三病"通常指草鱼出血病、烂鳃病和肠炎病。 （　　　）

7. 细菌会引发鱼病，故不能作为鲢、鳙的饵料。 （　　　）

8. 肠炎病是危害鲢、鳙的主要病害。 （　　　）

9. 用漂白粉全池泼洒，结合口服磺胺类药饵可治疗赤皮病。 （　　　）

三、选择

1. 打印病的病原是（　　　）。
　　A. 水型点状假单胞菌　　　　　　B. 点状产气单胞菌点状亚种
　　C. 点状产气单胞菌　　　　　　　D. 荧光假单胞菌

2. 赤皮病的病原是（　　　）。
　　A. 鱼害黏球菌　　　　　　　　　B. 荧光假单胞杆菌
　　C. 嗜水产气单胞杆菌　　　　　　D. 水型点状假单胞杆菌

3. 鲢夏花鱼种背鳍与臀鳍间体表至尾鳍基部全部变白可初诊为（　　　）。
　　A. 痘疮病　　　B. 白云病　　　C. 打粉病　　　D. 白皮病

4. 细菌性烂鳃病的病原是（　　　）。
　　A. 鱼害黏球菌　　　　　　　　　B. 荧光假单胞杆菌
　　C. 水型产气单胞杆菌　　　　　　D. 水型点状假单胞杆菌

5. 草鱼"三病"是指（　　　）。
　　A. 腐皮病、细菌性烂鳃病、肠炎病
　　B. 出血性腐败病、细菌性烂鳃病、肠炎病
　　C. 疖疮病、细菌性烂鳃病、赤皮病
　　D. 草鱼出血病、细菌性烂鳃病、肠炎病

6. 赤皮病主要危害（　　　）。
　　A. 鲢、鳙　　　B. 罗非鱼　　　C. 团头鲂　　　D. 草鱼

7. 鲢、鳙肛门两侧溃烂有一圆形红斑是（　　　）。
　　A. 赤皮病　　　B. 疖疮病　　　C. 弧菌病　　　D. 打印病

8. 鱼体表先出现点状白斑，而后白斑增厚、增大呈乳白色的增生物这是（　　　）。
　　A. 白斑病　　　B. 白皮病　　　C. 白云病　　　D. 痘疮病

四、简答

1. 简述细菌性烂鳃、肠炎、赤皮病的病原和主要症状。
2. 叙述细菌性败血病的病原、症状、流行情况和防治方法。
3. 简述鳗爱德华氏菌病的病原、症状。

任务三　真菌和寄生藻类病

任务内容

1. 掌握真菌性鱼病预防措施和方法。
2. 掌握真菌性鱼病发病机理。

学习条件

1. 多媒体课件、教材。
2. 组织切片、显微镜、无菌操作台。
3. 病鱼标本。

相关知识

由真菌感染而引起的鱼类疾病称为鱼类真菌性疾病。真菌是具有细胞壁、真核的单细胞或多细胞的微生物。引起鱼病的真菌主要是藻状菌纲（Phycomycetes）中的水霉菌目（Saprolegniales）、霜霉目（Peronosporales）及芽枝霉目（Blastocladiales）和其他一些种类。它们都是水生菌，大多生长在动物和植物的尸体或残屑上，也有一些种类寄生在鱼体表面的伤口和鱼卵上。真菌性疾病的有些种类是口岸检疫对象。

藻类中很多是水产动物的直接或间接饵料，有些是水产动物的敌害，个别种类还可寄生在机体上引起疾病，如卵甲藻病。

肤霉病（水霉病或白毛病）

【病原】有 10 多种，主要以水霉属（Saprolegnia）、绵霉属（Achlya）、细囊霉属（Leptolegnia）、丝囊霉属（Aphanomyces）的种类最为常见。下面以水霉和绵霉为例说明它们的形态和生活史。

水霉和绵霉的菌丝为管形无横隔的多核体。内菌丝分枝特多，蔓延在基物内部。具吸收营养的功能。外菌丝可长达 3cm，粗壮，分枝较少，形成肉眼可见的灰白色棉絮状物。附着于死鱼的霉菌在 12～24h 可蔓延全身。

水霉和绵霉的繁殖方式有无性生殖和有性生殖两种。

水霉属（图 4-1）在无性生殖时，外菌丝的梢端部分膨大，内充满许多核和浓稠的原生质，生成隔膜将它与其他部分隔开，形成多核的动孢子囊，其中的内容物逐渐形成无数微小的动孢子，成熟的动孢子包有一层薄膜，呈梨形，在尖端有两根鞭毛，它从动孢子囊游出，在水中自由游动几秒钟到几分钟，然后停止游动，附着在适当处，失去鞭毛，变为圆形，并分泌出一层孢壁和静止休息，成为"孢孢子"。孢孢子静休 1h 左右，原生质从孢壁内钻出，成为肾形，在侧腰部生有两根鞭毛，再度游动于水中的第二游动孢子，这种在发育过程中出现两种不同形态的动孢子现象，称为"两游现象"。第二游动孢子游动持续时间较第一次长，

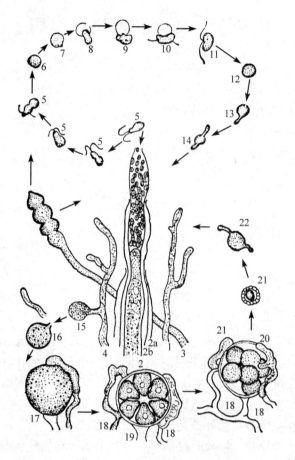

图 4-1　水霉属模式生活史

1. 外菌丝　2. 动孢子囊　3. 厚垣孢子及其菌丝　4. 产生雌雄性器官的菌丝　5. 第一游
动孢子　6. 第一孢孢子（静子）　7~10. 第二游动孢子萌发　11. 第二游动孢子
12. 第二孢孢子　13、14. 第二孢孢子萌发　15、16. 未成熟的藏卵器和雄器　17. 藏卵
器中多数的核退化存留的核分布在周缘　18. 成熟的雄器　19. 藏卵器中未成熟的卵球
20. 藏卵器中卵球已受精和卵孢子的形成　21. 卵孢子　22. 卵孢子萌发

最后又静止下来，分泌一层孢壁而形成第二孢孢子，这种孢孢子经过一段时期的休眠，即可萌发成菌丝体。当动孢子囊内的动孢子完全放出后，囊壁并不脱落，而在第一次孢子囊内长出新孢子囊，如此反复增生，这种现象称为"叠穿"。

　　绵霉属（图 4-2）所产生的动孢子与水霉属不同。它的动孢子无鞭毛，不能游动，成群聚集在动孢子囊口，经一段时间静休后，才钻出孢壁进入水中，将空孢壁遗留于囊口附近，其动孢子都为肾形，侧腰两条鞭毛与水霉第二游动孢子一样。绵霉属第二次产生的动孢子囊的位置也与水霉属不同，位于第一次生长的孢子囊下面，分生出侧枝，称为侧生孢子囊。

　　水霉属和绵霉属的外菌丝，在经过一个时期的动孢子形成以后，或由于外界环境条件不甚适合时，会在菌丝梢端或中部生出横隔，形成抵抗不良环境的厚垣孢子，呈念珠状或分节状，当环境条件转好时，这些厚垣孢子又直接发育成动孢子囊。

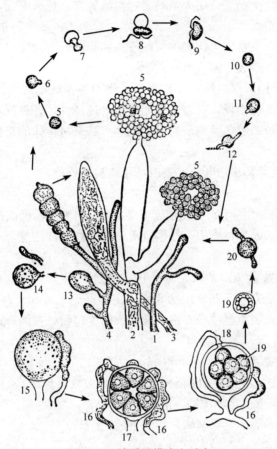

图 4-2　绵霉属模式生活史

1. 外菌丝　2. 动孢子囊　3. 厚垣孢子　4. 产生雌雄性器官的菌丝　5. 第一孢子（卵子）　6～8. 第二游动孢子萌发　9. 第二游动孢子　10. 第二孢子　11、12. 第二孢子萌发　13、14. 未成熟的藏卵器和雄器　15. 藏卵器中多数的核退化存留的核分布在周缘　16. 成熟的雄器　17. 藏卵器中未成熟的卵球　18. 藏卵器中卵球已受精和卵孢子的形成　19. 卵孢子　20. 卵孢子萌发

　　有性生殖包括产生藏卵器和雄器。藏卵器的发生开始时，由母菌丝生出短侧枝，接着其中之核和原生质逐渐积聚长大，并生出横壁与母菌丝隔开，以后聚积的核和原生质在中心部分退化，余核和原生质移至藏卵器的周缘，形成分布稀疏的一层。核同时分裂，其中一半分解消失，最后，原生质按剩余核数割裂成卵球。

　　与藏卵器发生的同时，雄器也由同丝或异丝甚至异株的菌丝短侧枝上长出，逐渐卷曲，缠绕于藏卵器上，最后也生出横壁与雄枝隔开。雄器中核的分裂与藏卵器中核的分裂约在同时发生。雄核经过芽管移到卵球内与卵核结合而成卵孢子，并分泌双层卵壁严密地包围着，形成休眠孢子，卵孢子由藏卵器壁的分解而释出，并经 3～4 个月的休眠而后萌发成有短柄的动孢子囊或菌丝。

　　【症状】霉菌初寄生时，肉眼看不出异状，当肉眼能看到时，菌丝已在鱼体伤口侵入，向内外生长。如受伤较深，则霉菌可向内深入肌肉，蔓延扩散，侵入的菌丝极度分枝，顶端尖细，向外长成的菌丝，似灰白色棉毛状，"白毛病"名由此而来。鱼体体表受到损伤容易受霉菌感染，病鱼感染处受刺激分泌大量黏液，游泳失常，焦躁不安，直至肌肉腐烂，行动迟缓，食欲减退，瘦弱而死。

在鱼卵孵化过程中，也常发生此病。菌丝侵入卵膜，外菌丝穿出卵膜成辐射状，形成白色绒球状霉卵，严重时可造成鱼卵大批死亡。

【流行情况】此类霉菌属腐生性，分布很广，我国各养鱼地区水体都有，对温度适应范围很广，一年四季都有此病出现，对寄主也无严格的选择性，各种饲养鱼类，从卵到各种年龄的鱼都可感染，在密养的越冬池内最易发生此病。肤霉对鱼体的寄生为继发性感染，对鱼卵的寄生为原发性感染。

【诊断方法】依症状可初步诊断；必要时可用镜检来确诊。

【预防方法】

（1）用浓度为 $200g/m^3$ 的生石灰或浓度为 $20g/m^3$ 的漂白粉彻底清塘。

（2）在捕捞、运输和放养过程中，尽量避免鱼体受伤，并注意合理的放养密度，以预防此病发生。

（3）勿用受伤的鱼做亲鱼。如果亲鱼受伤，进池前用 10％高锰酸钾溶液涂抹受伤处。严重时则需要肌内注射链霉素 5 万～10 万 U/kg。

（4）预防鱼卵水霉病：鱼巢洗净煮沸消毒，或用漂白粉、盐消毒；鱼巢附卵不宜过多。

【治疗方法】

（1）用 3％～4％食盐水浸洗病鱼 3～4min。

（2）白仔鳗患病早期，将水温升高到 25～26℃，多数可自愈。

（3）用 2～3g/m^3 亚甲蓝全池泼洒，隔 2d 再泼 1 次。

（4）发病鱼池可用五倍子全池遍洒，使池水成 $4g/m^3$。

🌀 鳃霉病（青疽病）

【病原】属芽枝霉目，芽枝霉科（Blastocladiaceae），鳃霉属（*Branchiomyces* sp.）。寄生在草鱼鳃上的鳃霉，菌丝体比较粗直而少弯曲，通常是单枝延伸生长，菌丝体直径 20～25cm，孢子直径平均 $8\mu m$，略似 Plehn（1921）所描述的血鳃霉（*Branchiomyces sanguinis*）；寄生在青鱼、鲢、鲮等鳃里的鳃霉，菌丝常弯曲成网状，较细而壁厚，分枝特别多，分枝沿着鳃小片血管或穿入软骨生长，纵横交错，充满鳃丝和鳃小片，菌丝直径 6.6～$21.6\mu m$，孢子直径平均 $6.6\mu m$，似 Wundseh（1930）描述的穿移鳃霉（*B. demigrans*）。在我国发现的上述两种不同类型的鳃霉究竟属哪一种，暂未定名。

【症状】初期无明显症状，当附着于鳃的孢子发育成为菌丝，菌丝向内不断伸展，一再分枝后，贯穿于组织中，破坏组织，堵塞血管，引起血液循环障碍，鳃瓣失去正常的鲜红色，呈粉红色或苍白色，鳃小片肿大，充血，出血，随着病情的发展，鳃受到破坏，呼吸机能大受阻碍，往往是急性型的，可在短短 1～2d 内急剧死亡，死亡率可达 60％以上。慢性型表现的症状不明显，有时表现为鳃的小部分坏死，个别部分由于贫血而呈苍白色。有些病鱼的鳃瓣末端呈浮肿现象。

【流行情况】在广东、广西、湖北、江苏、浙江、上海、辽宁都有发现。尤以广东最严重，主要危害鱼苗到鱼种阶段的鱼类。敏感的鱼类有草鱼、青鱼、鲢、鲮、银鲷等鱼，其中鲮苗最为敏感，死亡率可高达 90％以上；每年 5～10 月流行，尤以 5～7 月为甚。当水质恶化，特别是水中有机质含量高时，容易暴发此病，在几天内可引起病鱼大批死亡。本病为口岸鱼类第二类检疫对象。

【诊断方法】镜检鳃丝发现有大量鳃霉菌丝即可做出诊断。

【预防方法】

（1）经常保持水质清洁，不使池水有机质过多，适时加注新水，可减少发病机会。

（2）用生石灰清塘，勿用茶粕清塘，使用混合堆肥，不用大草肥水，预防鳃霉病发生。

【治疗方法】

（1）对发病鱼池迅速加注新水，或将鱼转移到水质较瘦的或流动的池水中，病可停止，但要注意防止转塘而引起的病原体传播。

（2）用漂白粉全池遍洒，使池水成 1g/m³。

🌀 虹鳟稚鱼真菌病

【病原】异丝水霉，侵袭水霉（*S. invaderis*）及蛙粪霉（*Bosidiobolus* sp.）。

【症状】发病初期无明显症状。随着病情发展，病鱼表现迟钝，体色发黑，腹部膨大。解剖可发现腹腔内具真菌菌丝，有时内脏器官完全被真菌入侵，有时可见到真菌菌丝穿过腹腔壁向外生长。病原首先感染胃及肠道，于消化道内大量繁殖后，菌丝穿过肠壁入侵腹腔，并感染肝、脾、鳔等内脏器官。

【流行情况】流行水温为 7~11℃，主要危害体长 3cm 左右的稚鱼，体长 4.5cm 以上的稚鱼几乎不发病。本病常与病毒病并发，死亡率达 100%，单独发病的死亡率一般为 15%~20%，我国养殖虹鳟曾发现过本病。

【防治方法】对此病至今尚无有效的预防及完善的治疗方法。发病后，常采取内服制霉菌素及中药大黄和升温的方法以控制病情发展。

🌀 鱼醉菌病

【病原】霍氏鱼醉菌（*Ichthyophonus hoferi*），属藻菌纲（图 4-3）。主要有两种形态，一般为球形合胞体，又称为多核球状体，直径从数微米至 200μm，由无结构或层状的膜包围，内部有几十至几百个小的圆形核和含有 PAS 反应阳性的许多颗粒状的原生质，最外面有寄生形成的结缔组织膜包围，形成白色胞囊；另一种是胞囊破裂后，合胞体伸出粗而短、有时有分枝的菌丝状体，细胞质移至丝状体的前端，形成许多球状的内生孢子。

【症状】患病虹鳟稚鱼除体色发黑外，轻者几乎看不出外部症状，严重时肝、脾表面有小白点，成鱼一般表现为体色发黑，腹部膨胀，眼球突出，脊椎弯曲，大多内脏具白色结节。皮肤被大量寄生时，皮肤上密布白点，寄生于卵巢时鱼体丧失繁殖能力，神经系统寄生时，导致鱼失去平衡，在水中做翻滚运动，病灶处随菌体的发育产生炎症或坏死，形成疖疮或溃疡。

【流行情况】本病已发现于 80 余种海淡水鱼类中，周年发病，一般不会引起急性批量死亡，稚鱼及成鱼均可感染，流行于春夏季节，发病水温为 10~15℃，在选择操作鱼体后易引发本病，导致大量死亡。鱼体摄食带病原的鱼或病鱼排入水中，带菌球状体被水蚤等媒介物摄食后，传染给健康鱼。

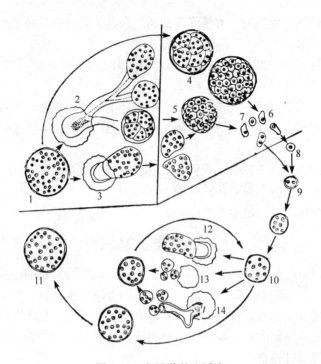

图 4 - 3　鱼醉菌的生活史

1～3. 病鱼死后，鱼醉菌在鱼体内发育　4～7. 被鱼摄食后受消化液影响进行发育

8～14. 侵入鱼体组织后的发育

【诊断方法】依症状可初步诊断；镜检发现大量霍氏鱼醉菌寄生时可确诊。

【防治方法】目前尚无有效治疗方法，预防方法是：

（1）检查饲料鱼是否含鱼醉菌，如果含有病原体，应煮熟后投喂。

（2）及时清除死鱼及病鱼。

（3）对发病池进行干池、暴晒及消毒处理。

卵甲藻病（卵涡鞭虫病、卵鞭虫病）

【病原】嗜酸卵甲藻（*Oodinium acidophilμm*），是一种寄生性单细胞藻类（图 4-4），属裸甲藻目，囊沟藻科（Blastodiniaceae），卵甲藻属（*Oodinium*）。成熟个体呈肾形，宽 $102\sim155\mu m$，长 $83\sim130\mu m$，体外有层透明、玻璃状的纤维壁，细胞核大呈圆形，体内充满淀粉粒、质体和色素体，纵分裂繁殖，分裂成 128 个子体，再分裂一次后形成裸甲子，大小为 $(13\sim15)\mu m\times(11\sim13)\mu m$。横沟、纵沟不明显，各具一条鞭毛。裸甲子在水中借鞭毛自由游动，当与鱼类接触时，就附于鱼的体表，然后失去鞭毛，营寄生生活，逐步成长为成熟个体。嗜酸卵甲藻喜生活在酸性水

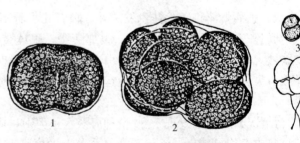

图 4-4　嗜酸卵甲藻

1. 成熟的个体　2. 正在进行第 3 次繁殖分裂

3. 第 7 次分裂后的个体　4. 两个自由游泳的裸甲子

（pH5.0～6.5）中。

【症状】发病之初，病鱼在池中成群拥挤在一起，并分成小群在水面转圈式环游。病鱼的背鳍、尾鳍和背部出现白点，体表黏液增多。随着病情发展，白点迅速蔓延到全身，肉眼观察，容易误诊为小瓜虫病，但仔细检查，可见白点之间有充血斑点，以尾部尤为明显。病情后期，鱼体上白点堆积并联结成片，鱼身像包裹了一层米粉，故称打粉病。此时病鱼多呆滞于水面，游动迟缓，停止摄食，最终死亡。

【流行情况】本病在我国东部和南方一些省中流行，尤以丘陵、山区的池塘养鱼中较多见。主要危害幼鱼，发病后死亡率较高，冬片鱼种和 2 龄以上成鱼也曾报告因患此病而死亡的病例。本病发生于酸性水（pH5.0～6.5）鱼池中，放养密度大，鱼池水浅而又投喂不足，鱼体偏瘦弱的农村山塘养鱼最易患此病，水温 22～32℃时均可发生，以春、秋两季为主要发病季节。

【诊断方法】以症状与养殖水体的 pH 进行初诊，但要注意与小瓜虫病区别：此病白点之间有充血斑点，养殖水体的 pH 为弱酸性或酸性。确诊要刮取白点进行镜检。

【防治方法】

（1）发生过此病的鱼池，可用生石灰清塘，杀灭病原体，并使池水呈碱性。

（2）饲养过程中或池鱼发病时，定期用生石灰化水后全池遍洒。

（3）将病鱼换入微碱性池中，原池用生石灰彻底清塘。

注意：不能用硫酸铜全池泼洒治疗此病，否则会造成大批病鱼死亡。

淀粉卵甲藻病（淀粉卵涡鞭虫病）

【病原】眼点淀粉卵甲藻（图 4-5）。营养体具眼点、假根状突起、口足管、淀粉粒、核；游泳子与嗜酸卵甲藻的游泳子类似。

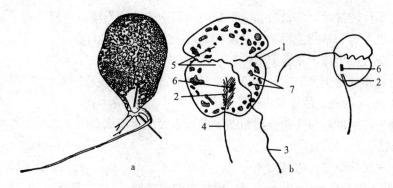

图 4-5　眼点淀粉卵甲藻

a. 营养体　b. 游泳子

1. 横沟　2. 纵沟　3. 横鞭毛　4. 纵鞭毛
5. 藏核的透明腔　6. 眼点　7. 折光性颗粒

【症状】同打粉病。

【流行情况】本虫对寄主无严格的专一性，许多海水鱼类或半咸水鱼类均会感染，水族箱、室内水泥池和池塘养殖的鲻、海马、鲈、真鲷、黑鲷、大黄鱼和石斑鱼等常发生严重感染。流行季节 7～9 月，一般出现症状后 2～3d 死亡率高达 100%。

【诊断方法】以症状进行初诊，但要注意与隐核虫病区别：淀粉卵甲藻虫体比隐核虫小。要确诊要刮取白点进行镜检。

【治疗方法】

（1）用淡水浸洗病鱼 3～5min，3～4d 再 1 次。

（2）用 10～12g/m³ 硫酸铜浸洗病鱼，每天 1 次，连续 3～4 次。

（3）用 0.8～1.0g/m³ 硫酸铜全池泼洒。

自测训练

一、填空

1. 引起鱼病的真菌主要是藻状菌纲中的_____、_____及_____。

2. 肤霉病的病原主要以_____、_____、_____和_____的种类最为常见。

3. 水霉和绵霉的繁殖方式有_____和_____ 2 种。

4. 水霉无性生殖产生_____和_____。

5. 水霉在发育过程中出现两种不同形态的游动孢子现象，称为_____。

6. 绵霉在发育过程中只出现一种游动孢子现象，称为_____。

7. 水霉有性生殖包括产生_____和_____。

8. 水霉无性生殖时，第一游动孢子为_____形，第二游动孢子为_____形。

二、判断

1. 水霉内菌丝分枝特多，具吸收营养的功能。　　　　　　　　　　　（　　）

2. 绵霉第一游动孢子呈梨形，在尖端有两根鞭毛；第二游动孢子呈肾形，在侧腰部生有两根鞭毛。　　　　　　　　　　　　　　　　　　　　　　（　　）

3. 当环境条件转好时，水霉属和绵霉属的厚垣孢子均能直接发育成动孢子囊。　（　　）

4. 白仔鳗患水霉病早期或将水温升高到 25～26℃，多数可自愈。　　　（　　）

5. 镰刀菌的大分生孢子呈镰刀形。　　　　　　　　　　　　　　　　（　　）

6. 肤霉对鱼体的寄生为继发性感染，对鱼卵的寄生为原发性感染。　　（　　）

7. pH5.0～6.5 的鱼池最易发生打粉病。　　　　　　　　　　　　　　（　　）

8. 淀粉卵甲藻病的病原为眼点淀粉卵甲藻，主要危害海水鱼。　　　　（　　）

三、选择题

1. 嗜酸卵甲藻病主要危害的对象是（　　）。

　　A. 刚转入培育冬片的鱼种　　B. 孵化中的受精卵　　C. 亲鱼　　D. 成鱼

2. 在酸性水体中鱼全身布满白点，像裹了一层米粉是（　　）。

　　A. 小瓜虫病　　　　　　　　B. 卵甲藻病　　　　C. 鲤痘疮病　　D. 孢子虫病

3. 打粉病发病池水的 pH 为（　　）。

　　A. 3.0～4.5　　　　　　B. 4.0～5.0　　　　C. 5.0～6.5　　D. 7.0～8.5

4. 预防鲤、鲫卵患水霉病的方法是用（　　）。

　　A. 2～3g/m³ 亚甲基蓝　　　　　　　　　B. 20g/m³ 高锰酸钾

　　C. 1g/m³ 敌百虫　　　　　　　　　　　D. 1g/m³ 硫酸铜

任务四 寄生原虫病

任务内容

1. 掌握原虫性鱼病预防措施和方法。
2. 原虫性鱼病发病机理。

学习条件

1. 多媒体课件、教材。
2. 组织切片、显微镜、无菌操作台。
3. 病鱼标本。

相关知识

原生动物为单细胞真核动物，是动物界最原始的低等动物，整个身体由 1 个细胞构成，能在 1 个细胞内进行和完成生命活动的所有功能，包括摄食、代谢、呼吸、排泄、运动及生殖等。广泛分布于淡水、海水、土壤等生态环境中。绝大部分营自由生活，但也有一小部分寄生于鱼体，引起鱼类疾病甚至大量死亡，给水产养殖业造成巨大损失。

常见的寄生于鱼类原生动物有鞭毛虫、肉足虫、孢子虫、纤毛虫、吸管虫等。

一、由鞭毛虫引起的疾病

鞭毛虫以鞭毛作为行动胞器，有 1 根或 2 根鞭毛，从虫体凹陷处伸出。营寄生或自由生活。寄生于鱼类的有 2 个亚目，即锥虫亚目和波豆亚目，主要寄生在鱼类皮肤和鳃上，也可侵袭消化道、血液等，造成这些器官的病理变化，严重时会引起鱼类大量死亡。

隐鞭虫病

【病原】我国危害较大的有鳃隐鞭虫（*Cryptobia branchialis*）和颤动隐鞭虫（*Cryptobia agitata*），属豆波科，隐鞭虫属 ［图 4 - 6 （a）、图 4 - 6 （b）］。鳃隐鞭虫虫体狭长、扁平，呈柳叶状，前端宽圆，后端细削，体长 8.7μm、体宽 4.1μm 左右。前后端各具一条鞭毛，长度大致相等，一条鞭毛向前称为前鞭毛，另一条鞭毛向后沿身体构成狭窄波动膜，游离于体外称为后鞭毛。胞核圆形，位于身体中部，动核圆形或椭圆形，位于身体前端。寄生时用鞭毛插入寄主的鳃部表皮组织内，使之固着在鳃上。离开寄主时，借前鞭毛和波动膜不断摆动，使身体缓慢前进。

颤动隐鞭虫虫体略似三角形，固定标本体长 6.7μm，宽 4.1μm。毛基体在身体近前端边，波动膜不显著，前鞭毛和后鞭毛不相等。胞核圆形位于身体稍前方向，棒状动核位于胞核前方，与身体略成垂直。寄生时用后鞭毛插入寄主的皮肤和鳃表皮组织内，常做挣扎状颤动。脱离寄主后，可短时在水中生活，水是该病的传播媒介，也可因接触病鱼而传播虫体。虫体以纵二分法繁殖，生活史只需要1个宿主。

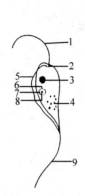

图4-6（a）　鳃隐鞭虫模式
1. 前鞭毛　2. 毛基体　3. 动核
4. 食物粒　5. 波动膜　6. 染色质粒
7. 胞核　8. 核内体　9. 后鞭毛

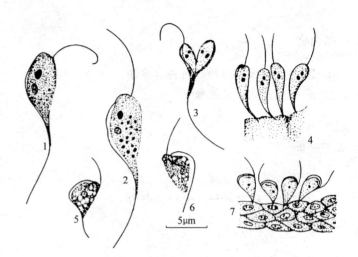

图4-6（b）　鳃隐鞭虫及颤动隐鞭虫
1～4. 鳃隐鞭虫　5～7. 颤动隐鞭虫　1、2、5、6. 一般形态
3. 分裂中个体　4、7. 寄生在鳃及皮肤上的情况

【症状】鳃隐鞭虫主要危害草鱼鱼种，大量寄生时破坏鳃小片上皮细胞和产生凝血酶，使鳃组织发炎，阻碍血液正常循环，病鱼呼吸困难。颤动隐鞭虫主要侵袭皮肤，危害3cm以下的幼鱼，严重感染破坏鳃和皮肤组织。影响幼鱼生长发育，因日渐消瘦致死。病鱼体色发黑，黏液增多。

【流行情况】鳃隐鞭虫在我国主要水产养殖区均有流行。发现于江浙、两广及华中一带，寄生于青鱼、草鱼、鲢、鳙、鲤、鲫、鳊、鲮等淡水经济鱼类及野杂鱼，宿主广泛，无选择性，但仅危害草鱼，是草鱼夏花阶段常见多发病之一。目前由于养殖技术的改进，其危害性减轻。

【防治方法】
（1）用生石灰或漂白粉彻底清塘。
（2）鱼种放养前用5‰食盐浸洗5min，或用8g/m³硫酸铜浸洗20～30min。
（3）治疗用硫酸铜或硫酸铜和硫酸亚铁（5∶2）合剂0.7g/m³浓度全池遍洒。

🐟 鱼波豆虫病

【病原】飘游鱼波豆虫（*Costia necatrix*）[图4-7（a）、图4-7（b）]。虫体自由生活时呈卵圆形，背面凹陷。固定标本为背腹扁平的梨形，长5～12μm，宽3～9μm，口沟位于体侧，着生两根鞭毛，后端游离为后鞭毛，有时一些个体可见2根短鞭毛。胞核圆形或卵圆形，核膜四周有染色质粒，中央有1个核内体，它们之间有不太明显的非染色质丝。胞质内可见到伸缩泡1个。虫体用两根鞭毛固在寄主的皮肤和鳃组织中，常呈挣扎状，上下左右摆动，脱离寄主可在水中自由生活6～7h。生活史中只有1个寄主，无中间寄主，直接传播转移寄主。如遇不到寄主可形成胞囊。繁殖为纵二分裂。

【症状】飘游鱼波豆虫寄生在鱼类鳃和皮肤上，大量寄生时，病鱼体表黏液增多，形成一层灰白色或淡蓝色的黏液层。运动失常，反应迟钝，食欲不振，呼吸困难，感染区充血、出血、鱼体消瘦，垂死前表现呆滞。寄生部位由于虫体活动可引起坏死，并受到真菌侵袭。2龄以上鲤感染时，有鳞下积水、竖鳞和皮肤充血现象。感染鳃小片上皮坏死、脱落。脱落上皮细胞充塞鳃小片之间或在外侧形成浅层，使鳃器官丧失了正常的生理功能，分泌大量黏液，病鱼呼吸困难，导致死亡。

【流行情况】全国各水产养殖区均流行。广泛寄生于各种淡水鱼，主要危害鱼苗、鱼种。当过度密养、饲料不足、鱼体消瘦时，易引起苗种大批死亡。从目前发病情况看，此虫不是一种特定性温度原虫，从冬末到夏季，水温在10～30℃时发生流行病，不论冷水性鱼类或温水性鱼类均可受害。发病后3～4d出现死亡高峰，死亡率高。

【防治方法】同鳃隐鞭虫。

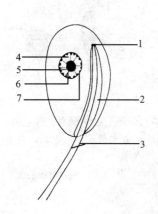

图4-7（a） 飘游鱼波豆虫模式
1. 生毛体　2. 口沟　3. 后鞭毛　4. 胞核
5. 核内体　6. 非染色质丝　7. 染色质粒

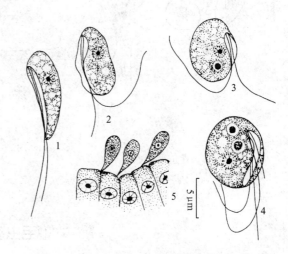

图4-7（b） 飘游鱼波豆虫
1～4. 一般形态　5. 附着在鳃组织上的虫体

锥体虫病

【病原】锥体虫（*Trypanosoma* spp.），属锥体科，锥体虫属（图4-8）。虫体为狭长的叶状，一端尖，另一端尖或钝圆。从虫体后端毛基体长出1根鞭毛，沿着身体组成波动膜，至前端游离为前鞭毛。胞核卵圆形或椭圆形，一般位于身体的中部，核内有一明显的核内体，有的种类有1～2个动核，位于基粒之后，动核卵圆形、圆形或椭圆形。生活史中包含两个寄主，一个是无脊椎动物，一个是脊椎动物。水蛭为中间寄主，水蛭通过吸入含有锥体虫的血液，在肠内繁殖，并转变成锥鞭毛体，然后进入涎腺转变为上鞭毛体最后变为循环后期锥鞭毛体，此时水蛭刺吸鱼血即传播给鱼体。繁殖方式是纵二分裂法。

【症状】锥体虫寄生在鱼类血中，少量寄生对鱼类影响不大，严重感染时可使鱼类消瘦、虚弱、贫血，病鱼无明显症状。传播锥体虫病的水蛭有尺蠖鱼蛭等几种。

【流行情况】一般淡水鱼都可感染，野杂鱼感染更普遍，全国各地都有发现，一年四季均可发病，但流行于6～8月。

【诊断方法】镜检鱼类血液，看到血球之间有扭曲运动的虫体可以诊断。

【防治方法】预防此病要从杀灭水蛭入手，可用食盐或硫酸铜浸洗鱼体，用敌百虫杀灭水蛭，有一定的效果。

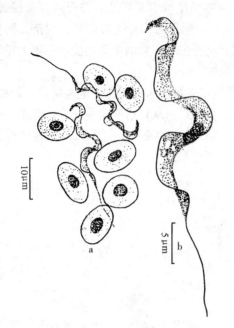

图4-8　青鱼锥体虫
a. 锥体虫和青鱼红细胞大小比例
b. 一般形态

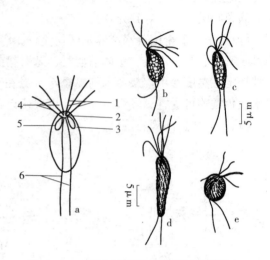

图4-9　中华六前鞭毛虫和鳡六前鞭毛虫
a. 模式图：1、4. 前鞭毛　2. 毛基体
3、5. 胞核　6. 后鞭毛
b、c. 中华六前鞭毛虫　d、e. 鳡六前鞭毛虫

六鞭毛虫病

【病原】中华六前鞭毛虫（*H. sinensis* Chen）和鳡六前鞭毛虫（*H. xenocyprini* Chen），属双滴目，双滴亚目，六前鞭毛虫科，六前鞭毛虫属（图4-9）。中华六前鞭毛虫滋养体卵圆形或椭圆形，两侧对称，背腹稍扁平，前端钝圆，生有一毛基体，从此处生出4对鞭毛，前端3对，游离，另一对向后延伸而为后鞭毛。后鞭毛沿虫体部分与胞质相连，称轴杆。基粒后有两个呈"八"字形排列的短棒状胞核，虫体大小长为5～13.8μm、宽为3～6.9μm。

鳡六前鞭毛虫为卵形或狭长形，虫体大小长为6.6～20μm、宽为3.5～8μm，体表通常有倾斜排列粗纹。繁殖方式为纵二分裂法，可反复纵分裂。

【症状】六前鞭毛虫寄生在肠道内，当严重感染时，整条肠道都能发现，也可在胆囊、膀胱、肝、心脏、血液中找到，靠摄食寄主的残余食物为生，其致病作用目前尚无定论，一般认为无害或是帮凶作用。在草鱼后肠很常见。当患细菌性肠炎或寄生虫肠炎，此虫大量寄生时，加重肠道炎症，促使病情恶化。

【流行情况】中华六鞭毛虫寄生于多种鱼肠道、肝、胆囊等多种器官中，尤其是1～2龄草鱼最多，鲢、鳙、鲮、鲤、鲫、青鱼等淡水鱼的肠道中也有发现。鳡六前鞭毛虫的寄主主要是银鳡、细鳞斜颌鲴和黄尾密鲴。全国各水产养殖区均有发现，一年四季均可见，以春、夏、秋之际最普遍。

【防治方法】用生石灰或漂白粉等清塘药物彻底清塘，消灭池中胞囊。

二、由肉足虫引起的疾病

肉足虫主要特征是具有伪足，以伪足为行动胞器，伪足形状不定，结构也有所不同。有叶状伪足、根状伪足、丝状伪足、有轴伪足等。寄生在消化道内，造成这些器官溃疡或脓肿。国内仅发现寄生在草鱼肠内的内变形虫科的一种。

🦠 内变形虫病

【病原】鲩内变形虫（*Entamoeba cteopharyngodoni*），属内变形虫科，内变形虫属（图4-10）。营养期滋养体呈灰色，运动活泼，不断伸出肥大的伪足，时而改变方向和体形。活体胞核为一个透明圆环，核膜周围有一层染色很深、大小近于一致，排列规则的染色质粒，中央有一大的核内体，细胞内通常有许多小空泡；胞囊前期伪足消失，身体变圆；胞囊期一般为圆形，1～4个胞核具1～6条拟染色体，通常为棒状，两端钝圆，在胞囊的一侧有个形状不规则、轮廓不清楚的空泡，称为动物淀粉泡。内变形虫是专性寄生虫，生活史包括营养期和胞囊期，只有1个宿主，靠胞囊进行传播，鱼吞食被成熟胞囊污染的食物而感染。

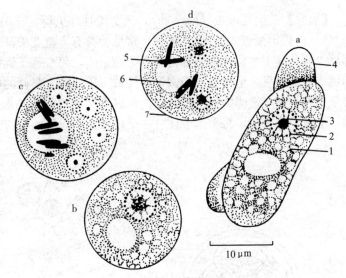

图 4-10　鲩内变形虫
a. 营养子　b. 胞囊前期　c、d. 胞囊期
1. 胞质　2. 核膜和染色质粒　3. 核内体　4. 伪足
5. 拟染色质粒　6. 动物淀粉泡　7. 胞囊膜

【症状】鲩内变形虫以滋养体的形式寄生于草鱼的直肠黏膜，或深入到下层，有时甚至可以经血液流送到肝或其他器官。单纯感染内变形虫，数量不多，肠管往往不表现明显的溃疡和脓肿症状，但常与六前鞭毛虫病、鲩肠袋虫病及细菌性肠炎病并发，病变始于黏膜表面，向周围发展形成脓肿。严重时肠黏膜遭到破坏，后肠形成溃疡、充血发炎、轻压腹部流出黄色黏液，与细菌性肠炎相似，但肛门不红肿。虫体聚在肛门附近的直肠内，分泌溶解酶溶解组织，靠伪足的机械作用穿入肠黏膜组织。

【流行情况】主要寄生于2龄以上草鱼，10cm左右的草鱼也会感染，常与细菌性肠炎一起暴发流行。北自黑龙江、南至长江和西江流域均有分布，尤以两广地区较流行。流行季节为6～7月。

【防治方法】用生石灰清塘可以预防。

三、由孢子虫引起的疾病

孢子虫通常无运动胞器，均为寄生种类，生活史复杂，有无性的裂殖生殖和有性的配子生殖两种生殖方式。寄生在鱼类中的孢子虫共有四大类，球虫、黏孢子虫、微孢子虫和单孢子虫，其生活史均在1个寄主体内完成，属孢子虫纲。寄生在鱼类中的孢子虫，是原生动物中种类最多、分布最广的一类寄生虫。

（一）由球虫引起的疾病

艾美耳球虫病

【病原】艾美耳球虫（*Emeria*），属艾美耳球虫科，艾美耳球虫属［图4-11（a）、图4-11（b）］。我国报道的已有20多种，常见种类有青鱼艾美耳球虫、鲤艾美耳球虫和草鱼艾美耳球虫等。其主要特征为卵囊内有4个孢子囊，每个孢子囊中有2个孢子体。艾美耳球虫的卵胞或卵囊易见，呈球形或椭圆形，外被一层厚的、坚硬的卵囊膜，内有4个孢子囊。孢子囊呈卵形，被有透明的孢子膜，膜内包裹着互相颠倒的长形稍弯曲的孢子体（或称子孢体）和一个孢子残余体，每个孢子体有一个胞核。卵囊膜内有卵囊残余体和1~2个极体。

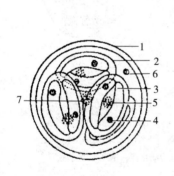

图4-11（a）　艾美耳球虫的卵囊模式
1. 卵囊膜　2. 孢子囊与孢子囊膜
3. 孢子体　4. 胞核　5. 孢子残余体
6. 极体　7. 卵囊残余体

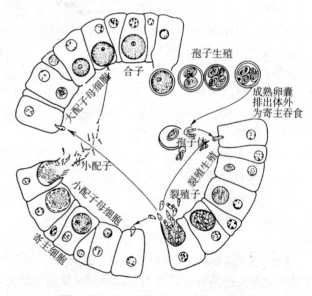

图4-11（b）　艾美耳球虫生活史图解

生活史：艾美耳球虫通过卵囊直接传播，不需要中间寄主。鱼误食了成熟的卵囊而感染，在肠内孢子体从孢子内释放出来，侵入胆管或肠黏膜上皮细胞，发育成滋养体，进行裂殖生殖，产生裂殖子，释放到肠腔，重新侵入其他细胞形成"自体感染"。经几次裂殖生殖后，开始有性生殖，一部分裂殖子发育成小配母细胞，胞核经几次分裂形成具有双鞭毛的小配子；另一部分裂殖子大配母细胞，发育成具一单核大配子。一个大配子和一个小配子结合形成合子，并产生一层薄膜包围合子形成卵囊，此即配子生殖过程。卵囊的胞核经过两次分裂形成4个胞核，细胞质也相应分裂成4个原生质团，每个原生质团含有1个胞核，形成4个孢子母细胞，产生一薄膜，形成4个孢子。每个孢子的胞核再分裂1次，最后形成2个孢子体。未形成孢子或孢子体的原生质团，即成为卵囊残余体或孢子残余体。成熟的卵囊随粪便排出，被另一寄主吞食而感染，开始新的生活史。

【症状】少量感染症状不明显，严重感染的病鱼，鳃瓣苍白贫血，肠管粗于正常的2~3倍，腹部膨大，体色发黑，失去食欲，游动缓慢而死亡。在前肠肠壁上，肉眼能见许多白色小结节病灶，引起肠壁发炎、充血、溃烂、穿孔。

【流行情况】艾美耳球虫寄生在多种淡水鱼和海水鱼的肠、幽门垂、肝、肾等处，国内外均有发生。其中危害较大的是寄生在1~2龄青鱼肠内的青鱼艾美耳球虫，江浙一带感染率高达80%。对鲢、鳙、鲮的危害不大。流行季节为4~7月，特别是5~6月，水温在24~30℃时最流行。

【诊断方法】取病变组织做涂片或压片，镜检可看到卵囊及其中的孢子囊。

【预防方法】

(1) 彻底清塘消毒，杀灭孢子能预防此病。

(2) 利用艾美耳球虫对寄主的选择性，可采取轮养的办法来预防。

【治疗方法】每千克饲料用硫黄粉40g，每天投喂1次，连用4d（或每50kg鱼用4%碘液30mL拌料投喂）。

(二) 由黏孢子虫引起的疾病

黏孢子虫（图4-12）为鱼类最常见的寄生虫病，寄生于海水、淡水鱼类几乎所有的器官中。其中不少种类可形成孢囊，产生不同程度的危害，引发鱼病，造成鱼类死亡。常见的种类有碘泡虫、黏体虫、单极虫、尾孢虫、球孢虫、四极虫和两极虫等。黏孢子虫的孢子由1~7片壳片组成，它是由原生质转化而成为这种瓣状的几丁质孢壳。两壳相连处称为缝线，两片膜瓣的形状与大小通常对称。缝线由于增厚或突起呈脊状结构称为缝脊，有缝脊的一面称为缝面，又称侧面；无缝脊的一面称为壳面，又称下面。缝线一般是直的，少数呈S形弯曲。种类不同，而

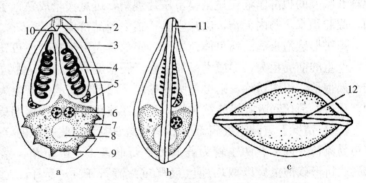

图4-12　黏孢子虫孢子的构造

a. 壳面观（正面观）　b. 缝面观（侧面观）　c. 顶面观

1. 前端　2. 极囊孔　3. 孢子　4. 极丝　5. 极囊与极囊核

6. 胚核　7. 胞质　8. 嗜碘泡　9. 后褶皱　10. 囊间突

11. 缝线与缝脊　12. 极丝的出孔

壳面显示不同的皱褶、条纹。孢子内有1~2个或4~7个不同数目、形状以及排列方式的极囊，通常位于孢子的一端，此端称为前端，相对的一端称为后端；有的种类位于孢子的两端。极囊内有螺旋盘绕的极丝，前端有一个开孔，极丝从此孔伸出。在极囊之下或中间有孢质，内有嗜碘泡及两个胚核。

黏孢子虫的孢子进入鱼体组织后，成熟的孢子在寄主组织中进行裂殖，形成裂殖体，裂殖体在合适的部位开始生长，核不断分裂而大量增殖，形成一个多核体，多核体中一些胞核聚集并分裂后形成子母体，进而发育成孢子。

由碘泡虫引起的疾病

【病原】常见的有鲢碘泡虫（*Myxobolus drjagini*）和饼形碘泡虫（*M. artus*），属碘泡虫科，碘泡虫属（图 4-13）。鲢碘泡虫孢子为椭圆形或卵圆形，前宽后狭，壳面光滑或有 4～5 个 V 形的皱褶，囊间 V 形小块明显。孢子长 12.3μm，宽 9.0μm。极囊 2 个，梨形，通常大极囊倾斜地位于孢子前方。鲢碘泡虫一个生活史约 4 个月，6～9 月间为营养体阶段，吸起寄主大量养料，进行大量增殖，是其破坏性最大阶段。10 月以后逐步形成孢子，孢子成熟后由散入水中感染其他鱼，或大量积聚在池塘淤泥中，传播蔓延。

饼形碘泡虫孢子椭圆形或圆形，孢囊白色，长 42.0～89.2μm，宽 31.5～73.5μm，内有 2 个卵圆形极囊，大小相等，呈"八"字形排列；孢子内有 1 个明显的嗜碘泡。饼形碘泡虫的发育过程是由营养子成长为成熟的孢子，营养子在肠道固有膜内不断增长，使固有膜破裂，成熟孢子流入肠腔，随粪排出，鱼体感染造成流行。

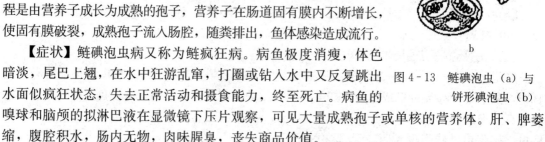

图 4-13 鲢碘泡虫（a）与饼形碘泡虫（b）

【症状】鲢碘泡虫病又称为鲢疯狂病。病鱼极度消瘦，体色暗淡，尾巴上翘，在水中狂游乱窜，打圈或钻入水中又反复跳出水面似疯狂状态，失去正常活动和摄食能力，终至死亡。病鱼的嗅球和脑颅的拟淋巴液在显微镜下压片观察，可见大量成熟孢子或单核的营养体。肝、脾萎缩，腹腔积水，肠内无物，肉味腥臭，丧失商品价值。

患饼形碘泡虫病的病鱼体色发黑，腹部膨大，不摄食。虫体主要寄生在前肠绒毛固有膜内，严重的前肠粗大，形成大量的胞囊，肠壁糜烂成白色，状如"观音土"。镜检可见大量的成熟孢子，组织切片，则可见肠壁黏膜下层和固有膜间寄生大量成熟孢子，使黏膜下层受到严损害，消化和吸收机能被破坏。此病往往在夏花阶段短期暴发，死亡率可高达 80%。

【流行情况】鲢碘泡虫病流行于华东、华中、东北等地的江河湖库中，特别是较大型水体更易流行。以冬春两季较为普遍。主要危害 1 足龄草鱼，感染率高达 100%，死亡率达 80%。饼形碘泡虫病以两广地区最严重。流行于 4～8 月，尤以 5～6 月为甚，主要危害 50mm 以下草鱼鱼种。

【诊断方法】根据症状及流行情况进行初步诊断。通过镜检可进一步确诊。

【防治方法】

（1）用生石灰彻底清塘，减少病原体。

（2）用 90% 晶体敌百虫全池遍洒，浓度为 0.3g/m³。

（3）用 90% 晶体敌百虫拌饵料投喂，浓度为 600g/m³，每天投喂 1 次，连喂 3d。

黏体虫病

【病原】我国发现了 60 余种黏体虫（图 4-14），它们主要寄生于鲑鳟类、鲢、鳙、鲤以及乌鳢等鱼类的鳃、肠、胆、脾、肾、膀胱等器官。常见的有中华黏体虫（*M. sinensis*）、脑黏体虫（*M. cerebralis*）和时珍黏体虫（*M. sigini*），属黏体虫科、黏体虫属。黏体虫形态与碘泡虫相似，但无嗜碘泡。

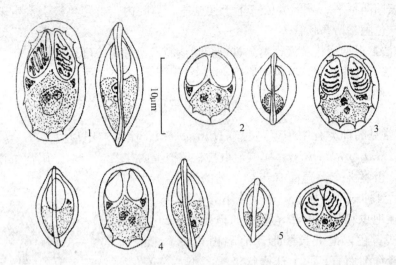

图 4-14 黏体虫

1. 银鲮黏体虫 2. 脑黏体虫 3. 中华黏体虫 4. 变异黏体虫 5. 鲢黏体虫

【症状与流行情况】中华黏体虫病又称为肠道白点病,虫体主要寄生在 2 龄以上的鲤肠内、外壁及其他内脏器官,影响鲤发育。感染的鱼肠道内可见乳白色芝麻状孢囊。

脑黏体虫病又称为昏眩病,主要危害虹鳟苗种,病鱼自肛门后变为黑色,出现类似于疯狂病的症状,脊椎弯曲,旋转,头颅变形。

时珍黏体虫病又称为水臌病,虫体主要寄生在鲢的腹腔中,腹胀,体腔内有 8～12 个扁带状或多重分枝的扁带状孢囊;内脏萎缩,黏连成团,病鱼失去平衡,腹部朝天。病鱼煮后鱼肉化水无味,故称鲢水臌病。解剖病鱼,可见体内各内脏充满孢囊。

【诊断方法】根据症状及流行情况进行初步诊断。通过镜检可进一步确诊。

【防治方法】彻底清塘,减少病原体,以防此病。

单极虫病

【病原】我国已发现 40 余种单极虫(图 4-15)。常见的种类的有鲮单极虫、鲫单极虫、武汉单极虫、鳅单极虫和吉陶单极虫。鲮单极虫前端尖细,后端钝圆,缝脊直,孢子长 26.4～30.0μm,宽 7.2～9.6μm。孢子外常围着一层无色透明的鞘状胞膜。有 1 个大的极囊,棍棒状,占孢子 2/3～3/4。

【症状与流行情况】寄生处形成肉眼可见的胞囊。鲮单极虫寄生于 2 龄以上鲤、鲫鳞囊内以及鼻腔、肠、膀胱等处,流行于 5～8 月。鲫单极虫寄生于鲫体表、鳃等处。武汉单极虫寄生在鲫的皮

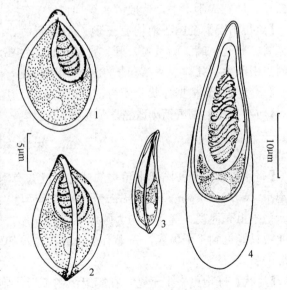

图 4-15 两种单极虫

1、2. 中华单极虫 3、4. 鲮单极虫

下，病鱼体表凹凸不平。鳅单极虫寄生于鲮尾鳍、鼻腔内。吉陶单极虫寄生于 2 龄鲤肠道内，腹胀，白色胞囊堵塞肠管。

【诊断方法】根据症状及流行情况进行初步诊断。通过镜检可进一步确诊。

【防治方法】彻底清塘，减少病原感染机会。

🌀 尾孢虫病

【病原】常见的种类有中华尾孢虫（*H. sinensis*）、徐家汇尾孢虫（*H. zikawiensis*）和微山尾孢虫（*H. weishanensis*）。属碘泡虫科，尾孢虫属（图 4-16）。尾孢虫孢子圆形、卵形或纺锤形，极囊 2 个，壳面有花纹之类的结构，孢壳向后延伸成两条尾状，分叉或不分叉，其他构造与碘泡虫相似。中华尾孢虫的孢囊无一定形状，淡黄色，孢子长梨形，前端稍狭，后端稍宽。缝脊细而直。两个球棒状极囊大小相等，有嗜碘泡。虫体全长 $26.4 \sim 43.2 \mu m$，宽 $4.0 \sim 8.7 \mu m$；孢子本体长 $10.7 \sim 15.7 \mu m$，尾部长 $15.7 \sim 27.5 \mu m$；极囊长 $5.7 \sim 8.7 \mu m$，宽 $1.4 \sim 2.9 \mu m$。

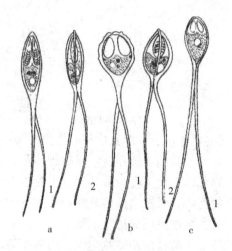

图 4-16 尾孢虫
a. 中华尾孢虫　b. 徐家汇尾孢虫　c. 微山尾孢虫
1. 壳面观　2. 缝面观

【症状】中华尾孢虫寄生于乌鳢体表及全身各器官，鳍条间出现连片淡黄色胞囊，形状不规则，鱼体瘦弱发黑，大批死亡。微山尾孢虫主要寄生于鳜鳃上，为瘤状或椭圆形白色胞囊，引起鳃充血、溃烂、严重时引起死亡。徐家汇尾孢虫主要寄生于鲫鳃、肠道、心脏等处，胞囊白色，形状大小不一，造成鳃组织损伤。

【流行情况】全国各地均有发现。寄生于海、淡水多种鱼类的鳃、胆、肠、心脏、鳔、输尿管、膀胱、鳍、肠系膜、肝、肾等器官，主要危害乌鳢、鳜、胡子鲇的鱼苗、鱼种，严重时可引起大批死亡。华南和长江流域四季可见，流行季节在 5～7 月。

【诊断方法】根据症状及流行情况进行初步诊断。通过镜检可进一步确诊。

【防治方法】彻底清塘改善水质可预防此病。

🌀 球孢虫病

【病原】寄生于我国淡水鱼类的球孢虫已知有 10 余种（图 4-17）。常见的种类有黑龙江球孢虫（*Sphaerospora amuerensis*）、鳃丝球孢虫（*S. branchialis*），属球孢虫科，球孢虫属。孢子虫壳面观、缝面观均为圆球形或卵球形，缝线平直，具 2 个极囊，位于孢子前端，壳面观只能见到 1 个极囊，壳上有条纹或在壳片的后端具膜状突。孢质里无嗜碘泡，有 2 个圆形的胚核。

【症状】球孢虫寄生于鳃，在鳃组织内不形成胞囊，呈弥散状分布，充塞于鳃丝组织间，严重时影响宿主呼吸，使鱼窒息而死。黑龙江孢子虫主要寄生于草鱼、青鱼鳃丝，大量感染可在肝、肾中发现；鳃丝孢子虫主要寄生于鲤、鳙、金鱼鳃丝或体表，在金鱼体表形成白色点状胞囊，但在鳙和鲤的鳃丝上不形成胞囊。

【流行情况】全国各地均有发现。东北、湖北、四川、浙江等地均有病例发现。主要侵袭鲤、草鱼、青鱼、鲇、泥鳅、鲴、斑鳜的鳃丝、膀胱及输尿管。

【诊断方法】根据症状及流行情况进行初步诊断。通过镜检可进一步确诊。

【防治方法】彻底清塘杀灭池中孢子。

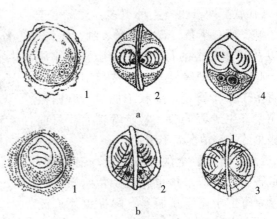

图 4 - 17　球孢虫
a. 黑龙江球孢虫　b. 鳃丝球孢虫
1. 壳面观　2. 缝面观　3. 顶面观　4. 视切缝面观

四极虫病

【病原】寄生于我国淡水鱼类的四极虫已记载的有 20 余种，它们寄生于草鱼、鲢、青鱼、赤眼鳟、鳊、鳙、胡子鲇、鳢、鲇等经济鱼类的胆囊。常见的种类有椭圆四极虫（C. ellipticum）、鲢四极虫（C. hypophtalmichthys），属四极虫科，四极虫属（图 4-18）。椭圆四极虫壳面观为椭圆形，前方稍尖、而后端钝圆，顶面观及反顶面观为圆形，壳面具有明显的条纹，呈 U 形排列，前端有 4 个极囊，极囊大小相似，梨形，孢子长 6～11μm，宽 5～8μm，胞质中具 2 个圆胚核，无嗜碘泡，常在小草鱼胆囊中发现。

【症状】四极虫寄生于鱼类胆囊内、外壁或胆汁中，胆囊肿大，胆汁由绿色变为淡黄色或黄褐色。严重感染的病鱼鱼体消瘦，体色变黑，眼圈点状充血，眼球突出。鳍基部和腹部变成黄色，为"黄胆症"。肠内无食物，充满黄色黏稠物，肝呈浅黄色或苍白色，个别鱼体腔积水。

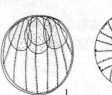

图 4 - 18　四极虫
1. 壳面观　2. 缝面观　3. 顶面观

【流行情况】椭圆四极虫寄生于草鱼、青鱼。全国各养殖区均有发现，尤以浙江、江苏、广东等地的 3～4cm 草鱼鱼种常见。目前尚未有死亡报道。鲢四极虫在黑龙江流行于越冬后的鲢种，并可造成大批死亡。在原苏联和欧洲一些国家的鲢养殖场，曾暴发四极虫病，在短期内造成大批死亡。

【诊断方法】根据症状及流行情况进行初步诊断。通过镜检可进一步确诊。

【防治方法】用生石灰彻底清塘，能杀灭池塘底部孢子。

两极虫病

【病原】我国已报道的有 70 余种，常见的种类有多态两极虫（Myxidium polymorphμm）、鲤两极虫（M. leiberkuehni），属两极虫科，两极虫属（图 4-19）。两极虫内均有 2 个梨形或卵形的极囊，位于孢子相对两极，极丝细长，胞质里有 2 个明显的胞核。多态两极虫壳面观为长椭圆形，缝面观缝脊直，或略呈 S 形，壳面有 6～8 条条纹，孢子长 10～14μm，宽 4～6μm。

【症状】两极虫寄主种类多，常寄生于鲮、鲤、鲫、草鱼、青鱼、鲢、鳙、鳗鲡、鲂以及其他鱼类的肾、膀胱、胆囊、输尿管、肠、肝及鳃等器官，且常与四极虫同时寄生于1个寄主，症状不明显。鲤两极虫主要寄生于鲤的肾、膀胱等器官。目前两极虫的致病情况尚不清楚。

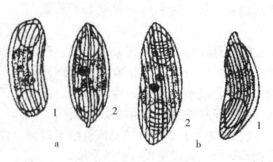

图4-19　两极虫
a. 多态两极虫　b. 鲤两极虫
1. 壳面观　2. 缝面观

【流行情况】全国各养殖区均有发现，但危害不大，海水鱼也有篮子鱼两极虫的记录，寄生于篮子鱼胆囊。两极虫还广泛寄生于海水养殖品种鲽、海马、海龙等20余种鱼类胆囊中，当数量多时，成团的孢子可以阻塞胆管。国外报道两极虫能引起鲢的严重感染和死亡。

【防治方法】尚待研究。

（三）由单孢子虫引起的疾病

单孢子虫以孢子形式寄生于软体动物、环节动物、节肢动物等的细胞、组织、腔管等处，少数寄生于鱼类，我国仅有肤孢虫寄生于鱼的体表、鳃，破坏鳃组织和表皮组织，引起发炎、腐烂。

肤孢虫病

【病原】常见的种类有鲈肤孢虫（*D. percae*）、广东肤孢虫（*D. kwangbungensis*）和野鲤肤孢虫（*D. kai*），属肤孢虫属（图4-20）。孢子虫一般呈圆形或近圆形，孢子较小，直径 $4\sim14\mu m$，构造较简单，外包一层透明的膜，细胞质内有一个大而发亮的圆形折光体，位于偏中心处。在折光体和胞膜最宽处，有一个圆形胞核，有时还散布着少许颗粒状的胞质结构。

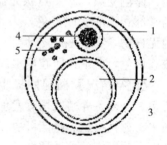

【症状】肤孢虫主要寄生在鱼类的体表、鳃和鳍，肉眼能见形状不同的白色胞囊。野鲤肤孢虫为盘卷线状胞囊，全身可分布，数量多达百个，被寄生处发炎、溃烂，鱼体发黑、消瘦，严重感染的夏花草鱼，往往引起死亡。鲈肤孢虫和广东肤孢虫分别为香肠状和带状，分别寄生于花鲈、青鱼、鲢、鳙和斑鳢的鳃，被寄生处呈椭圆形凹陷。胞囊周围的鳃组织充血、发炎、腐烂。

图4-20　肤孢虫模式
1. 细胞核　2. 折光体　3. 胞膜
4. 核内体　5. 胞质内含物

【流行情况】全国各养殖区均有发现。鱼种、成鱼均能感染发病。

【诊断方法】根据症状及流行情况进行初步诊断。通过镜检可进一步确诊。

【防治方法】

（1）隔离病鱼，对发病鱼池彻底消毒，杀灭孢子。

（2）用90%晶体敌百虫全池泼洒，浓度为 $0.15g/m^3$，每周泼洒1次，并辅以生石灰改良水质。

（四）由微孢子虫引起的疾病

微孢子虫目前已知有 800 余种，隶属于 70 个属。寄生于我国鱼类的微孢子虫主要有格留虫属和匹里虫属的种类。

格留虫病

【病原】赫氏格留虫（*G. hertwiyi*）、肠格留虫（*G. intestinalis*）。属格留科，格留虫属（图 4 - 21）。格留虫孢子微小。肠格留虫一般圆形或卵形，长为 $5.3\sim6.3\mu m$，宽 $3.1\sim4.0\mu m$，孢子膜较透明，极囊位于前端，椭圆形，液泡位于孢子后端，卵形，极丝有时可见，寄生于肠黏膜等组织中；赫氏格留虫孢子呈椭圆形或近似卵圆形，前端稍宽，孢子长 $2.6\sim3.5\mu m$，宽 $1.1\sim2.0\mu m$，孢子膜薄面透明，有一个椭圆形极囊，位于前端 1/3 处，后端有一个不规则的圆形或椭圆形液泡。

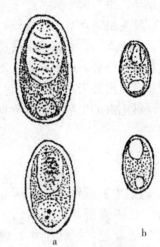

图 4 - 21　格留虫
a. 肠格留虫　b. 赫氏格留虫

【症状】赫氏格留虫寄生于草鱼、鲢、鳙、鲤、鳊、鲫及斑鳢等鱼类的肾、肠、生殖腺、脂肪组织、鳃及皮肤；肠格留虫主要寄生于青鱼肠黏膜组织等处，肉眼能见乳白色的胞囊，大小 $2\sim3mm$。感染严重引起性腺发育不良，生长缓慢。

【流行情况】全国各地池塘、水库、湖泊均有发现。流行于夏秋两季，以孢子形式感染健康鱼，但我国未引起严重暴发鱼病，危害不大。国外有报道，因赫氏格留虫的寄生，引起宿主胡瓜鱼大量死亡。

【防治方法】彻底清塘，杀灭孢子。

匹里虫病

【病原】长匹里虫（*Pleistophora longifilis*）。属匹里科，匹里虫属（图 4 - 22）。孢子卵形或梨形，长 $8\sim11\mu m$，宽 $4\sim5\mu m$，内有一个较大的极囊和一个球状核，并具有一根极丝和液泡。

【症状】长丝匹里虫寄生在鱼类性腺上，能形成乳白色或淡黄色的球形胞囊，直径一般在 0.5mm 以下，胞囊内含有各期营养体和产孢子体、泛孢母细胞和成熟分散的孢子。发病初期病鱼卵巢表现不大透明，继而触摸有硬感，肝表现萎缩和贫血，但病鱼体表无症状。切片可见大量滋养体散布于卵巢内，特别侵入 1、2 时相的卵母细胞，由于卵母细胞被破坏，造成宿主生殖力降低或不育。在大眼鲷可见内脏及体腔中有大小不等的瘤块。国外有报道因匹里虫的寄生造成鳃小片病变；大麻哈鱼幼鱼被感染的器官和组织上能见到细胞结构变异、发炎、血管变性坏死和淤塞等病理现象。

图 4 - 22　鳗匹里虫

【流行情况】匹里虫寄生于海水及淡水鱼的皮肤、内脏、肌肉、性腺和鳃等组织处，在我国海淡水鱼均有记载，但危害不大，未见有流行病的报道。

【诊断方法】根据症状及流行情况进行初步诊断。通过镜检可进一步确诊。

【防治方法】尚待研究。

四、由纤毛虫引起的疾病

以纤毛为运动胞器是纤毛虫类原生动物的主要特征，纤毛从基体发出，有的终生具有，有的只存在于某一生活阶段。因种类不同，纤毛有种种变化。有的许多纤毛聚集在一起而变粗，称为触毛；有的聚在一起而成为片状，称为膜毛；有的在口缘上纤毛聚集成一层膜，不断摆动，称为颤毛。

纤毛虫通常有1个大核，卵圆形、肾形、马蹄形、棒形或念珠形等。小核较小，数目不等，多为圆形。大核与生活功能有关，称为营养核，细胞分裂时进行无丝分裂；小核生殖时进行有丝分裂，所以称为生殖核。纤毛虫无性生殖为横二分裂，有性生殖为接合生殖，而吸管虫则以出芽为主。

纤毛虫的生活史有营养期和胞囊两个时期，靠胞囊传播或接触传播，生活史只需1个寄主。

斜管虫病

【病原】鲤斜管虫（*Chilodonella cyprini*），属斜管虫科，斜管虫属（图4-23）。虫体腹面观卵圆形，后端稍凹入，侧面观背部隆起，腹面平坦。腹面观卵圆形，后端稍凹入，左面有9条纤毛线，右面有7条纤毛线，其余部分裸露，背面除左前端有一行特别粗的刚毛外，其余部分也均裸露。腹面有一胞口，由16～20根刺杆做圆形围绕成漏斗状的口管，呈喇叭状，末端弯曲处为胞咽所在，虫体其他处裸露无纤毛。虫体长为40～60μm，宽为25～47μm。大核圆形或卵形，位于虫体后部，小核球形，位于大核之后。伸缩泡2个，左右

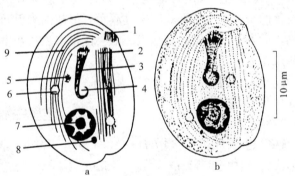

图4-23　鲤斜管虫
a. 模式图　b. 染色标本
1. 刚毛　2. 左纤毛线　3. 口管与刺杆　4. 胞咽
5. 食物粒　6. 伸缩泡　7. 大核　8. 小核　9. 右纤毛线

两侧各1个。无性繁殖为横二分裂，有性繁殖为接合生殖。虫体借腹部的纤毛运动，沿着宿主鳃或皮肤缓慢地移动。生活史无中间寄主，靠直接接触胞囊传播。胞囊可在环境不良时形成。

【症状】鲤斜管虫寄生于鱼的鳃和体表，刺激寄主分泌大量黏液，体表形成苍白色或白色黏液层，破坏组织。影响鱼的呼吸功能。病鱼食欲减退、消瘦、体色发黑。靠近池边浮于水面上或侧卧于水面上。水温等条件合适，病原体大量繁殖，2～3d内即造成大批死亡。鱼苗、鱼种阶段特别严重。产卵亲鱼也会因大量寄生而影响生殖，甚至死亡。镜检可确诊其病原。

【流行情况】可寄生于各种淡水鱼，全国各地均有分布。主要危害鱼苗、鱼种，引起大

量死亡，为一种常见病。虫体生长繁殖水温为 12～18℃，3～5 月为流行季节。越冬鱼种也易感染此病。在珠江三角洲，该虫是鳜严重病害之一，有时甚至引起全池鱼死亡。

【诊断方法】外表症状不特殊，病原较小，必须通过镜检方可确诊。

【预防方法】

（1）用生石灰彻底清塘，杀灭池中的病原体。

（2）用 8g/m³ 浓度硫酸铜溶液或 2‰食盐溶液浸洗鱼种 20min。

【治疗方法】

（1）用硫酸铜和硫酸亚铁合剂（5:2）全池遍洒，浓度为 0.7g/m³。

（2）用硫酸铜和高锰酸钾合剂（5:2）全池遍洒，浓度为 0.3～0.4g/m³。

瓣体虫病

【病原】石斑瓣体虫（*Petalosoma epinephelis*），属斜管虫科，瓣体虫属（图 4-24）。虫体侧面观，背部隆起，腹部平坦，前部较薄，后部较厚。腹面观为椭圆形或卵形，中部和前缘布满了纤毛，纤毛排成 32～36 条纵行的纤毛线。虫体长为 65～80μm，宽为 29～53μm。椭圆形大核 1 个，位于中后部，小核椭圆形或圆形，紧贴于大核前。大核后方有 1 瓣状体，为其明显特征。胞口圆形，位于腹面前端中间，与胞口相连的是由 12 根刺杆围成的漏斗状口管。

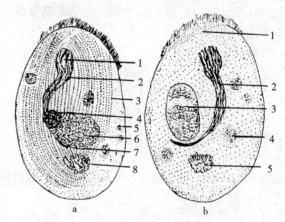

图 4-24　石斑瓣体虫

a. 腹面观：1. 胞口　2. 口管　3. 纤毛线　4. 小核
　　　　　5. 食物粒　6. 大核　7. 胞咽　8. 瓣状体

b. 背面观：1. 纤毛线　2. 口管　3. 小核　4. 食物粒　5. 瓣状体

【症状】病鱼头部、皮肤、鳍及鳃充满了黏液，常浮于水面，行动迟缓，呼吸困难，体表出现许多不规则的白斑，严重时，白斑扩大连成一片。死鱼的胸鳍向前方僵直，几乎贴于鳃盖上。镜检可确诊病原。

【流行情况】流行于广东、福建沿海一带，夏秋季常见。对赤点石斑鱼可造成严重危害，可在短期内迅速蔓延，死亡率高，严重时 3～4d 内会全部死亡。有时与单殖吸虫或隐核虫形成并发症，从而加快了宿主死亡。

【诊断方法】根据外表症状初诊，从白斑处取样镜检发现虫体方可确诊。

【防治方法】

（1）用 2g/m³ 浓度的硫酸铜海水浸洗 2h，翌日重复 1 次。

（2）将病鱼放入淡水中浸洗 4min，就可杀灭病原体，效果更好。

小瓜虫病

【病原】多子小瓜虫（*Ichthyophthirius multifilliis*）［图 4-25（a）、图 4-25（b）］。属凹口科，小瓜虫属。生活史分成虫期、幼虫期和胞囊期。

图 4-25（a）　多子小瓜虫成虫　　　　图 4-25（b）　多子小瓜虫幼虫

成虫期：虫体球形或卵形，乳白色，体长 0.3～0.8mm，体宽 0.35～0.5mm，全身被均匀的纤毛，胞口形似人右外耳，位于前端腹面，口纤毛呈"6"字形，围纤毛左旋入胞咽。大核 1 个，呈马蹄形或香肠形，小核球状，紧贴于大核之上，但不易见到。胞质内含有大量食物粒和伸缩泡。

幼虫期：虫体呈椭圆形或卵圆形，前端尖而后端钝圆。体长 33～54μm，宽 19～32μm。前端有 1 个乳状突起，称为钻孔器，稍后有一近似"耳"字形的胞口。全身被有等长的纤毛，后端有一根长而粗的尾毛，长度为纤毛的 3 倍。大核椭圆形，小核球形。

胞囊期：成虫离开鱼体或越出囊泡，可做 3～6h 的游泳，然后沉落在水底物体上，静止下来后，会分泌一层透明胶质膜将虫体包住，即胞囊。胞囊圆形或椭圆形，白色透明，长为 0.329～0.98mm，宽为 0.276～0.722mm。胞口消失，马蹄形大核变为圆形或卵形，小核可见。

生活史：胞囊内虫体不断转动，非常活跃，2～3h 后开始分裂。9～10 次连续等分裂后，产生 300～500 个纤毛幼虫，纤毛幼虫越出胞囊，感染鱼体，钻入鱼类体表上皮细胞层或鳃间组织，刺激周围的上皮细胞增生，从而形成小囊泡。在囊内发育成成虫，离开宿主成胞囊。

【症状】在鱼的体表、鳍条、鳃上，肉眼可见白色小点状囊泡，表面覆盖一层白色黏液，严重时体表似覆盖一层白色薄膜。寄生处组织发炎、坏死、鳞片脱落、鳍条腐烂而开裂。鳃组织因虫体寄生，除组织发炎外，并有出血现象，鳃呈暗红。虫体侵入眼角膜，能引起发炎变瞎。病鱼游动缓慢，运动失调，因呼吸困难窒息而亡。

【流行情况】本病是一种世界性流行病，全国各地均有流行，虫体对宿主无选择性，各种淡水鱼均可寄生，无明显的年龄差别，各龄鱼均可寄生，但主要危害鱼种。多子小瓜虫适宜的水温为 15～25℃，pH6.5～8.0，流行于初冬、春末。无中间宿主，靠胞囊及其幼虫传播。当过度密养，鱼体瘦弱时易得病，3～4d 后即可大批死亡。

【诊断方法】小瓜虫病、嗜酸卵甲藻病与孢子虫病体表均有小白点出现。不能仅凭肉眼观察到鱼体有许多小白点就诊断为小瓜虫病。必须通过镜检方可确诊。以上三类疾病的肉眼区别：

（1）嗜酸卵甲藻病。白点间有充血的红斑。

（2）小瓜虫病与孢子虫病。无此现象。两者的区别：

①孢子虫病。白点（胞囊）的形状不规则，大小区别较显著。病鱼死后 2～3h，病灶部位仍有白点存在。将白点放在玻片上排成三角或方形，过一段时间后观察，形状不会改变。

②小瓜虫病。白点呈球形，大小一致。病鱼死后 2～3h，病灶部位白点不存在。将白点放在玻片上排成三角或方形，过一段时间后观察，形状发生改变。在光线充足的地方，用两根细针，小心将置于培养皿中病灶组织上的小白点外膜挑破，有球形小虫滚出。

【预防方法】

（1）用生石灰彻底清塘，合理密养。

（2）用 200～250g/m³ 冰醋酸溶液洗浴 15min。

【治疗方法】

（1）用 2g/m³ 亚甲基蓝全池泼洒，连续数次。

（2）用 12～25g/m³ 福尔马林溶液全池泼洒，隔天 1 次，共泼 2～3 次。

隐核虫病

【病原】刺激隐核虫（*Cryptocryon irritans*），属凹口虫科，隐核虫属（图 4-26）。虫体呈卵圆形或球形。成熟个体直径 0.4～0.5mm，全身体表被均匀一致纤毛，虫体透明度低，白色。胞口位于虫体前端，胞核念珠状，一般 4 个，少数 5～8 个，难见大核。生活史包括滋养体和胞囊两个时期，与小瓜虫相似。纤毛幼虫具有感染性，虫体前端尖细，全身被纤毛，从胞囊越出后，在水中游泳，遇到宿主即钻入皮下组织，开始营寄生生活。

【症状】虫体寄生于鱼类的体表、鳃、眼角膜及口腔等处，病鱼体表可见针尖大小的白点，尤以头部与鳍条处最为明显，皮肤点状充血，体表分泌大量黏液，严重时形成一层混浊的白膜。鳃组织增生，并发生溃烂，瞎眼。病鱼食欲不振，活动失常，呼吸困难，窒息而亡。

【流行情况】水族馆及网箱养殖鱼类常见病，虫体对宿主无选择性，石斑鱼、真鲷、黑鲷等经济鱼类时有发病，常见与瓣体虫同时寄生于同一宿主。水温 25～30℃易发病。

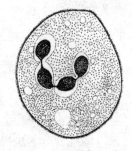

图 4-26　刺激隐核虫

【诊断方法】根据外表症状初诊，从白点处取样镜检发现虫体方可确诊。

【防治方法】

（1）控制鱼类放养密度，发病后隔离病鱼，病死鱼及时捞出。

（2）鱼池彻底洗刷，用含氯消毒剂或高锰酸钾溶液消毒，以杀灭池壁上的胞囊，保持水质清新。

【治疗方法】

（1）用淡水浸洗病鱼 3～5min，后移入 2.0～2.5g/m³ 盐酸奎宁水体中养殖数天效果更好。

（2）用 0.3g/m³ 醋酸铜全池泼洒。

（3）用 25g/m³ 福尔马林溶液全池泼洒，第 2 天换水 50％后再施药 1 次。

（4）用硫酸铜全池泼洒。静水池用药浓度 $1g/m^3$；流水池用药浓度为 $17\sim20g/m^3$，同时关闸停止水流，$40\sim60min$ 后开闸恢复流水，每天 1 次，连续 $3\sim5$ 次。

杯体虫病

【病原】筒形杯体虫（A. cylindriformis）、卵形杯体虫（A. oviformis）、变形杯体虫（A. anoebae）、长形杯体虫（A. longiformis），属累枝科，杯体虫属（图 4-27、图 4-28）。为附生纤毛虫。虫体充分伸展时呈杯状或喇叭状。前端粗，后端变狭。前端有 1 个圆盘形的口围盘。口围盘内有 1 个左旋的口沟，后端与前庭相接。前庭不接胞咽。口围盘四周排列着 3 圈纤毛，称为口缘膜，中间 2 圈沿口沟螺旋式环绕，外面 1 圈一直下降到前庭，变为波动膜。前庭附近有 1 个伸缩泡。虫体后端有一吸盘状附着器，可附着在寄主组织上。虫体表有细致横纹。在虫体内中部或后部，有 1 个圆形或三角形的大核，小核在大核之侧，一般细长棒状。虫体长为 $14\sim80\mu m$，宽 $11\sim25\mu m$。

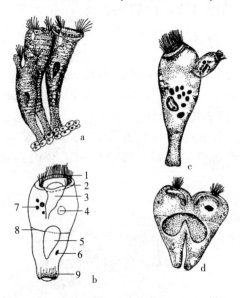

图 4-27　筒形杯体虫

a. 活体　b. 模式图　c. 接合生殖　d. 分裂生殖

1. 口缘膜　2. 口围盘　3. 前腔与胞咽　4. 伸缩泡
5. 大核　6. 小核　7. 食物粒　8. 纤毛带　9. 附着器

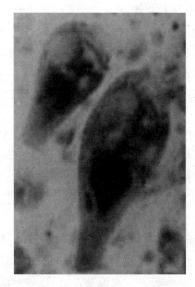

图 4-28　杯体虫染色标本

无性生殖为纵二分裂，有性生殖为接合生殖，小接合子附在大接合子口盘附近。虫体能在水中自由游动，遇到新的宿主即可寄生。

【症状】虫体聚集固着在鱼类皮肤、鳍和鳃上，易感染鱼苗、鱼种，摄食水中微小生物，对寄主组织产生压迫作用，妨碍宿主正常呼吸作用，使鱼体消瘦，游动缓慢，呼吸困难，严重时引起窒息死亡。

【流行情况】全国各地均有发现，一年四季可见，以夏、秋最普遍，寄生于各种淡水鱼鳃和皮肤上，主要危害 3cm 以下的幼鱼。大量寄生能导致鱼种死亡，但大批死亡并不多见。

【防治方法】同车轮虫。

车轮虫病

已报道的车轮虫有 200 余种，寄生于我国淡水鱼类有 20 余种［图 4 - 29（a）、图 4 - 29（b）］。寄生于海水鱼类有 70 余种，它们广泛寄生于各种鱼类，能引起车轮虫病的车轮虫有 10 多种。常见的车轮虫有显著车轮虫、粗棘杜氏车轮虫、中华杜氏车轮虫、卵形车轮虫、微小车轮虫及眉溪车轮虫等。

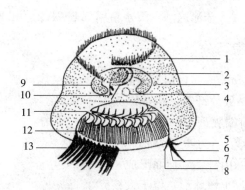

图 4 - 29（a）　车轮虫的主要结构
1. 口沟　2. 胞口　3. 小核　4. 伸缩胞
5. 上缘纤毛　6. 后纤毛带　7. 下缘纤毛　8. 缘膜
9. 大核　10. 胞咽　11. 齿环　12. 辐射线　13. 后纤毛带

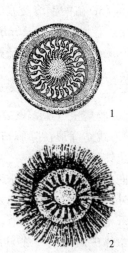

图 4 - 29（b）　车轮虫与小车轮虫
1. 车轮虫　2. 小车轮虫

【病原】显著车轮虫（*T. nobilis*）、粗棘杜氏车轮虫（*T. domerguei*）、东方车轮虫（*T. orientalis*）、卵形车轮虫（*T. ovaliformis*）、微小车轮虫（*T. minuta*）、球形车轮虫（*T. bulbosa*），属壶形科，车轮虫属。车轮虫运动时如车轮一样转动。虫体一面隆起，一面凹入，侧面观如毡帽状，反面观圆碟形，隆起的一面为前面，或称口面，凹入的一面为后面，或称反面。口面上有向左或反时针方向旋绕的口沟，与胞口相连。小车轮虫口沟绕体 180°～270°，车轮虫口沟绕体 330°～450°，口沟两侧各着生一列纤毛，形成口带，直达前庭腔。胞口下接胞咽，伸缩胞在胞咽一侧。反口面有一列整齐的纤毛组成的后纤毛带，其上下各有一列较短的纤毛，称上缘纤毛和下缘纤毛。有的种类在下缘纤毛之后，还有一细致的透明膜，称为缘膜。反口面最显著的结构是齿环和辐射线。齿环由齿体构成，齿体由齿沟、锥部、齿棘 3 部分组成。齿体数目、形状和各个齿体上载有的辐射线数，因种而异。小车轮虫无齿棘。虫体大核 1 个，马蹄形或香肠形。长形小核 1 个，位于大核的一端。虫体大小 20～40μm。

车轮虫的繁殖方式为纵二分裂和接合生殖。车轮虫主要是与寄主接触传播，离开鱼体的车轮虫能在水中自由生活 1～2d，不需中间宿主。

【症状】车轮虫寄生于鱼类的体表或鳃，还可在鼻腔、膀胱、输尿管出现。侵袭体表的车轮虫一般较大，寄生于鳃上的车轮虫一般较小。鱼苗、鱼种放养密度大或池小、水浅、水质不良、营养不足，或连绵阴雨天，均易引起车轮虫病的暴发。被感染的鱼分泌大量的黏液，成群沿池边狂游，不摄食，鱼体消瘦，俗称"跑马病"。病鱼体表有时出现一层白翳。

【流行情况】全国各地均有发现。危害海、淡水鱼类的鱼苗、鱼种。尤以乌仔和夏花阶段死亡率高。流行于4～7月，适宜水温20～28℃，以直接接触而传播。

【诊断方法】从鳃或体表处取样镜检发现虫体方可确诊。

【防治方法】

（1）用生石灰彻底清塘，合理施肥，掌握鱼苗、鱼种合理放养密度。

（2）用8g/m³硫酸铜溶液浸洗20～30min，进行鱼体消毒。

（3）用2%盐水浸洗2～10min（海水鱼用淡水浸洗2～10min）。

（4）用0.7g/m³硫酸铜和硫酸亚铁合剂（5∶2）全池遍洒（海水鱼用0.8～1.2g/m³）。

◉ 肠袋虫病

【病原】鲩肠袋虫（*Balantidium ctenopharyngodoni*），属肠袋虫科，肠袋虫属（图4-30）。虫体卵形或纺锤形，除胞口外，体被均匀一致的纤毛，构成纵列的纤毛线。虫体长38～78μm，宽21～46μm。前端腹面有一近似椭圆形的胞口，向内呈漏斗状，渐渐深入到胞咽，形成1个小袋状结构。末端有1个与外界相通的小孔，称为胞肛。胞口左缘由纤毛延伸而形成一列粗而长的纤毛。肾形大核1个，位于虫体中部，小核球形，位于大核凹陷一侧。虫体中后部有3个伸缩泡，胞内有许多大小不一的食物颗粒。繁殖方式是横二分裂法或接合生殖，繁殖一段时间后可形成胞囊，胞囊圆形或椭圆形，在环境不利的情况下，也可形成胞囊，胞囊随粪便排出，污染池水或食物而传播。肠袋虫生活史包括滋养体和胞囊两个时期。

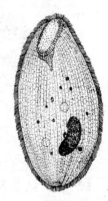

图4-30　鲩肠袋虫

【症状】鲩肠袋虫寄生于各龄草鱼后肠，尤其距肛门6～10cm的直肠，中后肠也有寄生，前肠则无，以2龄以上草鱼较普遍。虫体聚居在肠黏膜间隙，不侵入黏膜组织，以宿主食物残渣为营养，对组织没有明显的破坏作用，如单纯感染，即使感染率很高，对寄主危害也不大。但当宿主感染细菌性肠炎时，又大量寄生，则能促使病情加重。

【流行情况】全国各地均有流行，一年四季可见，尤以夏、秋两季为普遍，通过胞囊专门感染草鱼，不同年龄的草鱼均可被感染。

【诊断方法】取肠黏液镜检发现虫体方可确诊。

【防治方法】彻底清塘，杀灭胞囊，减少感染。

◉ 半眉虫病

【病原】巨口半眉虫（*H. macrostoma*）、圆形半眉虫（*H. disciformis*），属侧口目，叶饺科，半眉虫属（图4-31）。巨口半眉虫的背面观像梭子，侧面观像饺子，左侧面有一条裂缝状的口沟。大核2个，均为梨形，大小大致相等，位于虫体中后部，2个大核之间有1个小核，具8～15个伸缩泡，分布于虫体两侧，虫体内布满大小食物颗粒，虫体腹面裸露无纤毛，背面生长着一缕纤毛，虫体长38.5～73.9μm，宽27.7～38.5μm；圆形半眉虫卵形或圆形，虫体背面纤毛长短一律，以背面近右侧中点为中心，有规则地做同一圆状排列，虫体腹面裸露而无纤毛，虫体前端有一束弯向身体左侧的锥状纤毛束，2 个大核位于虫体后部，形状和大小大致相等，呈椭圆形，小核球形，位于 2 个大核之间或附近，伸缩泡 10～14 个，不规则分布，有少许食物颗粒，经固定和染色的虫体标本，体长 32.3～46.2μm，体宽26.2～40.0μm。

半眉虫通常以胞囊形式寄生，胞囊是由寄生虫本身分泌的黏液将虫体包围起来，外形如一粒枇杷，一端黏附于鳃上皮或表皮组织上，虫体蜷缩在膜内，不断活泼转动。虫体离开寄主后，能在水中自由游动，运动方式做纵行或同心圆旋转运动，以此感染鱼体。半眉虫以横二分裂繁殖。

【症状】半眉虫以胞囊的形式寄生于鱼鳃、皮肤。寄生数量多时，可使组织损伤。

【流行】半眉虫对宿主无严格选择性，广泛寄生于多种经济鱼类，各种年龄的鱼均可寄生，全国均有发现。以寄生于鲢、鳙、草鱼、青鱼、鲤、鲫等鱼种较普遍。

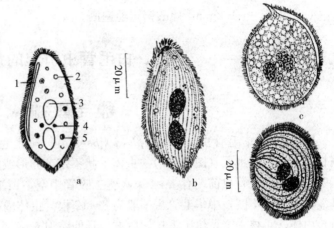

图 4-31　两种半眉虫

a、b. 巨口半眉虫　c. 圆形半眉虫

1. 口沟　2. 伸缩泡　3. 大核　4. 小核　5. 食物粒

【诊断方法】从胞囊处取样镜检发现虫体方可确诊。

【防治方法】

(1) 彻底清塘，掌握合理的放养密度。

(2) 用 8g/m^3 硫酸铜溶液浸洗鱼体 30min；2% 食盐水浸洗 20min。

(3) 用 0.7g/m^3 硫酸铜和硫酸亚铁合剂（5：2）全池遍洒。

海马丽克虫病

【病原】海马丽克虫（*Licnophora hippocampi*），属丽克虫科，丽克虫属（图 4-32）。虫体盘状，体长 50～87μm，宽 16～31μm。从下至上大致可分为 3 个部分：基盘、颈状部和口盘。基盘呈倒圆盘状，起吸附作用，盘口具 1 圈纤毛，口周围有 1～2 圈波状皱褶；颈状部窄而短，原纤维系统形成 2 条主干，粗的 1 条上连口盘周围的基板，下伸入基盘内，细小的 1 条上连口盘内的许多支持纤维，下伸入基盘内，并向一边弯曲；口盘背腹扁平，下与颈状部相连，并垂直于基盘。胞口位于口盘下腹部，口缘纤毛带从胞口处以反时针方向围绕口盘边缘一圈。虫体内大核排成念珠状，7～9 粒。小核 1 个。

【症状】主要附着于海马鳃丝上，密集于鳃丝表面，感染率高。当数量多时，影响宿主呼吸，导致窒息死亡。

【流行情况】目前仅发现于人工养殖的海马，流行季节为 6～

图 4-32　海马丽克虫

9月，山东日照、江苏连云港曾发生过。

【诊断方法】海马鳃丝处取样镜检发现虫体方可确诊。

【防治方法】

（1）用淡水浸洗3～5min，虫体可被彻底杀灭（海马能忍耐15min以上）。

（2）用1.0～1.2g/m³硫酸铜全池遍洒。

五、由毛管虫引起的疾病

⚫ 毛管虫病

【病原】中华毛管虫（*Trichophya sinensis*）、湖北毛管虫（*Trichophrya hupehensis*），属枝管科，毛管虫属（图4-33）。虫体形状不定，卵形或圆形。中华毛管虫前端有1束放射状吸管，湖北毛管虫前端有1～4束吸管。吸管中空，顶端膨大成球棒状，吸管的数目因个体差异而有所不同，中华毛管虫一般为8～12根。虫体内具大核1个，呈棒状或香肠状，内有核内体。小核1个，位于大核侧后方。具伸缩泡3～5个。

毛管虫行内出芽生殖。首先在母体前部细胞质形成半弧形的裂缝，以后裂缝逐渐发展成一圆形，包围着一团细胞质，形成2～3行纤毛，称为胚芽。胚核发育时，小核进行有丝分裂。在胚芽形成过程中，大小核同时进行分裂，在大核的一边出现瘤状突起，核质则随之流向还在发育的胚芽。以后子核则完全分离，最后胚芽与母体脱离，成为自由活动的纤毛虫。其活动方式与车轮虫相似。纤毛虫正面观圆形，直径20～30μm，侧面观碟形或毡帽形，周围长着2～3行纤毛，大小核各1个，并具有伸缩泡。纤毛

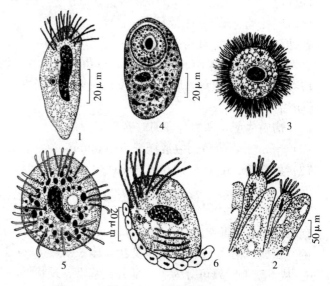

图4-33　两种毛管虫
1. 中华毛管虫成虫　2. 寄生状态　3. 幼体
4. 发育完成的胚体　5、6. 湖北毛管虫

幼虫与宿主接触，在适当的部位寄生，营固定生活。成虫期纤毛消失，长出吸管。毛管虫有时营接合生殖。

【症状】虫体寄生在鳃小片上，破坏鱼的鳃上皮细胞，妨碍宿主的呼吸，使鱼呼吸困难，浮在水面。病鱼体弱、消瘦，严重感染可引起死亡。

【流行情况】寄生于各种淡水鱼类的鳃和皮肤，主要危害鱼苗、鱼种。全国各地均有发现，以长江流域较为流行。6～10月是其流行季节。传播靠纤毛幼虫直接接触。

【防治方法】用生石灰彻底清塘，杀灭病原体。

自测训练

一、填空

1. 常见的寄生于鱼类的原生动物有 _____、_____、_____、_____、_____ 5类。

2. 鞭毛虫以_____作为行动胞器。肉足虫以_____为行动胞器。

3. 艾美耳球虫的生活史包括_____和_____。

4. 饼形碘泡虫病主要危害_____，寄生_____时，出现鱼体弯曲现象。

5. 两极虫、四极虫常寄生于鱼类的_____内。

6. 鲢碘泡虫主要寄生虫在鲢的_____和_____。

7. 病鱼呈现"白头白嘴"现象的主要原因是_____和_____。

8. 鲢碘泡虫病的症状是_____，_____，_____。

二、选择

1. 漂游鱼波豆虫主要危害（　　　）。
   A. 亲鱼　　　　　B. 成鱼　　　　　C. 苗种　　　　　D. 鱼卵

2. 车轮虫与小车轮虫主要形态结构区别是有无（　　　）。
   A. 齿棘　　　　　B. 齿沟　　　　　C. 齿锥　　　　　D. 齿体

3. 鲮单极虫主要危害（　　　）。
   A. 鲮　　　　　　B. 泥鳅　　　　　C. 鲤　　　　　　D. 草鱼

4. 肤孢虫体内有（　　　）个极囊。
   A. 0　　　　　　B. 1　　　　　　C. 2　　　　　　D. 4

5. 海水小瓜虫病的病原体是（　　　）。
   A. 多子小瓜虫　B. 嗜酸卵甲藻　C. 刺激隐核虫　D. 眼点淀粉卵甲藻

6. 饼形碘泡虫主要危害（　　　）。
   A. 草鱼　　　　　B. 鲤　　　　　　C. 鲢　　　　　　D. 鲮

三、简答

肉眼如何诊断小瓜虫病、嗜酸卵甲藻病与孢子虫病？

任务五　单殖吸虫病

任务内容

1. 掌握单殖吸虫鱼病预防措施和方法。
2. 掌握单殖吸虫鱼病发病机理。

学习条件

1. 多媒体课件、教材。
2. 组织切片、显微镜、无菌操作台。

3. 病鱼标本。

相关知识

单殖吸虫目前已报道的有数千种之多，绝大部分是外寄生虫。最典型的寄生部位是鱼类的鳃，其主要宿主是鱼类，通常以后固着器上的钩插入寄生部位，或破坏组织结构，或吮吸寄主营养，刺激宿主分泌大量黏液，引起细菌等病原微生物的入侵，造成组织发炎，病变。海、淡水养殖鱼均不同程度受到其危害。

1. 外部形态 单殖吸虫个体较小，体长为 0.15～20.00mm，个别达到 3cm，淡水种类通常在 0.5cm 以下。因种类不同，个体形状不一，呈指状、尖叶状、椭圆、圆形或圆柱形。体表通常无棘，但有时有乳状突起或皱褶。固着器分前固着器和后固着器，一般以后固着器作为主要固着器官，且是分类上的主要依据之一。

2. 内部结构 皮层由表面的合胞层和埋于肌下的细胞本体或围核体组成。神经系统简单，围食道神经环位于咽的两侧。感觉器官为眼点，但有些种类没有眼点。身体两侧有两条大而明显的排泄总管。消化系统包括口、咽、食道和肠。肠有单管、两支和多分支等多种。肠支末端有的为盲支，有的末端相连成环，或相连后再做单支向后延伸，呈 Y 形。肠支可向一侧或两侧同时派生出侧支，分枝多时形成网状。单殖吸虫雌雄同体。卵巢通常单个，精巢 1 个或数个，通常位于卵巢之后，肠支之间。生殖肠管是单殖吸虫的特有结构。卵的两极或一极有极丝，极丝有时很发达，便于飘浮和传播。

3. 生活史 单殖吸虫一般为卵生，少数胎生。生活史中不需更换中间宿主。受精卵自虫体排出后，飘浮于水面或附着在宿主鳃、皮肤及其他物体上，发育成幼虫自囊内越出，进入水体。幼虫体被 4～5 簇纤毛，前端具眼点 2 对，中部有咽及肠囊，后端有盘状结构。经一段时间发育，后固着器上开始出现几丁质结构，后固着器先于生殖器发育完成。幼虫具有趋光性，做直线运动，对宿主有特异选择，遇到合适的宿主就附着寄生。虫体附着之后，脱去纤毛，各系统相继发育而成。寄生于鳃上，以血液或黏液为食，寄生于皮肤则以表皮为食。如果在一定时间内，幼虫遇不到宿主，就会自行死亡。

指环虫病

【病原】指环虫属的种类，常见的有鳃片指环虫（*Dactylogyrus lamellatus*）、鳙指环虫（*Dactylogyrus aristichthys*）、小鞘指环虫（*Dactylogyrus vaginulatus*）、坏鳃指环虫（*Dactylogyrus vastator*），属指环虫科，指环虫属（图 4 - 34）。鳃片指环虫寄生于草鱼鳃、皮肤和鳍。虫体扁平，长 0.192～0.529mm，宽 0.07～0.36mm。眼点及头器各 2 对，肠支在虫体末端相连成环。中央大钩具有 2 对三角形的附加片，边缘小钩发育良好。联结片长片状，辅助片 T 形。鳙指环虫寄生于鳙鳃上，边缘小钩 7 对，中央大钩基部较宽，内外突明显。联结片略呈倒"山"字形，辅助片稍似菱角形，左、右两部分较细长。交接管为弧形尖管，基部呈半圆形膨大。支持器端部贝壳状，基部三角形。小鞘指环虫寄生于鲢鳃上，虫体较小，长 0.98～1.40mm，宽 0.233～0.344mm。中央钩粗，联结片矩形，辅助片 Y 形，支持器棒状，交接器从鞘筒中穿入。坏鳃指环虫寄生于鲤、鲫、金鱼的鳃丝上。联结片"一"字形。交接管斜管状，基部稍膨大，且带有较长的基座，支持器末端分叉，其中一叉横向钩住交接管。指环虫卵呈卵圆形，个体大，数量少，一端具柄状极丝，柄末端膨大成小球状，在温暖季节不断产卵孵化。卵的发育与水温有密切关系，产卵速度和孵化速度随水温升高而加快，22～28℃是其适宜水温，水温3℃时不发育。指环虫幼虫具纤毛5簇，4个眼点和小钩。从卵发育到成熟后第一次产卵，在水温24～25℃条件下，约需9d时间。

【症状】大量寄生时，病鱼鳃盖张开，难以闭合，鳃丝黏液增多，全鳃及部分鳃苍白、浮肿、贫血，呼吸困难，游动缓慢终至死亡。小鞘指环虫可造成宿主缺氧，鱼体消瘦，眼球凹陷，鳃局部充血、溃烂。鳃瓣和鳃耙表面因虫体密集而可见白色斑点。

【流行情况】指环虫病是一种多发常见病，靠虫卵及幼虫传播，主要危害鲢、鳙及草鱼。流行于春末夏初，全国各养殖区均有发现，严重感染，可使鱼苗大批死亡。

【诊断方法】确诊鱼类是否患指环虫病时，应考虑寄生虫的数量，当每片鳃上有50个以上虫体，或低倍镜下每个视野有5～10个虫体时，就可确诊为指环虫病。

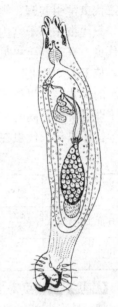

图4-34 鳃片指环虫

【防治方法】

(1) 用生石灰带水清塘，杀灭病原体。

(2) 用20g/m³高锰酸钾溶液浸洗鱼种15～30min（水温10～20℃）。

(3) 用1～2g/m³的2.5%粉剂敌百虫或0.3g/m³的90%晶体敌百虫全池遍洒。

(4) 用0.10～0.24g/m³的90%晶体敌百虫与碳酸氢钠合剂（1:0.6）全池遍洒。

三代虫病

【病原】三代虫属的种类。常见的有鲢三代虫（G. hypophthalmichthysi）、鲩三代虫（G. ctenopharyngodonis）、秀丽三代虫（G. elegans），属三代虫科，三代虫属（图4-35）。鲢三代虫寄生于鲢、鳙的鳃、皮肤、鳍及口腔，体长0.315～0.510mm，宽0.007～0.136mm。无眼点，头器1对，后固着器具8对边缘小钩，排列成伞状。中央大钩1对，联结片2片。口位于虫体前端腹面，管状或漏斗状。咽由16个大细胞组成，呈葫芦状。食道短。肠支简单，伸向体后部前端。精巢位于虫体后中部。卵巢单个，新月形，位于精巢之后。交配囊呈卵圆形，由1根大而弯曲的大刺和8根刺组成。鲩三代虫寄生于鲩皮肤和鳃，个体较大，体长0.328～0.570mm，宽0.094～0.150mm。秀

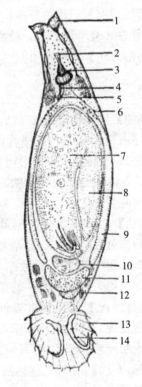

图4-35 三代虫

1.头腺 2.口 3.咽 4.食道 5.交配囊
6.卵黄腺 7.孙代胚胎 8.子代胚胎
9.肠 10.卵 11.卵巢 12.精巢
13.边缘小钩 14.中央钩

丽三代虫常引起鲤、鲫和金鱼的三代虫病。

三代虫中部子宫内具胚体，胚体内有"胎儿"，在子代胚胎中孕育着第二代胚胎，故称三代虫。有时甚至可见连续四代在一起，即当子代胚胎发育到后期，卵巢内又产生 1 个幼胚，位于大"胎儿"的后方，当大胎儿脱离母体后，该胚体就取代已产出的胎儿位置，发育为新的胎儿。从母体出来的胎儿已具有成虫的特征，不需中间宿主，在水中漂游，遇到合适宿主即可寄生。同时具有繁殖下一代的能力。

指环虫与三代虫在形态结构、寄生部位和生活史的区别见表 4-1。

表 4-1　指环虫与三代虫的区别

	头器	眼点	咽	肠	后固着盘	中央钩	边缘小钩	寄生部位	生活史
指环虫	2 对	2 对（方形）	圆球	环状	圆盘	1 对（分背腹叶）	7 对（发育良好）	鳃	卵生
三代虫	1 对	无	葫芦	双分支	伞状	1 对（无背腹叶分）	8 对（特有形状）	体表	胎生

【症状】三代虫寄生于鱼类皮肤、鳃、鳍及口腔。大量寄生时，病鱼体表出现一层灰白色黏液，体色暗淡无光泽，鱼体瘦弱，食欲减退，呼吸困难，运动失常。低倍镜下镜检，每个视野有 5～10 个虫体，就能引起鱼类死亡。

【流行情况】三代虫分布广泛，全国各地均有发现，尤以长江流域和两广地区流行，鱼苗、鱼种春、夏季易感染，特别对草鱼危害更大，可造成大批死亡。

【防治方法】同指环虫。

伪指环虫病

【病原】鳗鲡伪指环虫（P. anguillae）、短钩伪指环虫（P. bini），属锚首科，伪指环虫属（图 4-36）。个体较大，肉眼可见。具 1 个前列腺贮囊，7 对胚钩型边缘小钩，1 对中央大钩。中央大钩内突发达，后固着器无任何针状结构。

【症状】虫体寄生于鳗鲡鳃弓弯曲部的鳃上，导致该处结构破坏，黏液增多。中央钩深扎于鳃丝，触及软骨。导致组织增生和出血。病鱼体色发黑，活动失常，幼苗死亡率高。

【流行情况】此病为世界性鳗类病，世界各地均有发现。我国流行于沿海养鳗地区，目前又成为欧洲鳗养殖中的一种严重疾病。

【防治方法】用 90% 晶体敌百虫全池遍洒，使池水浓度为 0.3～0.5g/m³（敌百虫对病鱼食欲有不良影响，使用时要注意）。

似鲇盘虫病

【病原】破坏似鲇盘虫（S. asoti）、简鞘似

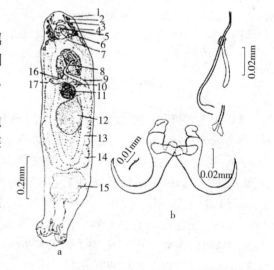

图 4-36　短钩伪指环虫

a. 整体　b. 后吸器与交接器

1. 头器　2. 头腺　3. 神经节　4. 眼点　5. 口咽
6、7. 食道　8. 交配囊　9. 输卵管　10. 贮精囊
11. 卵巢　12. 精巢　13. 肠　14. 卵黄腺
15. 前列腺囊　16. 受精囊　17. 阴道孔

鲇盘虫（*S. infundibulovagina*）、中刺似鲇盘虫（*S. mediacanthus*）、多形似鲇盘虫（*S. mutabilis*）等，属锚首虫科，似鲇盘虫属（图4-37）。头器及眼点各2对，中央大钩2对，背中央大钩长于腹中央大钩，并有1长片状的联结片及1对附加片。精巢单个，圆形输精管环绕肠支，具发达的贮精囊，并有前列腺贮囊。阴道单个。

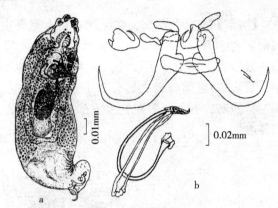

图4-37 破坏似鲇盘虫
a. 整体 b. 后吸器与交接器

【症状】寄生于鲇科鱼类鳃上，主要危害苗种。大量寄生的病鱼鳃丝肿胀发白，黏液增多，因呼吸困难窒息死亡。

【流行情况】全国各地均有发现，四季流行。

【防治方法】用1～2g/m³的2.5%粉剂敌百虫或0.3g/m³的90%晶体敌百虫全池遍洒。

双身虫病

【病原】鲩华双身虫（*S. ctenopharyndoni*），属双身虫科，华双身虫属（图4-38）。成虫由两个虫体联合成X形，体不被棘。虫体明显地分为3个部分，前部光滑无皱裂，中部扩大成吸盘状，后端具有吸铗和中央钩。精巢多个，子宫开口于体前端与体后端交界处。卵具盖，有极丝。双身虫大的活体呈乳白色，稍大的虫体常因吸饱宿主血液呈棕黑色。口位于虫体前端腹面，呈漏斗状，两侧有1对小的口腔吸盘，下接食道。雌雄同体。幼虫孵出后全身被纤毛，具2个眼点，2个口吸盘，1个咽和1条囊状的肠。虫体后端具1对吸铗和1对锚钩。幼虫借纤毛在水中短时间漂游，遇到宿主就寄生于鳃上，然后脱去纤毛，眼点消失，身体变长，在腹面中间形成1个吸盘，在背面

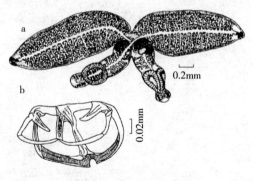

图4-38 鲩华双身虫
a. 整体 b. 吸器

中间形成1个背突起，此时若2个幼虫相遇，一个幼虫用生殖吸盘吸住另一个幼虫的背突起，随着虫体的发育，2个幼虫变成不可分割的1个成虫。

【症状】鲩华双身虫寄生于草鱼鳃上，虫体较大，常呈棕黑色，吸食鱼血，破坏鳃组织，分泌大量黏液，影响呼吸。

【流行情况】2～3龄草鱼鳃间隔中常见，但感染强度低。流行于江苏、浙江、湖北及两广地区，流行于温暖季节。

【防治方法】用浓度为2g/m³的2.5%粉剂敌百虫加浓度为0.2g/m³的硫酸亚铁全池遍洒，治疗效果良好。

本尼登虫病

【病原】本尼登虫属。常见的有蛳本尼登虫（*Benedenia seriolae*）（图 4-39）。虫体椭圆形，大小为（5.5～6.6）mm×（3.1～3.9）mm，前固着器为前端两侧的 2 个前吸盘，后固着器为身体后端的 1 个大的后吸盘，在后吸盘有边缘小钩 7 对，中央钩 3 对（前、中、后）。口在前吸盘之后，口下连咽，从咽后分出两条树枝状的肠道，伸至身体的后端。口的前方有 2 对眼点，呈方形排列。精巢 2 个，卵巢 1 个，位于精巢前部，卵黄腺布满体内。

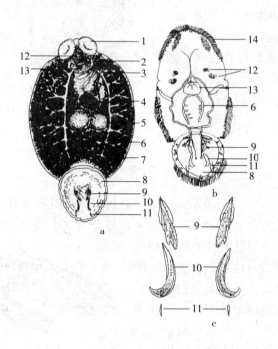

图 4-39　蛳本尼登虫

a. 成虫　b. 纤毛幼虫　c. 固着器的锚钩及其附属片

1. 前吸盘　2. 交配器　3. 阴道　4. 卵巢　5. 精巢　6. 肠

7. 卵黄腺　8. 固着器　9. 锚钩附属片　10. 前锚钩

11. 后锚钩　12. 眼点　13. 咽喉　14. 纤毛带

【症状】病鱼体表黏液增多，呈不安状。因狂游或不断地向网片或其他物体上摩擦身体出现伤口，引发继发性感染。严重者停食、贫血，最后衰竭而死。

【流行情况】该病对我国福建、浙江一带的养殖大黄鱼和蛳危害严重，经常引起大量死亡。流行季节 11 月至翌年 3 月。此外，真鲷、黑鲷和石斑鱼也较易感染。

【诊断方法】肉眼可见体表的虫体，取虫体镜检可确诊。

【防治方法】

（1）用淡水浸泡 15min，同时淡水中加入抗生素预防细菌性感染。

（2）用 500g/m³ 的福尔马林浸泡 4min，可有效清除体表病原。

（3）对于水体病原，迄今尚无良好清除方法。

片盘虫病

【病原体】病原体为片盘虫（*Lamellodiscus*）（图 4 - 40）。虫体扁平，前端有 3 对头器和头腺，2 对眼点。后固着盘的前部具背、腹 2 个鳞盘，鳞盘是由许多片状几丁质构造，成对做同心圆排列而成。后固着器具锚钩 2 对，联结棒 3 条。精巢 1 个，位于身体中部，较大。贮精囊由输精管的一部分膨大而成。卵巢在精巢之前，长形，围绕着肠支。生殖孔开口于肠分支后。

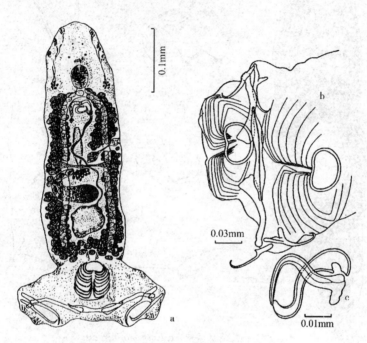

图 4 - 40　1957 年鲷片盘虫 *L. spari* Zhukov
a. 整体　b. 后吸器　c. 交接器

【症状及病理变化】片盘虫寄生于养殖的真鲷和黑鲷等鱼类的鳃丝上，鳃丝由于受到虫体的刺激和后固着器的损伤，分泌大量黏液，影响鱼的呼吸。大量寄生时，病鱼体色发黑，身体瘦弱，游动缓慢，呼吸困难而死。

【流行情况】片盘虫属至今已报道约有 15 种，全部寄生在海水鱼的鳃上，主要危害鲷科鱼类，我国真鲷上寄生的一种是优美片盘虫（*L. elegans*）。广东网箱养殖的石斑鱼也经常发现有片盘虫寄生。

【防治方法】

（1）经常清除池底污泥，放养密度要适宜。

（2）用晶体敌百虫（90%）全池泼洒，浓度为 0.3～0.5g/m³。

海盘虫病

【病原体】病原体为海盘虫（*Haliotrema*）。虫体长而扁平，前端有 3 对头器和头腺，2 对黑色眼点。肠在食道后分为两支，伸到虫体的后部，联结成环。后固着器具 2 对锚钩和 2 条联结棒，边缘小钩 7 对。精巢位于身体中部稍后的最宽处，输精管缠绕左肠支，前列腺贮囊 2 个。卵巢在精巢之前，具受精囊，卵黄腺随肠支伸展分布。生殖孔开口于虫体的右侧。常见种类有：黑鲷海盘虫（*H. kurodai*）（图 4 - 41）和石斑海盘虫（*H. epinepheli*）。

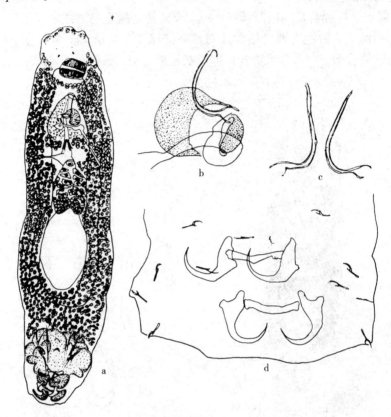

图 4 - 41　黑鲷海盘虫 *Haliotrema kurodai*
a. 虫体整体图，腹面观　b. 雄性生殖系统末端，背面观
c. 阴茎　d. 后固着器的钩子

【症状及病理变化】海盘虫寄生于海水硬骨鱼类的鳃上，大量寄生时，鳃丝黏液增多，颜色变淡，病鱼食欲减退，浮于水面，呼吸困难而死。

【流行情况】该病在我国主要危害养殖鱼类，如石斑鱼、真鲷、平鲷等，是一种常见病，危害较大，通常与瓣体虫病并发，死亡率为 5%～10%。

【防治方法】未见报道。

⊛ 自测训练

一、填空

1. 单殖吸虫一般为卵生，少数胎生。　　　　　　　　　　　　　　　　　（　　）

2. 单殖吸虫均为卵生。　　　　　　　　　　　　　　　　　　　　　　　（　　）

3. 单殖吸虫幼虫体被 4～5 簇纤毛，前端具眼点 2 对，中部有咽及肠囊，后端有盘状结构。

（　　）

4. 伪指环虫的结构与指环虫相似，但边缘小钩呈雏形。主要危害鳗，寄生于鳃上。

（　　）

5. 双身虫成虫由 2 个虫体联合成的，一个幼虫用生殖吸盘吸住另一个幼虫的背突起。

（　　）

6. 单殖吸虫生活简单，无需更换中间宿主。（　　）

二、简答

简述指环虫与三代虫的区别。

任务六　复殖吸虫病

任务内容

1. 掌握复殖吸虫鱼病预防措施和方法。
2. 复殖吸虫鱼病发病机理。

学习条件

1. 多媒体课件、教材。
2. 组织切片、显微镜、无菌操作台。
3. 病鱼标本。

相关知识

复殖吸虫属吸虫纲，复殖吸虫亚纲。全营寄生生活。复殖吸虫种类繁多，分布广泛，为鱼类常见寄生虫。绝大多数雌雄同体，极少数雌雄异体。生活史过程中需更换中间宿主。中间宿主有软体动物中的腹足类及瓣鳃类，有环节动物、水生昆虫和鱼类等。一些种类引起鱼类疾病，一些种类以鱼类为中间宿主，危害人类健康。

（一）外部形态

虫体扁平叶状，卵形、舌形或肾形等，两侧对称或不对称。小的虫体可在 0.5mm 以下，大的可达 10cm 以上。有的背部稍突出，有的体分前后两部分。体被小棘或光滑无棘。前端有头棘或围口刺等结构。一般前端有 1 个较小的口吸盘和 1 个较大的腹吸盘。但也有缺其中之一或全缺。通常以腹吸盘为界，将虫体分为前体和后体。

（二）内部结构

复殖吸虫无体腔，体壁由皮层与肌肉构成皮肤肌肉囊。消化系统由口、咽、食道和肠组成。口一般位于口吸盘中央。肠后端有的向排泄囊开口，有的另具肛门直接向外开口。排泄系统由焰细胞、排泄小管、排泄管、排泄囊和排泄孔组成。神经系统呈梯形结构，咽的两侧各有 1 个神经节。除裂体科和囊双科之外，其他都是雌雄同体。卵巢通常单个，球形或卵圆形，精巢 1 个或数个。复殖吸虫自体或异体受精。

（三）生活史

复殖吸虫生活史复杂，经卵、毛蚴、胞蚴、雷蚴、尾蚴、囊蚴和成虫7个发育阶段，仅毛蚴时期出现纤毛。生活史中需要更换中间宿主。

1. 卵　卵大多数为卵圆形，有盖或无盖。有的种类有很长的极丝或棘。因种类的不同，个体大小差异很大，大的0.4mm，小的0.25mm。有的卵在子宫中已形成胚胎，有的则在宿主吞食后才能孵化。卵有的在母体内发育成成熟的毛蚴，有的则只有卵细胞和卵黄细胞。

2. 毛蚴　毛蚴体被纤毛，前端有一锥状突起。体前部有眼点、神经和侧乳突，具口和肠囊及不发达的排泄系统。在水中活动的毛蚴遇到第一中间宿主，就利用前端突起钻入宿主体内。进入宿主体内后，纤毛、眼点、肠等都退化消失，形成胞蚴。

3. 胞蚴　圆球形或囊形，体表常有微绒毛，以渗透方式掠夺宿主营养。体内有焰细胞，具数目不等的胚团和胚细胞。胚团发育成子胞蚴或雷蚴。

4. 雷蚴　圆筒形，具咽、原肠、2条各自开口的排泄管。有的前端具带状结构，其后为产孔。雷蚴从胞蚴逸出后，进入螺的消化腺，经无性生殖，发育成许多尾蚴或子雷蚴，尾蚴从产孔产出或由母体破裂而逸出。

5. 尾蚴　通常分体部和尾部两部分。体部具体棘，1~2个吸盘、口、咽、食道、肠、排泄系统、神经和分泌腺。分泌物能溶解宿主组织而入侵宿主。有的尾蚴还具眼点。以鱼为第二中间宿主的种类，尾蚴主动侵入鱼体，在鱼体内形成囊蚴。

6. 囊蚴　一般具体棘、口吸盘、腹吸盘及排泄囊等。有消化道、神经节、分泌腺、排泄系统以及生殖系统。囊蚴随第二中间宿主或媒介物被终末宿主吞食，在宿主消化道中经消化液的作用，幼虫破囊而出，移至适当的部位，发育为成虫。

7. 成虫　生殖器官发育成熟，产卵，完成生活史。

复殖吸虫繁殖力极强，成虫期行有性生殖，产生大量的卵，幼虫期行无性生殖，每个胞蚴可产许多雷蚴，每个雷蚴又可以产生许多尾蚴。

血居吸虫病

【病原】龙江血居吸虫（*S. lungensis*）、鲂血居吸虫（*S. megalobramae*）、大血居吸虫（*S. magnus*）、有棘血居吸虫（*S. armata*）等，属血居科，血居吸虫属（图4-42、图4-43）。血居吸虫身体薄小，游动似蚂蟥状。侧缘具明显的缘痕或齿，前端有一个突出的鼻状物，口位于其前端。食道长，可形成一纺锤状隆起。精巢多个，排成两列，具阴茎囊，雄性生殖孔开口于背面中部。卵巢对称排列，蝴蝶状，居虫体后半部，子宫发育不良，1次仅含虫卵1个，开口于雄性孔之旁。卵具侧突，内含1个毛蚴。龙江血居吸虫寄生于鲢、鳙和鲫的鳃弓血管和动脉球中。鲂血居吸虫寄生于团头鲂。大血居吸虫寄生于青鱼、鲢、鳙、鲤。有棘血居吸虫寄生于青鱼、鲢、鳙、鲤的血液循环系统中。

生活史：无雷蚴、囊蚴阶段。卵在鱼鳃血管中孵化出毛蚴，钻出鳃落入水中。毛蚴椭圆形，具眼点，体表被纤毛4列，遇到椎实螺、扁卷螺等即钻入螺体内发育成胞蚴，并无性繁殖产生许多叉尾有鳍型尾蚴。每个胞蚴内含20多个尾蚴，尾蚴从胞蚴产出，离开螺体，在水中遇到鱼类，即从体表侵入，并转移到循环系统中发育成成虫。

【症状】症状有急性与慢性之分。血居吸虫寄生于血液中，当大量感染时，鳃血管因虫卵的聚集而堵塞，造成血管坏死和破裂。鱼苗发病时，鳃盖张开，鳃丝肿胀，病鱼表现为打转、急游或呆滞等现象，很快死亡，此为急性症状。若虫卵过多地累积在肝、肾、心脏等器官，使其受损，表现出慢性症状，病鱼腹部膨大，内部充满腹水，肛门出现水泡，全身红肿，有时有竖鳞、眼突出等症状，最后衰竭而死。

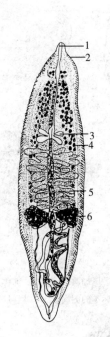

图4-42　龙江血居吸虫

1. 口　2. 棘　3. 肠　4. 卵黄腺

5. 精巢　6. 卵巢

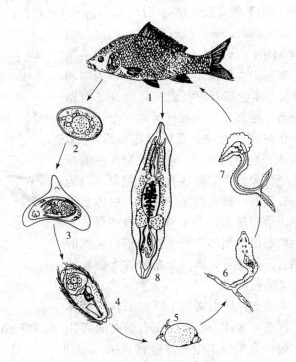

图4-43　有棘血居吸虫生活史

1. 感染的鲤　2. 未成熟的卵　3. 成熟的卵　4. 毛蚴

5. 椎实螺　6. 在椎实螺体内发育的幼虫尾蚴

7. 在水中游泳的尾蚴　8. 成虫

【流行情况】此病为世界性鱼病，可危害许多的海、淡水鱼类，引起急性死亡的主要是鱼苗、鱼种。我国流行于春、夏两季，主要危害鲢、鳙和团头鲂的鱼苗、鱼种。团头鲂的"鳃肿病"只出现在夏花至6cm左右的鱼种，1龄以上未见报道。血居吸虫对寄主具有严格的选择性。

【诊断方法】

（1）将病鱼的心脏或动脉球剪开，放入盛有生理盐水的培养皿仔细观察有无血居吸虫的成虫。

（2）镜检肾或鳃组织有无虫卵。同时了解鱼池中有无大量的中间寄主存在。

【防治方法】

（1）根据血居吸虫对寄主有严格的选择性可采取轮养的方法。

（2）用生石灰或茶饼带水清塘，杀灭椎实螺。

（3）用苦草扎成把，放入池中，诱捕椎实螺，第2天取出，置阳光中暴晒，连续数天，可清除大部分椎实螺。

（4）用 $0.7g/m^3$ 硫酸铜或 $0.5g/m^3$ 的90%晶体敌百虫全池遍洒。

（5）用90%晶体敌百虫拌饵料投喂鱼种，每千克饲料拌入晶体敌百虫10g投喂，连喂 5d。

双穴吸虫病（白内障病）

【病原】湖北双穴吸虫（*D. hupehensis*）、倪氏双穴吸虫（*D. neidashui*）及匙形双穴吸虫（*D. spathaceum*），属双穴科，双穴吸虫属（图 4-44、图 4-45）。尾蚴虫体分为体部和尾部。体前端为头器，其后为咽和 2 肠管，体中部有腹吸盘，其后有 2 对钻腺细胞；尾部分尾干和尾叉两部分，在水中静止时尾干弯曲。囊蚴虫体呈瓜子形，分前体和后体两部分，透明、扁平，前端有 1 个口吸盘，两侧各有 1 个侧器。口吸盘下方为咽，肠支伸至体后端。虫体后半部有 1 个腹吸盘，大小与口吸盘相仿，其下为椭圆形黏附器。排泄囊菱形，从囊的前端分出排泄管。体内分布着许多颗粒状和发亮的石灰体。

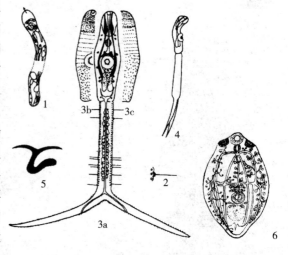

图 4-44　湖北双穴吸虫胞蚴及尾蚴
1. 胞蚴　2. 尾蚴的尾毛　3a. 尾蚴腹面观　3b. 前体腹面一半
3c. 前体背面一半　4. 固定标本的侧面观　5. 尾蚴　6. 囊蚴

生活史：成虫寄生于鸥鸟肠内，虫体随粪便进入水体，经 3 周左右的时间孵化出毛蚴。毛蚴在水中游泳，钻入第一中间宿主椎实螺体内，在其肝内或肠外壁发育成胞蚴。胞蚴包藏许多尾蚴和椭圆形胚团。成熟的尾蚴离开胞蚴移至螺的外套腔内，很快逸入水中，在水中呈规律性间歇运动，时浮时沉，集中于水层，当鱼类经过时，即迅速叮在鱼体上，脱去尾部，钻入鱼体。湖北尾蚴从肌肉钻入附近血管，逐渐移至心脏，上行至头部，再从视血管进入眼球。倪氏尾蚴从肌肉穿过脊髓，向头部移动入脑室，再沿视神经进入眼球。在水晶体内经 1 个月左右的时间发育成囊蚴，病鱼被鸥鸟吞食后，囊蚴进入鸟的肠内发育为成虫。

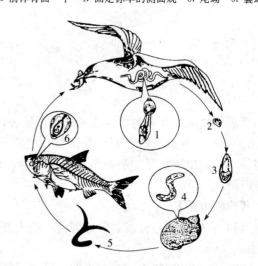

图 4-45　双穴吸虫生活史
1. 成虫　2. 虫卵　3. 毛蚴
4. 胞蚴　5. 尾蚴　6. 囊蚴

【症状】急性感染时，病鱼在水面做跳跃游泳，上下挣扎，继而运动失调，在水中翻腾或旋转，有时头朝下，尾朝上；有时平卧水面，急速游动。头部脑区出现明显的充血现象。病鱼从运动失调到死亡，仅数分钟到十几分钟，若病鱼出现弯体，则一般数天后死亡。慢性症状则无死亡现象，但眼球混浊，呈乳白色，严重感染的病鱼成瞎眼或水晶体脱落。充血，从血管侵入眼球，使视血管特别扩大，引起视血管的破坏，导致大量出血。病鱼出现弯体是由于倪氏尾蚴通过视神经移行至脑室过程中，对神经及脑组织造成的伤害所产生的后遗症，会使骨骼变形，肌肉收缩而导致外形上的改变。脑室及眼眶周围充血现象，是由于尾蚴在移动过程中所造成的机械损伤而形成的。尾蚴在脑血管内移行，引起脑室。

【流行情况】双穴吸虫病是一种危害较严重的疾病，造成鱼苗、鱼种大批死亡。草鱼、青鱼、鲢、鳙、鲤、鲫、赤眼鳟、鳊、团头鲂、鲴类、鲇、乌鳢、泥鳅、鳜等经济鱼类，均可被寄生，主要危害鲢、鳙。感染强度大，发病率高，死亡率高达60%以上。流行于春夏两季，8月之后，一般转为白内障症状。在东北、湖北、江苏、浙江、江西、福建、广东及四川等均有分布。

【诊断方法】根据症状和有无大量中间寄主存在等情况可做出初步诊断，确诊需镜检水晶体看是否有大量双穴吸虫存在。

【防治方法】

(1) 驱赶水鸟，不让其飞近鱼池。

(2) 用生石灰或茶饼彻底清塘。用水草诱捕螺蛳。

(3) 用 $0.7g/m^3$ 硫酸铜全池遍洒，第2天重复1次。或用 $0.7g/m^3$ 二氯化铜1次全池遍洒，杀灭中间宿主。

扁弯口吸虫病

【病原】扁弯口吸虫（*Clinostom complanatum*）的囊蚴，属弯口科，弯口吸虫属（图4-46、图4-47）。囊蚴体长 4～6mm，体宽 2mm 左右。前端具1口吸盘，下为肌质咽和肠支，无食道。肠两盲支伸向体后端，并向侧旁分出许多侧枝。腹吸盘位于体前端中部，大于口吸盘。精巢1对，上下排列，两精巢之间为雌性生殖腺。

生活史：成虫寄生于鹭科鸟类的咽喉，斯氏萝卜螺和土蜗为第一中间宿主，鱼类为第二中间宿主。虫卵随鸟粪排入水中，孵出毛蚴，钻入萝卜螺，在外套膜上发育为胞蚴，胞蚴发育为单一的母雷蚴。第二代子雷蚴在 7～9d 出现，3d 后开始怀有能运动的第三代子雷蚴，继而发育成尾蚴。尾蚴从螺体逸出遇到鱼类，从皮肤钻入肌肉，发育为囊蚴，经 3 个月才成熟。鹭鸟吞食带虫的鱼，囊蚴从囊中逸出，从食道迁回至咽喉，4d 后即可成熟排卵。

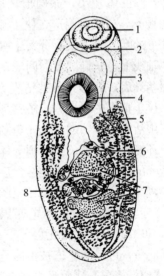

图 4-46 扁弯口吸虫
1. 口吸盘 2. 咽 3. 肠 4. 腹吸盘
5. 卵黄腺 6. 子宫 7. 精巢 8. 卵巢

【症状】囊蚴寄生于鱼类的肌肉，形成圆形囊体，橘黄色，直径 2.5mm 左右。寄生部位以头部为主，躯干以尾柄部密度最大，其次为腹鳍和臀鳍的浅层肌，体侧浅层肌上也有少量分布。

【流行情况】新疆、湖北、广东等地有分布，被感染的鱼类有草鱼、鲢、鳙、鲤、鲫等经济鱼类，主要危害鱼种，严重时可引起鱼种死亡。

【防治方法】同双穴吸虫。

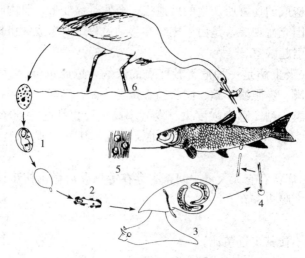

图 4 - 47　扁弯口吸虫生活史
1. 卵　2. 毛蚴　3. 在螺体内形成胞蚴、雷蚴　4. 尾蚴
5. 在鱼体上形成囊蚴　6. 在鸟体内发育为成虫

🌀 侧殖吸虫病

【病原】日本侧殖吸虫（*Orientotrema japonica*），属光睾科，侧殖吸虫属（图 4 - 48、图 4 - 49）。虫体较小，卵圆形，扁平，似一粒小芝麻。体长 0.616～0.678mm，宽 0.349～0.401mm。口吸盘圆形，位于亚前端，略小于腹吸盘，腹吸盘位于肠分叉下腹面。口下有椭圆形的咽。食道长，分叉于腹吸盘的前背面，肠末止于虫体近后端。精巢单个，位于体后端中轴线上，长椭圆形，两输精小管自前缘伸出，在进入阴茎囊前汇合成短小的输精管，进入阴茎囊后，即膨大成贮精囊。阴茎被小棘。生殖孔开口于体中线偏左。卵巢圆形或卵圆形，位于精巢的左后方。子宫环绕于肠分叉，与阴茎共同开口于生殖孔。排泄囊管状。

生活史：成熟的成虫在鱼肠道中排卵，随鱼的粪便落入水中，孵化出毛蚴，然后进入到铜锈环棱螺、田螺、纹沼螺等体内发育成雷蚴、尾蚴。尾蚴为无尾型，形似成虫。它们移行到螺蛳的触角上，为鱼类吞食后，在鱼肠中发育成熟，或又进入其他螺体中结囊成囊蚴，青鱼、鲤等吞食螺后，囊蚴在鱼肠中发育为成虫。

【症状】发病鱼苗体色变黑，游动无力，群集于鱼池下风处，闭口不食，俗称"闭口病"，可引起鱼种大量死亡。6～10cm 的鱼种发病，除可见鱼体消瘦外，外表无明显的症状。解剖病鱼，可见消化道被虫体充满堵塞，肠内无食物。

【流行情况】侧殖吸虫在全国各地均有发现，尤以长江中下游一带常见。流行于 5～6月，寄生于草鱼、青鱼、鲢、鳙、鲤、鲫等鱼类的肠道中，对鱼苗危害大，可引起大批死亡，但对鱼种及比鱼种大的鱼未发现致死现象。

【防治方法】用生石灰或茶饼彻底清塘消灭螺蛳。

🌀 华支睾吸虫病

【病原】华支睾吸虫（*Clonorchis sinenisis*）的囊蚴，属后睾科，支睾吸虫属（图 4 - 50）。成虫背腹扁平，灰白色或乳黄色，活体肉红色，半透明，长 10～25mm，宽 3～5mm，口吸盘位于前端部，腹吸盘位于前端1/3处，略小于口吸盘。精巢2个，前后排列，呈珊瑚状分枝。卵巢1个，位于精巢前方，边缘花瓣状分叶。受精囊茄状，较大。子宫盘曲于卵巢和腹吸盘之间。口在口吸盘内，下接咽及较短的食道。肠管2支，末端为盲肠。排泄囊略呈弯曲的长方形，排泄孔开口于虫体末端。囊蚴椭圆形，淡黄色，具两层囊壁。幼虫常呈弯曲侧卧状，充满囊内。口、腹吸盘清晰可见，排泄囊大而明显。

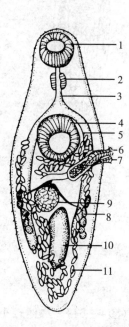

图4-48 日本侧殖吸虫
1.口吸盘 2.咽 3.食道 4.腹吸盘
5.肠 6.阴茎 7.子宫末端 8.卵黄腺
9.卵巢 10.精巢 11.卵

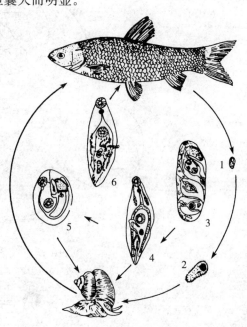

图4-49 日本侧殖吸虫生活史
1.卵 2.毛蚴 3.雷蚴
4.尾蚴 5.囊蚴 6.成虫

生活史：成虫自体或异体受精。虫卵黄褐色，具卵盖。卵随寄主粪便排出，被豆螺、沼螺、涵螺吞食后，在螺体内孵出毛蚴，经胞蚴、雷蚴两个阶段的发育，繁殖为千百个尾蚴，尾蚴自螺体逸出，在水中自由游动，遇鱼类钻入肌肉发育成囊蚴。病鱼被猫、犬等生吃，幼虫在十二指肠内破囊而出，称为童虫。童虫多数移至胆总管、肝胆管内寄生，少数进入胰管内，1个月后，童虫发育为成虫，开始排卵。

【症状】囊蚴寄生于鱼类的肌肉，少数寄生于皮肤、鳍及鳞片上，形成胞囊。被感染的鱼一般无明显的症状，但严重感染时，鱼体消瘦，外表能见到黑色的小圈，但不引起死亡。

【流行情况】华支睾吸虫的第二中间宿主主要是鲤科鱼类，尤以青鱼、草鱼等经济鱼类最易感染。人体也可被感染，成虫在人体内可存活30年之久，严重危害人体健康。此病病原广泛分布于亚洲的日本、朝鲜、越南、菲律宾、印度和我国。

【防治方法】

（1）彻底清塘消灭螺类。

（2）为加强人、畜粪便管理，禁止使用未经处理和发酵的粪便，禁止食用生或半生淡水鱼类。

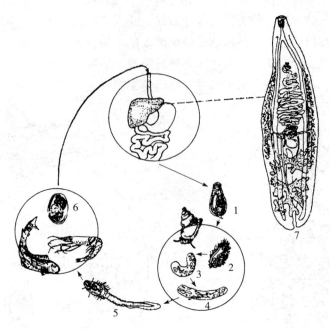

图 4 - 50　华支睾吸虫生活史
1. 卵　2. 毛蚴　3. 胞蚴　4. 雷蚴　5. 尾蚴　6. 囊蚴　7. 成虫

异形吸虫病

【病原体】病原体为异形吸虫（*Heterophyes*）的囊蚴（图 4 - 51）。虫体较小，长度一般为 1～2mm，个别虫体可达到 3mm，体表有鳞棘。具有生殖吸盘，无阴茎囊。有精巢 2 个，平列或斜列于虫体后端。卵巢 1 个，位于精巢之前。子宫通常盘曲在腹吸盘和卵巢之间。卵黄腺在虫体后端的两侧。

生活史：其成虫寄生在食鱼鸟类和哺育类的消化道内，虫卵随终寄主的粪便排出，落入水中卵已含有发育成的毛蚴，当含胚卵被锥形小塔螺等腹足类吞食，毛蚴即从卵壳中出来，在螺的体内发育成胞蚴，并经 2 代雷蚴后形成尾蚴。尾蚴离开螺体侵入鲻科鱼类的肌肉中并发育成囊蚴。当吃鱼的鸟类或猫、犬等吃了带有囊蚴的鱼时，便在其消化道内发育为成虫。人吃了这种鱼的生鱼片或未经煮熟的鱼，也会被感染。

【症状及病理变化】病鱼身体消瘦，肌肉或皮肤上有许多的黑色小结节，这是由于异形吸虫的囊蚴寄生刺激局部黑色素细胞增生所致。寄生数量多时，可引起鱼体变形，白细胞增多，纤维变性和充血、出血、组织坏死等症状。严重时可引起大批死亡，甚至全池毁灭。

【流行情况】我国一些养殖鲻、梭鱼类的地区均有发生，在日本、印度、菲律宾、地中海沿岸国家以及美国大西洋海岸、墨西哥湾也较为常见。尤其是地中海中部水域，鲻类成了异形吸虫囊蚴的主要寄主，鲻的感染率可高达 100%。

【防治方法】

(1) 消灭螺类，切断其生活史（参照双穴吸虫病）。

(2) 驱赶水鸟，控制猫或犬等终寄主。

(3) 改变饮食习惯，不食生的或未经煮熟的鱼。

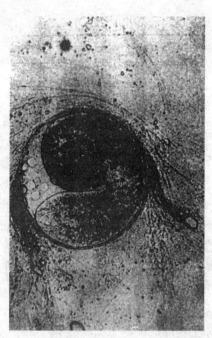

图 4-51 鲻肌肉中的异形吸虫囊蚴（100 倍）

（活体标本）（*H. heterophyes*）

自测训练

一、判断

1. 单、复殖吸虫生活复杂，需更换中间宿主。 （　　）

2. 复殖吸虫均有 1 个口吸盘和 1 个腹吸盘。 （　　）

3. 目前复殖吸虫病主要是采取切断其生活史中的某一环节达到预防目的。 （　　）

4. 血居吸虫有口、腹吸盘。 （　　）

5. 血居吸虫生活史无囊蚴阶段，第一中间寄主为螺，终寄主为鱼类。 （　　）

6. 双空吸虫生活史无雷蚴阶段。主要危害鲢、鳙苗种。 （　　）

二、简答

1. 简述血居吸虫病的症状。

2. 简述双穴吸虫病的症状及预防方法。

任务七　绦 虫 病

任务内容

1. 掌握绦虫性鱼病预防措施和方法。

2. 掌握绦虫性鱼病发病机理。

1. 多媒体课件、教材。

2. 组织切片、显微镜、无菌操作台。

3. 病鱼标本。

相关知识

绦虫隶属于扁形动物门，绦虫纲，是鱼类常见的寄生虫，成虫寄生于脊椎动物消化道。绦虫无体腔，循环系统和呼吸系统退化，不具消化系统。虫体前端变成各种各样的附着器，单节或身体不分节或外观上不分节，每一节片具有1套生殖器官，少数两套，绝大部分都是雌雄同体，一般雄性生殖器官先成熟。

1. 外部形态　虫体通常背腹扁平，极少数圆筒形，由头节、颈部和节片构成，节片数目不等，前后相连成链状，长1～30m。头节位于虫体最前端，其附着器官大致可分为吸盘、吸槽及突盘3类。有的种类头节退化或发育不全。颈部细长，一般细于头节，且不分节，内有生发细胞，节片由此向后芽生，因此不断生出新的节片。

节片按生殖器官的成熟程度分为未成熟节片、成熟节片和充满卵粒的妊娠节片。一般近头节处的节片较年幼。节片数目很多。

2. 内部构造　绦虫体壁包括皮层和皮下层两层。神经系统位于体前端。排泄系统由焰细胞、细管和排泄总管组成。生殖系统发达，结构因种类不同而变化较大，大多数雌雄同体，一般每一节片内有1～2套生殖器官，可自体交配，也可异体交配。一般雄性部分先成熟，交配后雄性生殖器官萎缩，故末端节片只含充满卵的子宫。

3. 生活史　绦虫的发育需要经过变态和更换中间宿主，各类绦虫具有不同的发育类型。

许氏绦虫病

【病原】中华许氏绦虫（*K. sinensis*）、鲤许氏绦虫（*K. cyprini*）、日本许氏绦虫（*K. japonensis*），属纽带绦虫科，许氏绦虫属（图4-52）。虫体背腹扁平，不分节，体长约29mm，头部明显膨大，呈鸡冠状。颈细长。精巢数目众多，分布于头部至阴茎囊间的外髓部周围。无外贮精囊。阴茎囊开口于生殖腔，位于子宫阴道口前方。卵巢H形，位于髓部。卵黄腺分布于卵巢和颈部之间。子宫盘曲于阴茎囊和卵巢之间，并围有一层伴细胞。卵椭圆形，无盖，排泄管有10～12条，纵行于皮层内。

中间宿主是环节动物中的颤蚓，原尾蚴在颤蚓体腔内发育，体呈圆筒形，长1～5mm，前面有一吸附的沟槽，后端有一带钩的尾部。当鱼吞食颤蚓而感染，原尾蚴在鱼体内发育为成虫。

【症状】许氏绦虫寄生于鱼的肠道，当感染数量多时，鱼体日渐消瘦，食欲不振，生长

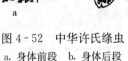

图4-52　中华许氏绦虫

a. 身体前段　b. 身体后段

停滞，严重时堵塞肠道，引起肠道发炎和鱼体贫血。

【流行情况】许氏绦虫分布广，东欧、亚洲及我国均流行，主要危害鲤、鲫，尤以 2 龄以上的鲤感染率较高，但未见大量寄生的报道。

【防治方法】

（1）彻底清塘，杀灭虫卵。

（2）国外用绵马根茎乙醚抽出物拌饲料投喂，每千克鱼用 4g 抽出物。但有不良反应，有些鱼有中毒症状。

（3）用加麻拉（Kamara）或棘蕨粉拌饲料投喂，有效果，且无不良反应。每千克鱼用量前者为 20g，后者（1 份根，3 份地下叶芽）为 32g。

鲤蠢病

【病原】短颈鲤蠢（*C. brachycollis*）、宽头鲤蠢（*C. laticeps*）、微小鲤蠢（*C. minutus*）、小鲤蠢（*C. parvaus*）。属鲤蠢科，鲤蠢属（图 4-53）。虫体带状不分节，头部宽，具皱褶。颈短，虫体乳白色。精巢位于髓部卵黄腺区，子宫之前。无外贮精囊，阴茎囊开口于身体后端子宫——阴道管前的髓部浅腔。卵巢呈 H 形，位于体后端附近的髓部。排泄干由具有网状结构的纵干组成。幼虫为原尾型，具有六钩蚴。原尾蚴在颤蚓体腔内发育，当鱼吞食感染有幼虫的颤蚓后而感，发育至成虫。

【症状】轻度感染无明显变化，严重感染时肠道堵塞，使鱼类贫血，肠道发炎，有时有死亡现象。

【流行情况】在我国很多地区有发现，主要寄生于鲫及 2 龄以上的鲤。一般 4～8 月流行。

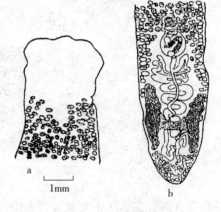

图 4-53　短颈鲤蠢
a. 虫体前段　b. 虫体后段

【诊断方法】肉眼可见肠壁上的绦虫。

【防治方法】同许氏绦虫病。

九江头槽绦虫病

【病原】九江头槽绦虫（*B. gowkongensis*），属头槽科，头槽绦虫属（图 4-54）。虫体扁平，带状，由许多节片组成，虫体长 20～230mm。头节略呈心脏形或梨形，具 1 明显的顶盘和 2 个较深的沟槽，每个节片内均有 1 套雌雄生殖器官。精巢球形，每节片内含 50～90 个不等，分布于节片的两侧。阴茎弯曲于阴茎囊内，阴茎及阴道共同开口于生殖腔内。生殖腔开口于节片中线。卵巢双叶翼状，横列在节片后端中央处。子宫弯曲成 S 形，开口于节片中央腹面，在生殖腔孔之前。卵黄腺比精巢小，散布于节片的两侧。梅氏腺位于卵巢的前侧。

生活史：经卵、钩球蚴、原尾蚴、裂头蚴及成虫 5 个阶段。卵在水中孵化出钩球蚴，钩球蚴圆形，后端有钩 3 对，外被纤毛。钩球蚴在水中可生活 2d。此段时间被广布剑水蚤或温剑水蚤吞食，穿过宿主消化道进入体腔，约经 5d 发育为原尾蚴。带有原尾蚴的剑水蚤被

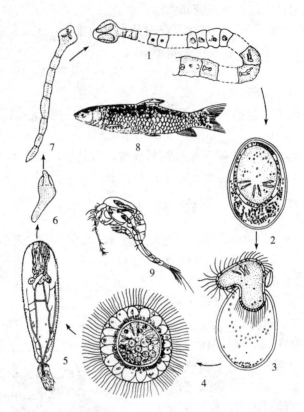

图 4-54　九江头槽绦虫生活
1. 成虫　2. 虫卵　3. 由虫卵内孵出的钩球蚴　4. 钩球蚴
5. 原尾蚴　6. 裂头蚴　7. 幼体　8. 终寄主　9. 中间寄主

草鱼吞食后，在鱼肠中发育为裂头蚴，夏天经 11d 后开始长出节片，发育为成虫，达性成熟开始产卵。

【症状】病鱼瘦弱，体表黑色素增加，离群独游，恶性贫血，口常张开，食量剧减，俗称"干口病"。严重的病鱼前腹部有膨胀感，触摸时感觉结实，剖开鱼腹，可见前肠形成胃囊状扩张及白色带状虫体。

【流行情况】主要是广东、广西的地区性鱼病，现在湖北、福建、贵州、东北及国外东欧也有发现。主要危害草鱼鱼种，青鱼、团头鲂、鲢、鳙、鲮也可感染，能引起草鱼鱼种大批死亡，死亡率可高达 90%。草鱼在 8cm 以下危害最严重，超过 10cm，感染率下降，2 龄以上只偶尔发现少数头节和不成熟的个体。

【诊断方法】肉眼可见肠壁上白色带状的绦虫。

【防治方法】

（1）用生石灰或漂白粉彻底清塘，毒杀虫卵和剑水蚤。

（2）病鱼池中用过的工具消毒后才能使用。死鱼应远离池塘掩埋。

（3）用 90% 晶体敌百虫 50g 与面粉 500g 混合成药饵，连投 3～6d。

（4）用南瓜子粉 250g 与 500g 米糠拌匀，连喂 3d，能毒杀绦虫。

（5）用 500g 南瓜子粉和 250g 槟榔磨成粉混合投喂。

（6）用使君子 2.5kg，葫芦金 5kg，捣烂煮成 5～10kg 汁液，将汁液拌入 7.5～9.0kg

米糠中，连喂 4d，其中第 2～4 天的药量减半，米糠量不变，可治疗鱼病。

舌状绦虫病

【病原】舌形绦虫（*Ligula* sp.）和双线绦虫（*Digramma* sp.）的裂头蚴，属裂头科，舌状绦虫属（图 4-55）。成虫白色，扁带状，肉质肥厚，俗称"面条虫"。舌状绦虫裂头蚴长度从数厘米到数米，白色带状，头节尖细，略呈三角形，身体无明显分节，背腹面各有一条凹陷的纵槽。在分节部位，每节有 1 套生殖器官。双线绦虫的裂头蚴前端尖，不分节但有类似节片的横纹，体长 60～264mm，在身体背腹面各有 2 条陷入的平行纵槽，约从前端 15mm 处出现，直至体后末端。腹面还有 1 条中线，介于 2 条平行线之间。未成熟的生殖器官各 2 套。

生活史：此类绦虫的终末宿主是鸟类，如秋沙鸭、鹅和鸥鸟等。虫卵随鸟粪排入水中，孵出钩球蚴，钩球蚴被剑水蚤吞食，在其体腔内发育成原尾蚴，鱼类吞食剑水蚤后，原尾蚴穿过肠壁，在体腔内发育成裂头蚴，鸟类吞食了含裂头蚴的鱼后，裂头蚴在鸟肠中发育为成虫。

【症状】病鱼腹部膨大，严重失去平衡，侧游上浮或腹部朝上。解剖时可见病鱼体腔中充满白色带状虫体。内脏因受挤压而变形，发育

图 4-55　患舌状绦虫病的鲫

受阻，鱼体消瘦，无生殖能力。有时裂头蚴从鱼腹部钻出，直接造成幼鱼死亡。

【流行情况】我国大部分地区均有分布，各种水体均发此病，但以大型水体严重。鲫、鲢、鳙、鲤、鳊、草鱼、青鱼及其他野杂鱼都受其危害，且感染率随宿主年龄增长而有所增加。一般在夏季流行。

【诊断方法】肉眼可见病鱼腹腔内充塞着白色带状的绦虫。

【防治方法】目前只以切断其生活史的方法预防。

裂头绦虫病

【病原体】病原体为阔节裂头绦虫（*Diphyllobothrium latum*）（图 4-56）。虫体带状，分节，为一大型绦虫。长 2～12m 或更长，有 4 000 多个节片。头节长圆形，背腹各有 1 条深的沟槽。头后为狭长的颈部，其后为体节。每节具有 1 套生殖器官，精巢圆形，数目很多，散布在节片背面的两侧。肌质的阴茎囊内含有阴茎，开口于节片中央的上方，雌雄生殖孔在其后方。卵巢成对称的两瓣，位于节片后 1/3 处的腹面。子宫卷曲，呈玫瑰花瓣状，开口于生殖孔后方不远的腹中线。卵黄腺小，圆球形，散布于节片的两侧精巢的腹面。

生活史：成虫寄生于哺乳动物的消化道内，卵随寄主的粪便排出，在 15～25℃ 的水中经 11～15d 后，发育为具纤毛的钩球蚴。钩球蚴在水中游动，被第一中间寄主剑水蚤吞食，在其体腔内发育为原尾蚴。带有原尾蚴的剑水蚤被第二中间寄主鱼类吞食，原尾蚴穿过肠壁到达鱼的结缔组织、肌肉、性腺及肝等内脏，发育为长形的裂头蚴。哺乳动物吞食带有裂头

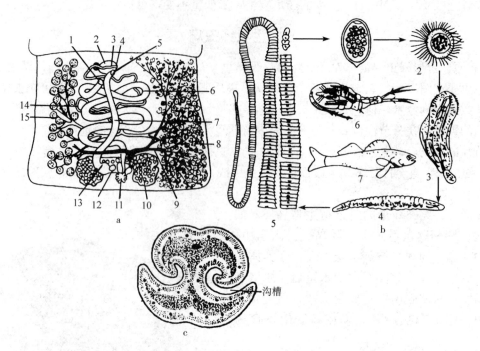

图 4-56　阔节裂头绦虫 *Diphyllobothrium latum* 的成熟节片及生活史
a. 成熟节片：1. 子宫孔　2. 阴茎囊　3. 阴茎　4. 雄性生殖孔　5. 雌性生殖孔
6. 子宫　7. 阴道　8. 卵黄腺　9. 卵黄管　10. 卵巢
11. 梅氏腺　12. 输卵管　13. 受精囊　14. 输精管　15. 睾丸
b. 生活史：1. 卵　2. 钩球蚴　3. 原尾蚴　4. 裂头蚴
5. 成虫　6. 第一中间宿主剑水蚤　7. 第二中间宿主淡水鱼
c. 头节切面，示沟槽

蚴的鱼而被感染，3～6 周发育为成虫。裂头蚴在鱼类中寄生有季节性：春天多在内脏，秋天则多在肌肉。幼虫在冰藏鱼肉内能保持感染性 40d 以上，在水里可活数小时至几天，在死鱼肉内仍可活一段时间。

【流行情况】该病主要对人类造成危害，流行于欧洲国家，如芬兰、法国、意大利、俄罗斯，日本也有发生，我国黑龙江、台湾有少数病例。这种病分布于亚寒带及温带。裂头蚴寄生于多种淡水鱼类，如狗鱼、江鳕和鲈等，也可寄生于雅罗鱼、八目鳗，以及青蛙和爬行类。

【防治方法】无有效防治方法，只能采用切断其生活史的方法进行预防。另外，要改善饮食习惯，不食生鱼及未煮熟的鱼，以减少对人的感染。

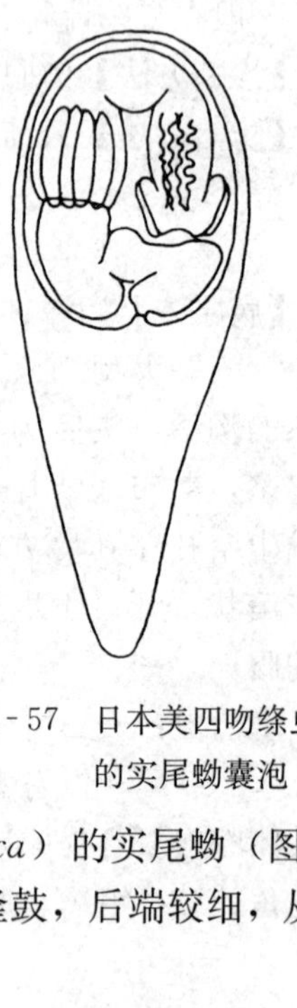

🐛 囊 虫 病

图 4-57　日本美四吻绦虫
的实尾蚴囊泡

【病原体】病原体为日本美四吻绦虫（*Calloterarhynchus nipponica*）的实尾蚴（图 4-57）。虫体被包在白色的囊泡内，囊泡的前后两端圆钝，前端粗大而隆鼓，后端较细，从囊泡内取出的幼虫略呈带状，在头节前端有四根吻。

生活史：日本美四吻绦虫的成虫寄生在瓦氏斜齿鲨等真鲨科鱼类的肠道内，虫卵随寄主的粪便排出至海水中，孵化成六钩蚴。六钩蚴被桡足类吞食，便转移至体腔内继续发育。感染有六钩蚴的桡足类被日本鳀吞食后，便在其体内发育为 3～4cm 的白色蛆状的幼虫。蛳捕食了带有幼虫的日本鳀后，幼虫穿过胃肠壁进入体腔内，发育为实尾蚴。蛳被真鲨科鱼类吞食后，实尾蚴便在鲨的肠内发育为成虫。

【症状及病理变化】受感染的蛳外表无明显症状，严重感染的鱼生长缓慢，身体消瘦。病鱼体腔内有实尾蚴寄生而形成的白色囊泡。在腹膜、肠系膜及肝、胃、幽门垂等内脏的被膜上均有寄生。有的游离于体腔内，也有少数陷进肝、心脏的内部。

【流行情况】广泛分布于日本西海岸，日本鳀是其第二中间寄主，蛳因摄食日本鳀而被感染，可引起当年蛳逐渐死亡。

【防治方法】在养殖过程中投喂 7cm 以下的日本鳀，因为小型的日本鳀尚未感染美四吻绦虫的实尾蚴。如投喂体长大于 7cm 的鳀，须经冷冻处理，待幼虫冻死后再投喂。

自测训练

一、填空

1. 绦虫的节片按生殖器官的成熟程度分为_____、_____和_____。
2. 许氏绦虫头部明显膨大，呈_____。中间宿主是环节动物中的_____。

二、判断

1. 绦虫的发育须经过变态和更换中间宿主。 （　　）
2. 鲤蠢主要寄生于鲫及 2 龄以上的鲤。 （　　）
3. 九江状槽绦虫病又称"干口病"，主要危害 8cm 以下草鱼鱼种。 （　　）
4. 九江头槽绦虫中间寄主为剑水蚤。 （　　）
5. 舌状绦虫病的病原为舌形绦虫和双线绦虫的裂头蚴。 （　　）
6. 舌状绦虫第一中间寄主为剑水蚤，第二中间寄主为鱼，终寄主为鸟类。 （　　）
7. 舌状绦虫寄生于鱼的腹腔中，内脏受压而萎缩变形。 （　　）

任务八　线 虫 病

任务内容

1. 掌握线虫性鱼病预防措施和方法。
2. 掌握线虫性鱼病发病机理。
3. 掌握棘头虫性鱼病预防措施和方法。
4. 掌握棘头虫性鱼病发病机理。

学习条件

1. 多媒体课件、教材。

2. 组织切片、显微镜、无菌操作台。

3. 病鱼标本。

相关知识

　　线虫属线形动物门，线虫纲。线虫种类繁多，分布广泛，淡水、海水、沙漠、田野等自然环境都有线虫存在。有的种类营自由生活，有的种类营寄生生活。寄生于鱼类的线虫，给水产养殖业带来一定的危害，造成经济上的损失。

　　1. 外部形态　线虫体细长，不分节，一般呈圆柱状，中部较粗，而两端较尖细，尾部特别尖细或弯曲。线虫因种类的不同，粗细大小变化很大，有的细如发丝，有的如筷子般粗。营自由生活的种类，个体一般较小，长度一般不超过1mm，较大的海产类也不超过50mm。营寄生生活的种类个体一般较大，如蛔虫达25～30cm，但也有小者仅0.5mm。

　　2. 内部结构　线虫体壁由角皮层、皮下层和纵肌层组成。由体壁肌围成的与消化道之间的空间为假体腔。消化系统包括口腔、食道、中肠、直肠及肛门等。排泄系统可分为腺型和管型，完全无绒毛或鞭毛，寄生的种类多管型，营自由生活的多腺型。线虫的废物可通过肠道排泄和体表直接扩散。神经系统主要集中在咽管区（食道区）和肛区。雌雄异体，几乎雌雄同形，但一般雌性大于雄性。雌性尾部大多尖直，雄性尾部弯曲。

　　3. 生活史　大多数卵生，少数卵胎生或胎生。寄生的线虫的生活史包括卵、幼虫及成虫。幼虫在发育过程中存在"蜕皮"现象，从幼虫发育到成虫要经过4次蜕皮。成虫存在性吸引。有的仅1个中间宿主，有的有多个，有的无中间宿主。肠道寄生线虫多属不需中间宿主的简单型，虫卵或幼虫可以不离开宿主而具再度感染能力。组织内寄生的多属需中间宿主。幼虫在中间宿主如桡足类、寡毛类等体内发育感染幼虫后，再感染终末宿主。

毛细线虫病

　　【病原】 毛细线虫（*Capillaria sp.*），属毛细科，毛细线虫属（图4-58）。虫体细小如线状，无色，表皮薄而透明，光滑，头端尖细，向后逐渐变粗，尾端钝圆形。口端位，无唇和其他构造。食道细长，由许多单行排列的食道细胞组成，后接粗大的肠。肠前端稍膨大。肛门位于尾端的腹面。雌虫个体较大，长6.2～7.6mm，具有1套生殖器官。卵巢、输卵管和受精囊的界线不明显，子宫较粗大。成熟时，子宫中充满卵粒。发育成熟的卵，经阴道由阴门排出体外。雄虫个体较小，长4～6mm。生殖系统为1条长管，射精管与泄殖腔相连，尾部有1条细长的交合刺，交合刺包藏在鞘里。

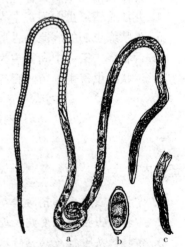

图4-58　毛细线虫
a. 成熟的雌虫　b. 卵　c. 成熟的雄虫

　　生活史：毛细线虫为卵生，体内受精。卵柠檬状，两端有一瓶状的盖。成虫产卵于宿主肠道中，随粪便排入水中，沉入水底或附着在水草及碎屑上，经桑葚期、囊胚期、蝌蚪期发育为幼虫。幼虫通常不钻出卵壳，称为含胚卵。钻出卵壳的幼虫不能存活。卵壳具有保护作用，在适宜条件下可存活 30d 左右时间，冬季可在池底越冬。鱼因吞食含胚卵而感染。

【症状】虫体头部钻入宿主肠壁黏膜层，破坏肠壁组织，而使肠道中其他致病菌侵入肠壁，引起发炎，并可致鱼死亡。少量寄生，一般幼鱼感染 1～3 条线虫，往往症状不明显。感染 4 条以上的虫体，鱼体消瘦，体色变黑，离群独游。长度 1.7～6.6cm 的青鱼和草鱼，平均感染强度为 7～8 条，就能引起大量死亡。此病往往和烂鳃、肠炎、车轮虫等病以及九江头槽绦虫病形成并发症。

【流行情况】主要寄生于草鱼、青鱼、鲢、鳙及黄鳝等肠道中，能引起草鱼、青鱼夏花鱼种大量死亡。是广东鲮"埋坎病"的病原之一。此病广泛流行于广东、江苏、浙江、湖北、湖南等省。

【诊断方法】镜检肠内含物和黏液发现虫体即可确诊。

【防治方法】

（1）先使池底晒干，然后用漂白粉和生石灰合剂彻底清塘。

（2）稀养加快鱼种生长。

（3）用 90％晶体敌百虫，拌饵料投喂，每千克鱼每天用 0.2～0.3g 晶体敌百虫，连喂 5d，可有效杀灭肠内线虫。

嗜子宫线虫病（红线虫病）

【病原】鲤嗜子宫线虫（*Philometroides cyprini*）和鲫嗜子宫线虫（*Philometra carassii*）的雌虫，属嗜子宫科（图 4-59、图 4-60）。鲤嗜子宫线虫雌虫盘曲在鲤鳞片下的鳞囊内，鲫嗜子宫线虫雌虫主要寄生于鲫尾鳍鳍膜内，偶尔寄生于背鳍和臀鳍，比鲤嗜子宫线虫小。

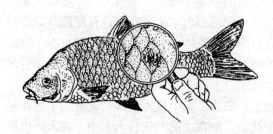

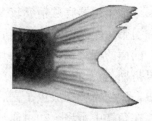

图 4-59 患似嗜子宫线虫病的鲤　　　　图 4-60 患鲫嗜子宫线虫病的鲫

以鲤嗜子宫线虫为例，鲤嗜子宫线虫雌虫体色血红，成虫个体较大，体长 10～13.5cm，呈圆筒形，两端稍细，似粗棉线状；体表分布着许多透明的疣突，排列没有一定的规则；口位于食道前部肌肉球的前端，简单，无唇片，食道较长，由肌肉与腺体组成，肠管细长，红棕色，近尾端处略细，无肛门；卵巢 2 个，分别位于虫体的两端，体肉大部分为子宫所占有，子宫里充满着发育的卵或幼虫，无阴道和阴门。雄虫寄生于寄主鳔和腹腔；体细如丝，体表光滑透明无色，体长 3.5～4.1mm；尾端膨大，具 2 个半圆形尾叶，细长针状的交合刺，具引带，中部呈枪托状，包住交合刺。胎生。成熟的雌虫钻破终末宿主的鳞囊，裸露部分浸泡在水中，因渗透压的作用，体壁胀裂，子宫中的幼虫落入水中。幼虫被萨氏中镖水蚤等大型水蚤吞食后，幼体在中间宿主体腔中发育，鲤吞食含幼虫剑水蚤而感染，幼虫通过肠壁钻到鲤腹腔中生长发育。雌雄虫在腹腔或鳔中成熟交配，雌虫迁移到鳞下发育成熟。

【症状】鲤嗜子宫线虫的雌虫寄生于鳞片下，吸取鱼体营养发育长大，破坏皮下组织，使鳞囊胀大，鳞片松散，竖起，甚至导致鳞片脱落，肌肉发炎、溃疡，继发感染细菌和水霉，严重时造成死亡。鲫似嗜子宫线虫的雌虫寄生于鳍条之间，并与鳍条平行，引起鳍条充血、破裂、鳍基发炎，继发感染水霉。

【流行情况】鲤嗜子宫线虫雌虫主要危害 2 龄以上的鲤，全国各地均有流行，可导致产卵亲鱼停止产卵，甚至死亡。长江流域一般冬季虫体出现在鳞片下，到春季加速生长，使鱼致病。鲫嗜子宫线虫雌虫主要寄生于鲫，金鱼也感染。分布广泛，其危害程度比鲤嗜子宫线虫轻。

【诊断方法】根据症状进行诊断。

【防治方法】

(1) 用生石灰彻底清塘，杀灭中间宿主（切忌用茶饼清塘，茶饼不仅不能杀灭幼虫，还可延长水中幼虫的寿命）。

(2) 用 2％～5％的食盐水洗浴 10～20min，效果显著。

(3) 用碘酒或 1％的高锰酸钾涂于患处。

(4) 用一半海水、一半淡水浸洗鱼体 12h，有显著效果。

(5) 用 0.2～0.5g/m³ 的 90％晶体敌百虫全池遍洒，杀灭中间宿主桡足类。

鳗居线虫病

【病原】球状鳗居线虫（A. globiceps）、粗厚鳗居线虫（A. crassa），属鳗居科，鳗居线虫属。成虫无色透明，圆筒形。头部圆球形，无乳突。口孔简单，无唇片。食道前端 1/3 处膨大成葱球状或花瓶状，后端 2/3 处呈圆筒状，由肌质和腺体组成。肠粗大，有尾腺，无直肠和肛门。雄性生殖器官贮精囊较大，生殖孔开口于尾端腹面，生殖孔附近有尾腺 6 对。没有交合刺和引带。雌性阴门位于体后 1/4 处，开口于一圆锥体上。阴道极短。卵巢在子宫前后各 1 个，前面的卵巢从食道附近开始，后面的卵巢从体后部 2/5 处开始，向后延伸接近尾腺，然后再折回。

生活史：胎生。卵在成虫子宫后段发育为幼虫，幼虫在卵中蜕皮 1 次，含有幼虫的卵从虫体产出，在鱼鳔中孵出，幼虫通过鳔管进入消化道，随宿主的粪便排入水中，在水体以尾尖附着在物体上，不断摆动，诱惑中间宿主吞食。幼虫可在水中生存 7d，幼虫被剑水蚤吞食后，便侵入肠壁进入体腔中发育，经数次蜕皮，形成第三期幼虫。含第三期幼虫的剑水蚤被宿主吞食后，幼虫穿过肠壁，经体腔附着于鳔表面，再侵入鳔管到鳔腔中寄生。大致 1d 即可移行到鳔中。经第四期幼虫而发育为成虫。幼虫从侵入宿主到发育成熟大致需 1 年时间。

【症状】虫体寄生于鳗鲡的鳔壁组织，并定居在鳔腔内。当大量寄生时引起鳔发炎增厚。鱼体的活动受到影响。鳗鱼苗被大量寄生，则停止摄食，瘦弱贫血，严重时死亡。因虫体量寄生，刺激鳔及气道，使之发炎出血。虫体充满鳔腔，使鳔扩大，压迫其他内脏及血管，病鱼后腹部膨大，腹部皮下淤血，肛门扩大，呈深红色。甚至因虫体太多挤破鳔囊，虫体落入体腔，从肛门或尿道中爬出。

【流行情况】主要寄生于欧洲鳗和日本鳗的鳔中，特别对幼鳗危害较大，可造成死亡。流行于湖北、浙江、上海、江苏等省（直辖市）。

【防治方法】用 0.2～0.4g/m³ 的 90% 晶体敌百虫全池遍洒，杀灭中间宿主剑水蚤，切断其生活史，控制病原传播。

自测训练

判断

1. 毛细线虫为卵生，嗜子宫线虫为胎生。　　　　　　　　　　　　　　（　　）
2. 嗜子宫线虫病又称红线虫病。其病原嗜子宫线虫的雌虫。　　　　　　（　　）
3. 鲤嗜子宫线虫的雌虫盘曲在鲤鳞片下的鳞囊内。主要危害 2 龄以上的鲤。（　　）
4. 嗜子宫线虫雄虫寄生于寄主鳔和腹腔内。　　　　　　　　　　　　　（　　）
5. 鲫嗜子宫线虫的雌虫主要寄生于鲫尾鳍鳍膜内。　　　　　　　　　　（　　）

任务九　棘头虫病

任务内容

1. 掌握棘头虫性鱼病预防措施和方法。
2. 掌握棘头虫性鱼病发病机理。

学习条件

1. 多媒体课件、教材。
2. 组织切片、显微镜、无菌操作台。
3. 病鱼标本。

相关知识

棘头虫是一类具有假体腔而无消化道的对称虫体。成虫寄生于脊椎动物消化道中，无自由生活阶段，鱼类是其宿主之一（图 4-61）。

1. 外部形态　虫体通常圆筒或纺锤形，少数呈卵圆形，而两侧对称，体不分节，常有环纹。前端较粗，后端较细。虫体乳白色、淡红色或橙色。虫体分为吻、颈和躯干 3 部分。吻位于最前端，能伸缩，全部或部分缩入吻鞘中。吻上具几丁质吻钩。吻的形状似筒形、球形或其他形状。颈部从最后一圈吻钩基部起至躯干开始处为止，通常很短，无刺，有时颈细长。躯干较粗大，体表光滑或具刺。雌虫大于雄虫，体长 0.9～0.5m，最大可达 0.65m，但大多数在 25mm 以下。寄生于鱼类的棘头虫一般偏小。

2. 内部结构 体壁为一复合胞体，包括巨核及一些内部连续而相互联系的管道，并由此构成腔隙系统。棘头虫无消化管，借体表的渗透作用吸收宿主的营养。排泄系统具有原肾焰细胞和原肾管。雌雄异体，通常具卵形或圆形精巢 2 个。卵巢单个或两个，分裂成许多游离的卵巢球。

3. 生活史 成虫寄生于脊椎动物的消化道内。成熟卵随宿主粪便排入水中，被中间宿主软体动物、甲壳类、昆虫吞食后，卵中的胚胎蚴破壳而出，钻过肠壁到体腔中，继续发育。经过棘头蚴、前棘头体和棘头体 3 个阶段。感染有幼虫的中间宿主被终末宿主吞食后，发育为成虫，完成其生活史。

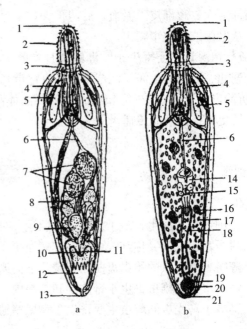

图 4-61　棘头虫的结构模式

a. 雄虫　b. 雌虫

1. 吻钩　2. 吻　3. 颈　4. 吻鞘　5. 吻腺　6. 韧带　7. 精巢
8. 前列腺　9. 西弗提氏囊　10. 射精囊　11. 阴茎　12. 交接囊
13. 生殖孔　14. 子宫钟　15. 子宫钟的腹孔　16. 卵巢球
17. 卵　18. 子宫　19. 外括约肌　20. 内括约肌　21. 生殖孔

长棘吻虫病

【病原】长棘吻虫属的种类。常见的有崇明长棘吻虫（*Rhadinorhychus chongmingesis*）和鲤长棘吻虫（*Rhadinorhynchus cyprini*），属长棘吻虫科（图 4-62、图 4-63）。崇明长棘吻虫虫体活体时呈乳白色，少数雌性老龄虫呈黄色。成熟的雌虫全长 13.32～30.84mm，雄虫全长 12.42～26.45mm。吻细长圆柱形，其上密布细毛及吻钩 14 纵行，每行有钩 29～32 个，螺旋排列。吻鞘细长。吻腺细长，2 根。雄虫有 2 个椭圆形的精巢，前后排列。黏液腺 8 个，

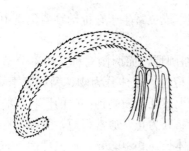

图 4-62　细小长棘吻虫

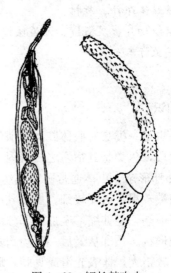

图 4-63　鲤长棘吻虫

梨形。雄虫后端有一钟罩状交合伞，可自由伸缩。鲤长棘吻虫雌虫全长 9～28mm，雄虫 8.4～11.5mm。吻钩 12 行，每行有钩 20～22 个。

生活史：崇明长棘吻虫的卵被模糊裸腹蚤吞食后，在 22～28℃水温下，经 8d 左右，发育为棘头体，中间宿主被终末宿主吞食后，棘头体发育为成虫。

【症状】崇明长棘吻虫主要寄生于鲤、镜鲤肠的第一、第二弯前面肠壁上，甚至钻入体壁，引起体壁溃烂和穿孔，大量寄生时，肠壁被胀得很薄，肠内无食物，鱼不久死亡。鲤长棘吻虫通常寄生在 2 龄鲤的前肠，少量感染一般不显示症状，大量寄生堵塞肠道，造成阻梗，有的能穿透肠壁，病鱼消瘦、丧失食欲、贫血，逐渐死亡。

【流行情况】鲤、镜鲤自夏花至成鱼均可被崇明长棘吻虫寄生，夏花寄生 3～5 条虫即可死亡，大量寄生时，体重 2kg 成鱼也可引起死亡，在上海崇明一带发现。鲤长棘吻虫主要危害 2 龄鲤。

【诊断方法】根据症状进行诊断。

【防治方法】

(1) 用生石灰或漂白粉彻底清塘。

(2) 用四氯化碳每天投喂，用量为每千克鱼 0.6mL，连喂 6d，疗效较好。

(3) 用 $0.3g/m^3$ 的 90％晶体敌百虫全池遍洒，杀灭中间宿主。同时按每 50kg 鱼用 90％晶体敌百虫 15～20g，拌饵料投喂，每天 1 次，连喂 3～6d。

似棘头吻虫病

【病原】乌苏里似棘头吻虫（*A. ussuriense*），属四环科，似棘头吻虫属（图 4-64）。雄虫较短小，略呈香蕉形，前部向腹面弯曲，体长 0.7～1.27mm，体表被有横行小棘。吻短小，吻鞘单层，吻钩 18 个，排成 4 圈，前 3 圈各 4 个，第 4 圈 6 个，吻腺长为吻鞘 2 倍以上，可达体中部。雌虫 0.9～2.3mm，体细长，黄瓜形。生殖孔开口于末端腹面，子宫钟开口于腹面中后部。卵长椭圆形。

生活史：成虫寄生于草鱼、鲢、鳙以及鲤，在气泡介形虫体腔中发育成棘头体，草鱼吞食感染介形虫，在肠道中发育为成虫。

【症状】鱼体消瘦，发黑、离群。前腹部膨大成球状，肠道轻度充血，呈慢性炎症，食欲不振。将死病鱼在水中打转，头部连续穿出水面，鱼体翻转，尾巴出现痉挛性颤动，随即下沉而死。

【流行情况】北自乌苏里江，南自湖北均有分布。寄生于草鱼、鲢、鳙、鲤等鱼类。主要危害草鱼，均可造成病鱼在较短时间内死亡。

【诊断方法】根据症状进行诊断。

图 4-64 乌苏里似棘头吻虫

【防治方法】

(1) 每千克鱼每天用 90％晶体敌百虫 0.3～0.4g，拌饵投喂，连喂 5d。

(2) 用 $0.7g/m^3$ 的 90％晶体敌百虫全池遍洒。

自测训练

简述棘头虫的主要危害。

任务十　寄生甲壳类疾病

任务内容

1. 掌握由甲壳动物引起的鱼病预防措施和方法。
2. 掌握由甲壳动物引起的鱼病发病机理。

学习条件

1. 多媒体课件、教材。
2. 组织切片、显微镜。
3. 病鱼标本。

相关知识

甲壳动物属于节肢动物门（Arthropoda），甲壳纲（Crustacea）。因体外被有一层几丁质外壳，因此称为甲壳动物。其主要特征是身体异律分节，分头、胸、腹3部分（有些种类头、胸部融合），有2对触肢，附肢有关节，开管式的循环系统。甲壳动物种类多，绝大多数生活在水中，多数对人类有利，可供食用（如虾、蟹等），或是鸡、鸭、鱼的饲料；但也有一部分是有害的，其中有不少种类寄生在鱼类、经济甲壳动物、软体动物等水产动物的体上，影响生长及性腺发育，严重时会引起大批死亡。水产动物体上寄生的甲壳动物主要有桡足类（鳋、虱等）、鳃尾类（鲺）、等足类（鱼怪）。以下介绍有代表性的甲壳动物疾病。

中华鳋病

【病原】中华鳋属的种类。常见的有大中华鳋（*Sinergasilus major*）、鲢中华鳋（*Sinergasilus polycolpus*），属于桡足亚纲，剑水蚤目，鳋科，中华鳋属（图4-65、图4-66）。寄生在鱼类的鳃上，仅雌性成虫营寄生生活，幼虫及雄虫营自由生活。大中华鳋寄生在草鱼、青鱼、鲇、赤眼鳟、鳡、餐条等鱼的鳃末端内侧。虫体较细长呈圆柱状，体长2.54～3.30mm。头部半卵形或近似三角形，头与胸节之间有长而显著的假节，第一至第四胸节宽度相等，第四胸节特别长大，第五胸节较小，生殖节特小。腹部细长，有两节明显的假节，第三腹节短小，后半部分成左、右两支，最后端生有1对细长的尾叉。1对卵囊细长，每囊含卵4～7行，藏卵150～250枚。鲢中华鳋寄生于鲢、鳙的鳃丝末端内侧和鲢的鳃耙上。虫体圆筒形，乳白色，身体长1.83～2.57mm。头部略呈钝菱形，头胸部间的假节小而短。胸部6节，前4节宽而短，而第四胸节最宽大，第五胸节小，只有前节宽的1/3，且常被前节所遮盖，生殖节小。腹部细长，卵囊粗大，含卵6～8纵行，卵小而多。其余特征和大中华鳋相似。

生活史：中华鳋的雌鳋未寄生到寄主体上以前，雌、雄鳋进行交配，雌鳋一生只交配1次，卵在子宫内受精，受精后的卵被黏液腺的分泌物包裹形成卵囊，然后1次同时经排卵孔排出体外。生殖季节很长，在江苏、浙江一带自4月中旬（水温平均在20℃左右）即开始产卵，一直到11月上旬。刚孵出的幼虫身体不分节，称无节幼体，经过4次蜕皮虫体逐渐长大，最后孕育出身体分节的幼虫，再蜕皮即成桡足幼体，并具剑水蚤的雏形，蜕4次皮后变成第五桡足幼体，此时雌、雄虫进行交配，交配后雌鳋寻找适合的寄主营寄生生活，寄生后还需蜕皮1次，身体变长数倍；雄鳋在交配后终生营自由生活，直到死亡。

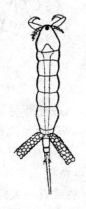

图4-65　大中华鳋
背面观

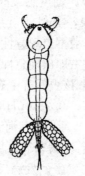

图4-66　鲢中华鳋背
面观

【症状】大中华鳋寄生在草鱼、青鱼、鲇、赤眼鳟、鳡、餐条等鱼的鳃丝末端内侧。轻度感染时一般无明显的病症，揭开鳃盖，肉眼可见鳃丝末端挂着像白色蝇蛆一样的小虫，故有鳃蛆病之称。鲢中华鳋寄生于鲢、鳙的鳃丝末端内侧和鲢的鳃耙上，肉眼同样可见鳃丝末端及鳃耙上挂着像白色蝇蛆一样的小虫。严重感染时，鲢呼吸困难，焦躁不安，打转狂游和尾鳍露出水面，故有翘尾病之称。

【流行情况】该病在我国流行甚广，北起黑龙江，南至海南均有发生。在长江流域一带每年的4～11月是中华鳋的繁殖时期，5～9月流行最盛。中华鳋主要危害养殖的草鱼、青鱼、鲢、鳙、鲤、鲫，通常15cm以上的大鱼种和1龄以上的成鱼危害较严重。

【防治方法】

(1) 生石灰彻底清塘，杀灭虫卵、幼虫和带虫者。

(2) 根据鳋对寄主的选择性，可采用轮养的方法进行预防。

(3) 用$0.7g/m^3$的90%晶体敌百虫和硫酸亚铁合剂（5∶2）全池遍洒，每隔10～15d遍洒1次，有很好的预防效果。

(4) 用90%晶体敌百虫全池遍洒，便池水成$0.5g/m^3$浓度，有良好疗效。

(5) 用灭虫灵全池遍洒，使池水成$0.3～0.5g/m^3$浓度。

(6) 用$0.7g/m^3$硫酸铜和硫酸亚铁合剂（5∶2）全池遍洒，有良好效果。

巨角鳋病

【病原体】病原体为巨角鳋（*Ergasilus magnicornis*）（图4-67），属桡足亚纲，剑水蚤目，鳋科。虫体头部与第一胸节愈合成头胸部，较膨大，胸部宽度自前向后逐渐收削，腹部 3 节约等长，第三节后缘中央内陷，其深度约为宽的 1.5 倍。第一触角短而粗，6 节；第二触角特长，5 节，末节为一钩状爪，向内弯曲。前四对游泳足为双肢型。雌虫体长为0.94～1.20mm。

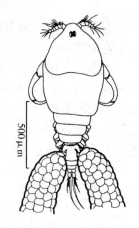

【症状及病理变化】巨角鳋寄生于鱼的鳃丝上，大量寄生时，病鱼鳃呈灰白色，鳃组织溃疡，肿胀，坏死。严重时鳃小片相互粘连或融合，以至难以辨别鳃丝的轮廓和界限。轻度感染时，病鱼表现为不同程度的"浮头"现象，类似缺氧症状，体色发黑且消瘦，肠内无食物，一般不出现急性死亡。严重感染时，"浮头"持续 1 周左右即出现急性大批死亡。

图 4-67　巨角鳋 *Ergasilus mag-nicornis*
（Yin, 1949）

【流行情况】该虫对寄主有明显的选择性，仅限于鲤、鲫。常发生于低盐度的半咸水水域，盐度为 0.20～0.28，pH8.0～9.0，且硬度和硫酸根含量较高时容易流行。流行季节为 4～8 月，以 6～8 月为甚。河北、山东、江苏均有发生。

【防治方法】发病季节，用晶体敌百虫（90％）全池泼洒，浓度为 0.3～0.5g/m³，可有效预防此病的发生。发病后，用药第 4 天即停止死鱼，10d 后检查，虫体全部脱落。

新鳋病

【病原】日本新鳋（*Neoergasilus japonicus*）（图 4-68），属桡足亚纲，剑水蚤目，鳋科，新鳋属。雌鳋头部呈等腰三角形或半卵形，第一胸节宽大，其余 4 节胸节急剧依次缩小，在第二胸节背面两侧各有一个下垂突起，第五胸节特小，生殖节膨大，如坛状，宽大于长；腹部 3 节，尾叉细长，卵囊中间粗，两端尖细，为体长 1/2～2/3，有卵 4～5 行，卵较大而数目不多。第一游泳足特大，内、外肢末端可达第五胸节；基部后缘有一向后伸展的三角形锥状齿，位于内、外肢之间，近内肢基部有一排三角形小齿；在外肢第二节的外侧向后生出一袋状"拇指"，表面光滑透明，较外肢第三节长 1/3。

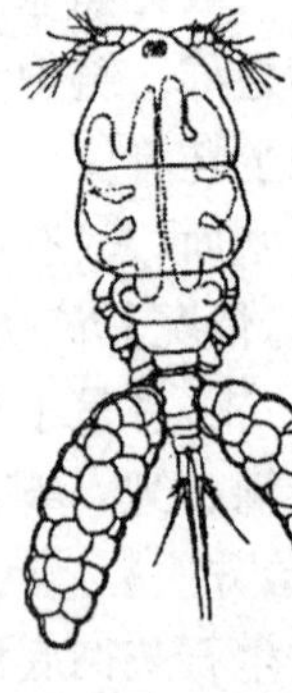

【症状】日本新鳋的雌虫寄生在草鱼、青鱼、鲢、鳙、鲤、鲫、鲇等鱼的鳍、鳃耙、鳃丝上和鼻腔内。尤其是虫体大量寄生在鳃组织时，鱼的食欲减退，影响生长，因第二触肢长期插入鳃丝，引起鳃组织分泌黏液显著增加，造成鳃组织出血、水肿等现象，影响鱼的呼吸，可引起当年鱼种的大量死亡。

图 4-68　日本新鳋

【流行情况】我国的东北、长江流域、广东等地都有分布，在湖北武汉、广东连县曾因此病引起草鱼鱼种的死亡；上海青浦区也曾发现青鱼鱼种死亡的病例。

【防治方法】同中华鳋病。

锚头鳋病

【病原】常见的危害较大的有 3 种，分别是多态锚头鳋（*Lernaea polymorpha*）、草鱼锚头鳋（*Lernaea ctenopharyngodontis*）和鲤锚头鳋（*Lernaea cyprinacea*），它们隶属于桡足亚纲，剑水蚤目，锚头鳋科，锚头鳋属（图 4 - 69、图 4 - 70、图 4 - 71、图 4 - 72）。只有雌性成虫才营永久性寄生生活，无节幼体营自由生活，桡足幼体营暂时性寄生生活。

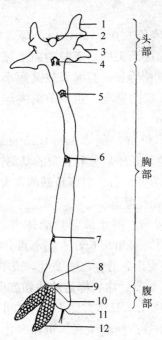

图 4 - 69 雌性锚头鳋虫体分部示意
1. 腹角 2. 头叶 3. 背角 4. 第一游泳足 5. 第二游泳足
6. 第三游泳足 7. 第四游泳足 8. 第五游泳足
9. 生殖节 10. 排卵孔 11. 尾叉 12. 卵囊

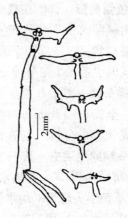

图 4 - 70 多态锚头鳋

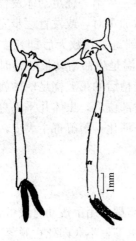

图 4 - 71 草鱼锚头鳋

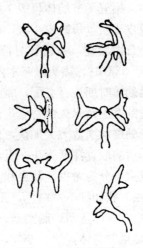

图 4 - 72 鲤锚头鳋

锚头蚤体形细长，分为头、胸和腹3部分。雌、雄个体差异显著：雄性个体剑水蚤形，自由生活；雌性个体"丁"字形，寄生生活。雌虫开始营寄生生活时体节愈合成筒状，且扭转，头胸部长出头角（背角、腹角）。头胸部由头节和第一胸节融合而成，顶端中央有1个头叶，头叶中央有1个由3个小眼构成的中眼。在中眼腹面着生2对触角和口器，口器由上、下唇及大、小颚、颚足组成。一般从第一游泳足之后到排卵孔之前为胸部。雌性成虫有5对游泳足（雄虫有6对，第6游泳足在生殖节上）。生殖节上常挂有1对卵囊。腹部很短，末端有一细长的尾叉和数根刚毛。

1. 多态锚头蚤 寄生在鲢、鳙的体表和口腔。体长6.0～12.4mm，宽0.6～1.1mm。头胸部背角呈"一"字形，与虫体纵轴垂直，向两端逐渐尖削，有时稍向上翘起，在背角左、右两侧的中部向背面分生1短枝，有时背枝与腹枝等长，有时背枝又短小如突起，或缺；胸角极为短小，位于背角腹面中央，像一对乳头状的突起。生殖节前突起分左、右两叶，或不分叶。

2. 草鱼锚头蚤 寄生在草鱼体表。体长6.6～12.0mm，宽0.60～1.25mm。头胸部背角为1对由横卧的T形分枝所组成的H形分枝，前枝较长于后枝和背角的基部。腹角2对，前1对为蚕豆状，以"八"字形或钳形排列在头叶的两旁；后1对腹角基部宽大，向外前方伸出拇指状的尖角。生殖节前突起为2叶，或不分叶而稍隆起。

3. 鲤锚头蚤 寄生在鲤、鲫、鲢、鳙、乌鳢、青鱼、淡水鲑等鱼的体表、鳍及眼上。虫体细长，全长6～12mm。头胸部具背、腹角各1对，腹角细长，末端不再分枝；背角的末端又形成T形的分枝。生殖节前突起一般较小，稍突出，分左、右2叶，或不分叶。

4. 锚头蚤的生活史 整个生活史过程要经过卵、无节幼体、桡足幼体和成虫期等阶段。锚头蚤产卵囊的频率，主要随水温而改变，在20～25℃，1只多态锚头蚤在28d内共产下卵囊10对。草鱼锚头蚤当平均水温在21.1℃时，20～23d产卵囊7对。虫卵孵化的最适水温是20～25℃，水温在12～33℃一般均可繁殖。自产卵到孵化，温度不同所需时间也不同，如草鱼锚头蚤在水温18℃左右时，需4～5d，而水温上升到20℃时，则只需3d，多态锚头蚤在平均水温25℃时，约需2d，而当水温升到26～27℃时，只需1.0～1.5d，水温降到15℃时需5～6d，约在7℃以下就停止孵化。卵孵出后为第一无节幼体，蜕4次皮后发育为第五无节幼体。第五无节幼体再蜕1次皮即成第一桡足幼体。从第一桡足幼体发育成第五桡足幼体，共蜕皮4次，每蜕皮1次，体节增加1节，附肢增加1对，或发育逐步完善。桡足幼体能在水中自由游动，并营暂时性寄生生活，一旦找不到寄主，数天后即死去。水温在7℃以下或高于33℃时，锚头蚤基本停止蜕皮，20～25℃水温是生命活动最旺盛时期。锚头蚤在第五桡足幼体时期进行交配，雌蚤一生只交配1次，受精后的第五桡足幼体就进入感染期，寻找合适的寄主营永久性寄生生活。当找到寄主的合适部位后，虫体几乎垂直倒立在鱼体上，这时肠的蠕动次数大大加快，口中吐出涎液进行肠外消化，溶解寄主表皮，钻入寄主组织，直到合适的取食深度为止，吸食营养发育为成虫。

锚头蚤成虫可分为童虫、壮虫和老龄虫3种形态。

（1）"童虫"状如细毛，白色，无卵囊。

（2）"壮虫"身体透明，肠蠕动，生殖孔常挂1对绿色卵囊，用手拨动时虫可竖起。

（3）"老龄虫"身体混浊，变软，体表常着生许多累枝虫等，不久即死亡脱落。

锚头蚤寿命的长短与水温有密切关系，当水温25～37℃时，成虫的平均寿命20d左右。

春季锚头鳋的寿命要比夏季长，可在鱼体上活 1～2 个月，秋季感染的虫体能在鱼体上越冬，越冬虫寿命为 5～7 个月，翌年 3 月当水温 12℃时开始排卵，水温上升到 33℃以上，锚头鳋的繁殖被抑制，而且成虫会大批死亡。

【症状】病鱼通常呈烦躁不安、食欲减退、行动迟缓、身体瘦弱等常规病态。由于锚头鳋的头角及部分胸部插入鱼体肌肉、鳞下，身体大部分露在鱼体外部，且肉眼可见，犹如在鱼体上插入小针，故又称为"针虫病"。当锚头鳋逐渐老化时，虫体上布满藻类和固着类原生动物，大量锚头鳋寄生时，鱼体犹如披着蓑衣，故又有"蓑衣病"之称。寄生处，周围组织充血发炎，尤以鲢、鳙、团头鲂为明显，影响鱼的商品价值；草鱼、鲤锚头鳋寄生于鳞下，炎症不很明显，但常可见寄生处的鳞片被蛀成缺口。寄生于口腔时，可引起口腔不能关闭，因而不能摄食。小鱼种仅 10 多个虫寄生，即可能失去平衡，发育严重受滞，甚至引起弯曲畸形等现象。

【流行情况】全国都有此病流行，尤以广东、广西和福建最为严重，感染率高，感染强度大，流行季节长，为当地主要鱼病之一。因锚头鳋在 12～33℃均可繁殖，故该病主要流行于春末、夏季和初秋。对各年龄鱼均可危害，尤以鱼种受害最大，可引起死亡；对 2 龄以上的鱼虽不引起大量死亡，但影响鱼体生长，繁殖及商品价值。

【诊断方法】在鱼体表或鳞片下肉眼可见针状虫体。

【防治方法】

(1) 用生石灰带水彻底清塘，杀灭水中幼虫和带虫的鱼和蝌蚪。

(2) 锚头鳋对寄主有一定选择性，可采用轮养方法预防该病。

(3) 用高锰酸钾浸洗病鱼，鲢、鳙在水温 10～20℃时用 20g/m³ 浓度，20～30℃时用 12.5g/m³ 浓度，30℃以上则用 10g/m³ 浓度，浸洗约 1h；草鱼、鲤水温在 15～20℃时用 20g/m³ 浓度，水温在 21～30℃时用 10g/m³ 浓度，浸洗 1～2h。可杀死幼虫和成虫。

(4) 发病池用 0.3～0.5g/m³ 的 90%晶体敌百虫全池遍洒，每 7～10d 遍洒 1 次，"童虫"阶段，至少需施药 3 次，"壮虫"阶段施药 1～2 次，"老龄虫"阶段可不施药，待虫体脱落后，即可获得免疫力。

🐟 鱼虱病

【病原】常见的有东方鱼虱（*Caligus orientalis*）、鰤虱（*Caligus seriolae*）、刺鱼虱（*Caligus spinosus*）和宽尾鱼虱（*Caligus laticaudum*）等，隶属于桡足亚纲，鱼虱目，鱼虱科，鱼虱属（图 4-73）。

鱼虱雌、雄体形相似，头部 1～3 节与胸部愈合，形成头胸部，背腹扁平，背甲呈盾形。雌体生殖节近于方形，1 对卵囊呈带状，悬挂于两侧。腹部较短小，位于生殖节后，腹部末端有 1 对尾叉。东方鱼虱的雌体长 2.2～4.5mm，雄体长 3.7～6.6mm。卵囊带状，卵一列。卵孵化后，经无节幼体、桡足幼体发育为附着幼体。附着幼体蜕皮 4 次进入成体前期，再蜕皮 1 次后，雌、雄鱼虱进行交配，即变为成虫，同时寻找适当的宿主营寄生生活。

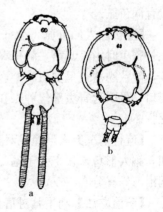

图 4-73 东方鱼虱
a. 雌虫 b. 雄虫

【症状】东方鱼虱寄生于鱼的体表和鳍。被侵袭的鱼黏液增多，急躁不安，往往在水中游泳异常或跃出水面，随后食欲减退，身体逐渐衰弱；严重时体表充血，体色变黑，最终失去平衡而死。

刺鱼虱寄生在鱼的鳃部和口腔。由于虫体的侵袭，鳃上黏液增多，呼吸困难；口腔壁充血发炎，如遇弧菌等继发性感染，则可引起溃烂。当寄生虫数量多时，体瘦、发黑，浮于水面，严重病鱼逐渐死亡。

【流行情况】鱼虱属种类较多，现已知 200 多种，广泛分布于海水、淡水及咸淡水水域中。主要寄生于海水和咸淡水鱼类，养殖的鲻科、鳎科、鲷科、鲆科、鲽科、丽鱼科等许多种类受害尤为严重。如梭鱼和咸淡水养殖的罗非鱼其感染率为 15%～100%，每尾鱼上的寄生数量，少者几个，多的几百个以上。流行季节为 5～10 月，以 7～8 月最为严重，发病最适水温为 25～30℃。

【诊断方法】鱼体上肉眼可见虫体。

【预防方法】养鱼前彻底清池，放养鱼种时如发现鱼虱，用 2～5g/m³ 的 2.5%粉剂敌百虫药液浸洗 20～30min。

【防治方法】

（1）用淡水浸浴病鱼 5～10min。

（2）用 90%晶体敌百虫全池遍洒使池水成 0.2～0.5g/m³ 浓度。但此法不能用于鱼虾蟹混养池，否则会造成虾蟹类中毒。

🌀 人形鱼虱病

【病原】常见的有鲻人形鱼虱（*Lernanthropus shishidoi*）和黑鲷人形鱼虱（*Lernanthropus atrox*），隶属于桡足亚纲，鱼虱目，花瓣鱼虱科，人形鱼虱属（图 4 - 74）。

人形鱼虱雌雄同形，但雄体小。鲻人形鱼虱雌虫体长 4.3～4.9mm，雄虫体长 3.3mm 左右。人形鱼虱虫体头部与胸部第一节愈合成头胸甲；躯干部分前、后两部分，前部由第一、第二胸节组成；后部由第三、第四胸节、生殖节及腹部组成。腹部末端有尾叉 1 对。卵囊带状，悬挂于生殖节两侧。受精卵孵化和幼体发育同鱼虱。

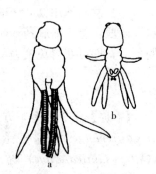

图 4 - 74　人形鱼虱
a. 雌虫　b. 雄虫

【症状】人形鱼虱寄生于鳃丝上，少量寄生时无明显症状，大量寄生时由于其第二触角深深地插入鳃丝组织，并以口吸食血液，导致鳃褪色呈贫血状，病鱼呼吸困难。如果有病菌二次感染伤口，可引起寄生部位肿胀和发炎，如不及时治疗，将导致病鱼死亡。

【流行情况】人形鱼虱对其宿主有明显的专一性，一个种通常只寄生于 1～2 种鱼上，例如，鲻人形鱼虱仅寄生于鲻、梭鱼；黑鲷人形鱼虱仅寄生于黑鲷。流行季节为 5～10 月。全国沿海均有分布。

【防治方法】利用其对宿主的专一性，池塘在养殖某一种类 1～2 年后，可以轮换养殖其他种类。其他方法参照鱼虱病。

类柱颚虱病

【病原】长颈类柱颚虱（*Clavellodes macrotrachelus*），隶属于桡足亚纲，颚虱目，颚虱科（图 4-75）。长颈类柱鱼虱为雌雄异形，雌体长 1.8～2.2mm，头胸部长 2.0～3.5mm；向背面弯曲，头部不膨大；成熟个体后端常挂 1 对卵囊，香肠形，每一卵囊内含 2 列卵。雄体小，体长 0.41mm，以附肢附着在雌体的头胸部上，1 只雌虫上通常只附生 1 只雄虫。

【症状】长颈类柱颚虱寄生在黑鲷上，以其第一颚足末端牢固地吸附在宿主的鳃上，再用其口器随着活动自如的头胸部，摄食鳃上皮细胞和血细胞，使鳃丝严重受损而出现变形或呈贫血状；如有细菌继发性感染，则可引起鳃丝发炎、肿胀，溃烂甚至烂鳃，导致病鱼呼吸困难而死亡。

雄虫　雌虫

【流行情况】长颈类柱颚虱对宿主的选择性很强，仅寄生于黑鲷的鳃上，适宜的繁殖水温为 15～20℃，当水温 12℃ 以下或 23℃ 以上时其受精卵均不孵化，盐度低于 8.6 时，幼虫全部死亡。日本和我国天然海产或人工养殖的黑鲷均可被侵袭，在流行盛季，感染率高达 100%。

图 4-75　长颈类柱颚虱

【诊断方法】鱼体上肉眼可见虫体。

【防治方法】利用其对宿主的专一性，池塘在养殖某一种类 1～2 年后，可以轮换养殖其他种类。室内工厂化养殖还可通过调节养殖水温（12℃ 以下或 23℃ 以上）或盐度（8.6 以下）来控制本病的流行。其他方法参照鱼虱病。

狭腹鳋病

除上述桡足类引起的疾病之外，还有中华狭腹鳋（*Lamproglena chinensis*）和鲫狭腹鳋（*Lamproglena carassii*）（图 4-76）。

中华狭腹鳋、鲫狭腹鳋寄生于乌鳢、月鳢和鲫的鳃上，引起鳃组织的病变，随着特种水产养殖业的发展，应引起养殖者的重视。

鲺　病

【病原】鲺属的种类。常见的有日本鲺（*Argulus japonicus*）、喻氏鲺（*Argulus yui*）、大鲺（*Argulus major*）、椭圆尾鲺（*Argulus ellipticaudatus*）、鲻鲺（*Argulus mugili*）等，隶属于鳃尾亚纲，鲺科，鲺属（图 4-77）。寄生在鱼的体表、口腔和鳃上。成虫、幼虫均营寄生生活。

鲺类雌雄同形，由头、胸、腹 3 部分组成；身体背腹扁平，略呈椭圆形或圆形。生活时体透明或颜色与寄主的体色相近，具保护作用。头部与胸部第一节愈合成头胸部，其两侧向

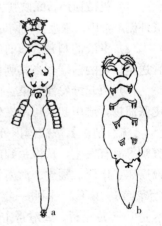

图 4-76　狭腹鳋
a. 中华狭腹鳋　b. 鲫狭腹鳋

后延伸形成马蹄形或盾形的扁圆的背甲。头胸部背面有 1 对复眼和 1 个中眼；在腹面有附肢 5 对，分别是第一触角、第二触角、大颚、小颚（成体时特化为 1 对吸盘）和颚足；还有一

个口器，口器由上、下唇和大颚组成；口器
前面有一圆筒形的口管，口管内有一口前
刺，口前刺能上下伸缩，左右摇摆，基部有
一堆多颗粒的毒腺细胞，可分泌毒液。胸部
第二至第四节为自由胸节。有双肢形的游泳
足四对。腹部不分节。为一对扁平长椭圆形
叶片，前半部愈合，具呼吸功能；雄性的精
巢和雌性的受精囊位于腹部。在腹部二叶之
间有一对尾叉。

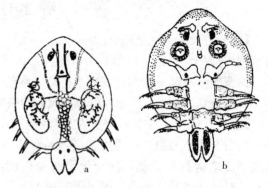

图 4-77　鲺外形结构
a. 雌体成虫背面观　b. 雄体成虫腹面观

生活史：鲺喜在静水及黑暗的环境中产
卵，每次产卵数十粒至数百粒，不形成卵囊，
卵直接产在水中的石块、木桩、水生植物、
竹竿、螺贝等物体上，产出的卵具黏性且排列整齐，卵的排列方式因种而异。卵的孵化速度与
水温密切相关，在一定范围内，水温高孵化快，反之则慢。在水温29～31℃时，卵经 10～14d
即可孵出幼虫；水温在 15.6～16.5℃时，需经过 39～50d 才能孵出。卵孵化到后期，渐变为透
明，可见其黑色眼点，最后幼虫在卵壳内剧烈扭动，终至破壳而出。刚孵出的幼鲺身体很小，
约 0.5mm 长，但体节和附肢数目与成虫相同，唯发育程度不同而已。幼鲺一经孵出，立即寻
找寄主寄生，在平均水温 23.3℃时，幼虫如在 48h 内找不到寄主即死亡。幼鲺寄生到寄主体上
后经 5～6 次蜕皮发育为成虫，小颚完全特化成吸盘，各种器官也趋于完善，并有繁殖后代的
能力。鲺的寿命随水温高低而异，水温高时生长迅速，而寿命短，水温低时生长缓慢而寿命
长。如在水温 29.9℃时仅能生活 36d，而当平均水温 16.2℃时，则可生活 135d。

【症状】鱼体被鲺寄生后，常表现极度不安，在水中狂游或跳出水面，食欲也大大减低，
日久鱼体逐渐消瘦。对幼鱼危害严重，常引起大量死亡。

鲺对寄主的危害主要表现为：

（1）机械损伤。鲺以其尖锐的口刺不断地刺伤鱼体皮肤，带有锯齿的大颚撕破表皮，使血
液外流，再用口管吸食，同时鲺腹面有许多倒刺，在鱼体上不断爬行时，会造成许多伤口。

（2）毒液的刺激。鲺的口刺基部之内有一堆多颗粒的毒腺细胞，可分泌毒液，经输送细
管送至口刺的前端，当其刺伤鱼体时，将毒液注入鱼体，这种毒液对幼鱼的刺激性极大。

（3）引起继发性感染。由于鱼体上被鲺造成的许多伤口，容易被致病菌侵入，造成鱼体
皮肤溃疡，或引起水霉菌滋生，从而加速鱼的死亡。

【流行情况】鲺病国内外都很流行，多种淡水鱼以及海水、咸淡水养殖的鲻、梭鱼、鲈、
真鲷等时有发生，从稚鱼到成鱼均可发病，幼鱼受害较为严重。我国从南到北都有流行，尤
以广东、广西、福建、海南为严重，常引起鱼种大量死亡。在温暖的南方全年都可产卵孵化
（水温 16～30℃），因此一年四季都可发生鲺病。江苏、浙江一带流行于 4～10 月，北方地
区是 6～8 月流行。鲺对寄主的年龄无严格的选择性，对 1 足龄以上的鱼主要是妨碍其生长，
一般不致死。因为鲺可牢固地附着于寄主体上，又能随时离开寄主自由游动，因此可任意从
一个寄主转移到另一个寄主体上，或随水流、工具等传至其他水域中去。

【诊断方法】鱼体上肉眼可见虫体。

【防治方法】

（1）生石灰带水清塘，可杀死水中鲺的成虫、幼虫和虫卵。

（2）用90%晶体敌百虫全池遍洒，使池水成0.5g/m³浓度。

（3）用1g/m³灭虫灵全池遍洒，每天1次，连用3d。

（4）鲻和梭鱼的鲺病可用淡水浸洗15～30min，可使鲺脱落。

（5）将肥水池的病鱼转入瘦水池，或将瘦水池的病鱼转入肥水池中养殖。

🐚 鱼 怪 病

【病原】日本鱼怪（*Ichthyoxenus japonensis*），隶属于软甲亚纲，等足目，缩头水虱科（图4-78）。鱼怪分头、胸、腹3部分。头部似凸形，背两侧有2只复眼。胸部由7节组成，宽大而背面隆起，腹面有胸足7对。腹部6节，较胸部狭小，前5节着生5对叶状腹肢，为呼吸器官；第六腹节称尾节，呈半圆形，其两侧各有1对双肢型尾肢。雌虫比雄虫大。雄鱼怪大小为（0.6～2.0）cm×（0.39～0.98）cm，一般左右对称；雌鱼怪大小为（1.40～2.95）cm×（0.75～1.80）cm，常扭向左或右。一般成对地寄生在鱼的胸鳍基部附近孔内形成寄生囊。

生活史：鱼怪在产卵前蜕皮1次，在胸部腹面形成5对抱卵片，抱卵片与胸壁形成孵育腔，雌鱼怪把受精卵排出至孵育腔内，受精卵在其中孵出并发育成为第一期幼虫，蜕1次皮后发育至第二期幼虫阶段。便离开母体，在水中自由游动，寻找寄主营寄生生活。第一期幼虫虫体为长椭圆形，左右对称，胸部分5节，体表黑色素分布密而深，大小分别为2.15～2.84mm，体宽0.80～1.05mm。第二期幼虫虫体比前期稍大，体表黑色素大而深，左右对称，胸部分6节，大小分别体长2.94～3.12mm，体宽1.05～1.16mm。第三期幼虫更大，体表黑色素更大但少，左右对称，胸部分7节，至于第三期幼虫如何发育为成虫，尚不清楚。母体在释放完全部幼虫后，再蜕1次皮，恢复为产卵前的形状。

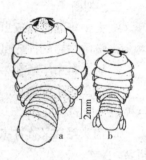

图4-78　日本鱼怪
a. 雌鱼怪　b. 雄鱼怪

【症状】鱼怪成虫寄生在鱼的胸鳍基部附近围心腔后的体腔内形成寄生囊，囊内通常有一雌一雄鱼怪寄生，有1孔和外界相通；鱼怪幼虫寄生在鱼的体表和鳃上。病鱼身体瘦弱，生长缓慢，严重影响性腺发育，丧失生殖能力。若鱼苗被1只鱼怪幼虫寄生，鱼体就失去平衡，很快死亡。若3～4只鱼怪幼虫寄生在夏花鱼种的体表和鳃上，可引起鱼焦躁不安，表皮破损，体表充血，尤以胸鳍基部为甚，第2天即会死亡。

【流行情况】鱼怪病在全国各地都有发生。该病一般发生在河流、湖泊、水库等较大水体，对在这些水域进行的网箱养鱼造成一定的危害。主要危害的对象是鲤、鲫、雅罗鱼、马口鱼等。鱼怪在上海、江苏、浙江一带的生殖季节为4月中旬至10月底。

【诊断方法】根据胸鳍基部的洞便可确诊。

【防治方法】鱼怪成虫的生命力很强，加上它又是寄生于鱼体腔中的寄生囊内，因此，要在水中施药杀灭鱼怪成虫是很困难的。但鱼怪的第二期幼虫是其生活史中的薄弱环节，只要设法杀灭鱼怪的幼虫，就切断了传播途径，起到防治鱼怪的作用。

（1）网箱养鱼，在鱼怪释放幼虫的6～9月，用90%晶体敌百虫按每立方米水体含药1.5g的药量挂袋，可杀死网箱内的鱼怪幼虫。

（2）如发现网箱养殖的鱼类感染鱼怪幼虫，可将鱼集中于网箱一角，箱底套塑料薄膜，在 15℃水温下用 5g/m³ 的 90％晶体敌百虫浸洗 20min，可使幼虫脱落。

（3）鱼怪幼虫有强烈的趋光性，大部分分布在岸边的水面。因此，在沿岸 30cm 宽的水域中泼洒 0.5g/m³ 的 90％晶体敌百虫，隔 3～4d 再泼 1 次，有防治作用。

自测训练

一、填空

1. 寄生于鱼体上的甲壳动物可分为_____、_____和_____。

2. 鳋对鱼体造成的危害包括_____、_____和_____。

3. 桡足类的生活史要经过_____、_____、_____和_____等阶段。

4. 鳋的吸盘是由_____特化而成的。

5. 锚头鳋雌性成虫可分为_____、_____和_____3 种形态。

6. 鱼怪幼虫寄生在鱼的_____和_____上。

二、判断

1. 大中华鳋雌性成虫寄生在 2 龄以上草鱼、青鱼鳃丝末端内侧。（　　　）

2. 鲢中华鳋雌性成虫寄生于 2 龄以上鲢、鳙的鳃丝末端内侧和鲢的鳃耙上。（　　　）

3. 雌、雄中华鳋在第五桡足幼体进行交配。雌鳋一生只交配 1 次。（　　　）

4. 草鱼患中华鳋病的症状病鱼打转、狂游；尾鳍露出水面；鳃丝末端和鳃耙挂着像白色蝇蛆一样的小虫。（　　　）

5. 锚头鳋病又称针虫病或蓑衣病。雌性锚头鳋开始营寄生生活时体节愈合成筒状，且扭转。（　　　）

6. 锚头鳋对寄主有一定选择性，故可以采用轮养方法预防该病发生。（　　　）

7. 鳋成虫、幼虫均营寄生生活。（　　　）

三、选择

1. 寄生到鱼体上的雌鳋为（　　　）。

　　A. 第一桡足幼体　　　B. 第三桡足幼体　　　C. 第五桡足幼体　　　D. 成虫

2. 锚头鳋（　　　）营永久性寄生生活。

　　A. 雌性幼虫　　　　　B. 雄性成虫　　　　　C. 雄性幼虫　　　　　D. 雌性成虫

3. 鳋的吸盘是由（　　　）特化而成的。

　　A. 大颚　　　　　　　B. 小颚　　　　　　　C. 颚足　　　　　　　D. 游泳足

4. 鱼怪成虫胸部有（　　　）节。

　　A. 4　　　　　　　　　B. 5　　　　　　　　　C. 6　　　　　　　　　D. 7

四、简答

简述锚头鳋病的症状。

项目五

虾蟹类病害的防治

任务一　病毒性疾病

任务内容

1. 掌握常见病毒性虾蟹病预防措施和方法。
2. 掌握病毒性虾蟹病发病机理。

学习条件

1. 多媒体课件、教材。
2. 组织切片、显微镜。
3. 病虾蟹标本。

相关知识

 白斑综合征

【病原】白斑综合征病毒（*White spot syndrome virus*，WSSV），又称中国对虾杆状病毒（*Penaeus chinensis baculovirus*）或皮下和造血组织坏死杆状病毒（*Hypodermal and hematopoietic necrosis baculovirus*）。病毒粒子呈杆状，其大小为（120～150）nm×（350～450）nm，具有囊膜，无包含体，双链 DNA。

【症状及病理变化】病虾停止摄食，行动迟钝，游泳无力，漫游水面或静卧水底，不久即死。病虾体色有时轻度变红或暗淡褪色，典型的病虾在甲壳内表面有白色或淡黄色斑点，肉眼可见。白点在头胸甲上尤其明显，在显微镜下呈花朵状，但在有些地方病虾的白点不明显，甚至没有。病虾头胸甲与其下方的组织分离，容易剥下。

血淋巴混浊。皮下组织、结缔组织、淋巴样器官、造血组织、肝、胰等组织和器官均发生病变，这些组织受感染的细胞核肥大，核仁偏位、浓缩成电子密度很大的团块或破成数小块，分布在核边缘；有的核中核仁消失，各种细胞器减少以致解体。核内有大量病毒粒子，严重者核膜破裂，病毒粒子散布于细胞质中并可继续装配。最后，细胞解体，病毒粒子再感染周围细胞。

【流行情况】主要危害中国对虾幼虾及成虾养殖期（幼体期发病不显著），感染率达100%，死亡率90%以上。此外，日本对虾、斑节对虾、长毛对虾、墨节对虾、蟹类、藤壶等也会被感染，流行于我国沿海及东南亚各国。18℃以下为隐性感染，水温20～26℃时发病猖獗，为急性暴发期。该病主要水平传播，即病虾排出的粪便带有病毒，污染了水体或饵料，再由健康的虾吞入后感染，或健康虾吞食了病死的虾而感染。但也不排除垂直感染的可能。此病对全球虾类养殖造成了毁灭性危害。

【诊断方法】

（1）依头胸甲上无法刮除的白斑可初诊。

（2）取胃部、淋巴器官、造血组织或皮下组织等，做超薄切片用电镜观察到杆状病毒粒子。

（3）酶联免疫吸附实验（ELISA法）、PCR技术，或运用核酸探针技术可诊断该病。

【预防方法】对虾病毒病目前尚无有效的防治药物，根本措施是强化饲养管理，进行全面综合预防。

（1）彻底清淤消毒。包括清除过多淤泥和用药物杀死池水中及淤泥中的病原。每公顷用生石灰1 050～1 200kg，或漂白粉25kg；也可用其他含氯消毒剂，例如漂白精、二氯异氰尿酸钠、三氯异氰尿酸等，均匀全池泼洒。消毒后应曝晒1周左右，然后进水。进水渠道也需预先消毒。

（2）严格检测亲虾，杜绝病原从母体带入。

（3）使用无污染和不带病原的水源，并经过滤和消毒。

（4）受精卵在进入孵化池前，用浓度50g/m³聚维酮碘浸洗0.5～1.0min。

（5）放养无病毒感染的健壮苗种，并控制适宜的密度。

（6）投喂优质配合饲料，并在饲料中添加0.2%～0.3%的稳定维生素C；如投喂鲜活饵料，必须先检测证明不带毒并且不腐败变质，或经熟化后再投喂。

（7）保持虾池环境因素稳定，避免人为地惊扰。

（8）虾池设立增氧机，任何时候保证溶解氧不低于5mg/L。

（9）加强巡池、多观察，发现池水变色要及时调控，不采用大排大灌换水法，应多次少量，遇到流行病时，暂时封闭不换水。保持虾苗环境因素稳定，池内藻类稳定，减少惊扰。

（10）使用药饵防止出现细菌、寄生虫等并发疾病。在养殖过程中，根据不同生长时间和阶段，投喂预防病毒的药物，如选用庆康灵6号预防，使用方法为每100kg饲料中加入庆康灵6号200g制成药饵，流行季节连续投喂5d为1个疗程，每月2～3个疗程。也可选用对虾抗病毒免疫添加剂——赛英素，这是一种新型的生物营养制剂，据中国水产科学研究院黄海水产研究所新鱼药临床试验和国家水产品质量监督检验测试中心报告，在饲料中添加赛英素0.3%，对提高虾体自身免疫力和抑制病毒病有一定的作用。

🌀 对虾肝胰腺细小病毒病

【病原】肝胰腺细小样病毒（*Hepatopancreatic parvovirus*，HPV）。病毒粒子球形，直径22～24nm，无被膜，有包含体，单链DNA。

【症状】病虾外观无明显特殊症状。幼体被感染后行动不活泼，食欲减退，生长缓慢，很少蜕皮，体表常挂有污物，或固着许多共栖性生物。养殖期的幼虾或成虾，虾体瘦弱，体色较深，甲壳表面有大量黑色斑点。有的甲壳变软，腹部肌肉变白，抗逆能力差，容易继发性感染细菌性疾病。该病毒侵犯肝胰腺管上皮，组织切片观察，可见细胞核内有包含体（HE 染色）。严重感染时肝胰腺变白、萎缩、坏死。

【流行情况】本病主要危害中国对虾，墨节对虾、斑节对虾、短沟对虾等也可被感染。为一种慢性病，中国对虾感染率可达到 70%～80%，幼体期病情较重，死亡率为 50%～90%。随个体增长，病情减轻，亲虾多呈隐性感染而带毒。分布地区主要是我国，东南亚、墨西哥湾和澳洲、非洲等地也有发现，无明显季节性。

【诊断方法】

（1）根据症状及流行情况做出初步诊断。

（2）肝、胰涂片用孔雀石绿染色或组织切片后用苏木精—伊红染色，在光镜下检查发现胞核肥大，核内有绿色的包含体，进一步将病虾的肝胰腺和前中肠制备超薄切片，用电镜检查，发现细胞中有肥大的核，核质中有包含体及球形病毒颗粒，可做出进一步诊断。

【防治方法】同对虾白斑综合征病毒病。

🔅 中肠腺混浊病（BMN，中肠腺白浊病）

【病原】中腺坏死杆状病毒（*Baculoviral midgut gland necrosis virus*，BMNV），大小 70nm×300nm，具双层被膜，不形成包含体，双链 DNA。

【症状】感染严重的个体肝、胰出现白浊症状（不透明），混浊；浮于水面，活力差；厌食、不时旋转，不能正常发育。

【流行情况】BMNV 主要危害日本对虾幼体、仔虾，特别是糠虾幼体和幼体后 2d。

【诊断方法】初诊：根据外观症状；确诊：LM 细胞核肥大，EM 下检测病毒粒子。

【预防方法】引进日本对虾时要严格检疫；消毒虾池和育苗工具。

🔅 斑节对虾杆状病毒病

【病原】斑节对虾杆状病毒（*Penaeus mondon-type baculovirus*，MBV），大小 75nm×325nm，具被膜，具包含体，双链 DNA。

【症状】感染此病毒的对虾不活泼，食欲减退，自净行为减少，虾体瘦弱，体呈蓝色；昏睡；鳃上常附着聚缩虫、丝状细菌、藻类及污物。肝萎缩变白，抗病力降低，常因发生其他病原感染而致死。斑节对虾杆状病毒主要侵害仔虾到成虾的肝、胰和前中肠的上皮细胞，使细胞核肿大以致破裂，细胞坏死、脱落，甚至整个器官功能丧失。

【流行情况】MBV 主要危害斑节对虾，墨吉对虾和短沟对虾等也受感染，斑节对虾的幼体、仔虾和成虾都受感染，但以成虾受害最严重，发病率、死亡率最高，呈急性型死亡。此病地理分布很广，主要流行于我国台湾、福建省，东南亚一些国家及夏威夷、墨西哥和意大利等地区，对台湾对虾养殖危害最大。仔虾和幼虾期感染后，可发生严重的成批死亡，成虾感染死亡率低，亲虾多呈隐性感染，主要是垂直传播。恶劣的环境与天气是发病的诱因；在优越的饲养条件下，本病的死亡率低，有时只检查到肝、胰腺发生病变。

【诊断方法】

（1）根据症状及流行情况进行初步诊断。

（2）查找病毒包含体。可采用 T - E 染色法制片，电镜下可见到均匀致密的圆形包含体。

（3）组织切片 H - E 染色法电镜下发现嗜酸性包含体。

【预防方法】目前尚无法治疗，主要是采取预防措施。对引进的亲虾和幼体要严格检疫；销毁病虾；消毒发过病的虾池。目前我国台湾采用清洗和消毒卵子及幼体的方法，可以防止此病的发生。

◉ 桃拉综合征病毒病（TSV 病）

【病原】桃拉综合征病毒（*Taura syndrome virus*，TSV），直径 30～32nm，有包含体，单链 RNA。

【症状】急性期感染常发生在幼虾期，病虾身体虚弱，甲壳柔软，不摄食，胃空，附肢变红，甚至整个体表都变红，病虾大多死于蜕皮期。幸存者则进入慢性期，在下次蜕皮时会再次转为急性感染，病虾甲壳上出现黑斑。成虾多为慢性感染。

【流行情况】此病于 1992 年首次在厄瓜多尔的桃拉河附近发现，因此而得名。它是一种主要危害南美白对虾的传染性病毒病。主要感染蜕皮期的幼虾。发病规律：水温剧变 1～2d 后易发病（尤其是 28℃以上）；病虾规格 6～9cm；病虾养殖时间 30～60d；池塘水色浓，透明度低（<20cm），pH 高于 9，氨氮在 0.5mg/L 以上。主要靠水平传播。大部分虾池进水换水后发现对虾染上此病，可能是由于海水中有害细菌增多加速了桃拉病毒病的暴发。病程短，发病迅速，死亡率高，发现病虾后 10d 左右大部分虾死亡。

【诊断方法】根据症状初诊，确诊用电镜检查病毒粒子。

【预防方法】

（1）严格消毒进池海水，保持池塘较高水位，防止带病毒的海水向里渗漏，特别是在周边海域或池塘已发生病害时，更应实行封闭或半封闭式养殖。

（2）有淡水资源的地方应多补充淡水，以抑制病菌数量。

（3）投喂优质配合饲料，提高对虾抗应激能力。

（4）每 10～15d（特别是在进水换水后）应及时用浓度 $0.5g/m^3$ 溴氯海因或 $0.2g/m^3$ 二溴海因全池泼洒，次日早上再用 $0.4g/m^3$ 季铵盐络合碘全池泼洒消毒。

（5）在饲料中添加中草药药汤。配方如下：

配方一：穿心莲 160g，板蓝根 200g，五倍子 20g，大黄 40g，鱼腥草 20g，大蒜粉 40g。

配方二：菊花 160g，板蓝根 200g，黄连 40g，甘草 10g。

两个配方可任选一方的药物粉碎过筛（60 目）后，混匀用瓶存放。用量为投饲量的 4%，把药粉用水煮沸后再煮 3min，待晾干后添加到饲料中，再用鸡蛋或鱼肝油包裹投喂，每天傍晚投喂 1 次，连用 4d。

【治疗方法】采用外用药与内服药相结合。

（1）外用药。用 $0.4g/m^3$ 二溴海因全池泼洒，次日早上再用 $0.6g/m^3$ 季铵盐络合碘全池泼洒 1 次，3d 后，泼洒生物制剂或光合细菌。

（2）内服药。

①白对虾红体病消毒药物按投饲量的 1.5%～2.0% 添加，每天投喂 2 次，连用 5d。

②大蒜按投饲量的 3% 打碎成浆添加，每天投喂 2 次，连用 5d。

（3）全天候开增氧机。

对虾杆状病毒病（BP 病）

【病原】对虾杆状病毒（*Baculovirus penaei virus*，BPV）病毒粒子大小（55～75）nm ×300nm，具被膜，具三角锥形包含体，属于双链 DNA。

【症状】病虾无特殊症状，其活性降低，摄食和生长下降，体表和鳃部常有生物附着。肝、胰腺肿大，EM 下可找到病毒粒子。

【流行情况】BP 病主要发生在美国的凡纳对虾、墨吉对虾、桃红对虾、褐对虾等成虾和幼虾和仔虾，是凡纳对虾幼体的严重疾病。

【诊断方法】LM 下可在肝、胰腺等部位发现三角形包含体，EM 诊断。

【预防方法】对引进的亲虾和幼体要严格检疫；销毁病虾；消毒发过病的虾池。

传染性皮下及造血组织坏死病（IHHNV 病）

【病原】传染性皮下及造血组织坏死病毒（*Infectious hypodermal and hematopoietic necrosis virus*，IHHNV），病毒粒子为正 20 面体，直径 20nm，无被膜，有包含体，单链 DNA。

【症状】急性感染的病虾游动反常，池边散游，腹部反转，然后附肢停止运动，下沉水底；亚急性感染的病虾甲壳发白或有浅黄色斑点，肌肉白浊，失去透明，一般蜕皮时或蜕皮后死亡。幸存者甲壳柔软，甲壳、附肢、鳃的皮下组织有许多黑点，体表、鳃上附生固着类纤毛虫、丝状细菌和硅藻等。

【流行情况】此病主要危害蓝对虾，斑节对虾、凡纳对虾、墨吉对虾和短沟对虾等也会感染。其对幼虾和成虾阶段危害性大，幼体和仔虾不受其害，此病流行范围广。

【诊断方法】LM 下检查包含体，或电镜下检测病毒粒子。

【预防方法】对引进的对虾要严格检疫；销毁病虾；消毒发过病的虾池。

呼肠孤病毒病（REO 病）

【病原】呼肠孤病毒（*Reovirus*，REO）病毒粒子为正 20 面体，直径 50～70nm，无被膜，有包含体，双链 RNA。

【症状】外观无明显症状，严重感染时，对虾不潜入沙底，尾肢、尾节的肝、胰腺变红色。病虾的肝、胰腺萎缩和坏死，包含体嗜酸性。

【流行情况】REO-4 型主要在中国发现，主要感染中国对虾；REO-3 型感染日本对虾、斑节对虾。该病为慢性疾病，发病率不高。

【诊断方法】LM 下检查包含体，EM 下检查病毒粒子

【预防方法】对引进的对虾要严格检疫；销毁病虾；消毒发过病的虾池。

黄头杆状病毒病（YHV 病）

【病原】黄头病毒（*Yellow head virus*，YHV），病毒杆状，（50～60）nm×（150～200）nm，无被膜，无包含体，双链 RNA 病毒。

【症状】发病初期，病虾摄食量增加，然后突然停食，在 2～4d 内头胸部变为黄色，并

死亡。

【流行情况】此病 1990 年首次在泰国流行，随后在中国、印度等国家流行和蔓延。主要感染斑节对虾，尤其是对养殖 50～70d 的对虾影响最大，累积死亡率达 100％。

【诊断方法】初诊：头胸部变黄。

【预防方法】同对虾白斑综合征病毒病。

河蟹呼肠孤病毒病

【病原】一种河蟹的呼肠孤的病毒，关于该病病原的详细情况目前尚缺乏研究。

【症状】病蟹甲壳有红色斑点病灶，鳃呈红棕色，病蟹四肢局部或全部麻痹，蜕壳困难；常常爬到池边浅滩处蜕壳，因四肢麻痹，在池边浅滩处死亡。

【流行情况】该病主要危害幼、成蟹，发病季节为 5～9 月。

【预防方法】尚无有效治疗方法，主要预防。

（1）彻底清塘，保持水质清新。

（2）养殖密度要合理，不宜过大。

（3）用煤酚皂溶液消毒用具、浸浴病蟹。

河蟹颤抖病

【病原体】该病可能由病毒引起，据陆宏达等报道，一种无囊膜，球状的小 RNA 病毒是该病的病原；病毒颗粒直径为 65～85mm。此病毒分布在细胞质内，不形成包含体。也有人观察到另一种比细胞核略小，位于细胞的内质网上，可形成包含体的病毒；此外，还从患该病的病蟹上分离得到弧菌及嗜水气单胞菌等。除上述病原外，不洁净、较肥、污染较大的水质以及河蟹种质混杂或近亲繁殖，放养密度过大，规格不整齐，河蟹营养摄取不均衡等，都易发此病。

【症状及病理变化】发病初期，病蟹食欲下降，活动减缓，对外界刺激不敏感，并伴有蜕壳不遂的特征，但四肢尚能伸直。随着病情的进一步发展，河蟹的指节前端开始出现微红色，并逐渐向上延伸。此时观察病蟹，常出现步足将身体支撑的现象，而且支撑的时间逐渐变长，进而可发现支撑的步足出现"颤抖"现象。随着病情的进一步发展，河蟹步足中的长节和腕节肌肉出现病变、萎缩，解剖发现部分肌肉呈现水样状，步足不能回伸，站立不稳，附肢抖动不停，全身抽搐痉挛，无力翻身。病蟹不蜕壳，体内积水，3～4d 后即会死亡。解剖病蟹，可见鳃丝呈灰黄色或黑褐色，肝病变十分明显，肝、胰囊肿呈灰白色，肝组织糜烂并发出臭味，肠道无食，而且有明显的炎症反应，三角膜出现水肿，打开腹甲有明显的炎症。

【流行情况】河蟹"颤抖病"是一种广泛流行、危害性大的病毒性疾病。该病流行季节长、发病率高。该病主要危害 2 龄幼蟹和成蟹，当年养成的蟹一般发病率较低。发病蟹体重为 3～120g，100g 以上的蟹发病最高。一般发病率可达 30％以上，死亡率达 60％～90％，蔓延速度极大。从发病到死亡往往只需 15～30d。发病季节为 5～10 月上旬，8～10 月是发病高峰季节。流行水温为 25～35℃，江苏、浙江两省流行严重。

【诊断方法】根据症状可做诊断，确诊须经电子显微镜观察到病毒粒子。

【防治方法】以预防为主，尚无有效治疗方法。

（1）对池塘要彻底消毒，并应清除过多的污泥。并按 1 500kg/hm² 遍洒生石灰。对池底进行曝晒、翻动，促进池底有机物的分解，这样既可以杀灭池底的各种病原体，又可以促进营养物质的循环利用。

（2）幼蟹养殖期间慎用药物，尤其是对器官损害性大的药物应禁用。

（3）保持水质清洁，经常换水。每公顷水体每 20d 泼洒 750kg 溶化的生石灰，使池水的 pH 稳定在 7.5～8.5。

（4）为池塘栽植水草，栽种水草的种类可因地制宜，但栽种面积以不少于 1/3 为宜。

（5）外购蟹种应经检疫，确认为健康无病害的蟹种才能放养。对蟹种进行放养前消毒。方法为：用 5～8g/m³ 福尔马林或 3‰ 的食盐浸泡消毒。消毒时间可根据蟹种及病原体种类、数量情况而定。

（6）饲料中添加免疫增效剂，增强蟹体免疫。

罗氏沼虾肌肉白浊病

【病原体】据浙江省淡水水产研究所钱冬报道，通过对对虾组织超薄切片电镜观察，病虾均浆病毒的提取和电镜观察，从中观察到了大量 20 面体，大小为 22～25nm 的病毒颗粒，初步确立了病毒为该病的病原。目前该病毒已定名为罗氏沼虾诺达病毒（*Macrobrachium rosenbergii Nodavirus*，MrNV）。除了病毒病原，还有细菌病原的报道，中国水产科学院珠江所姜兰等从患病罗氏沼虾中分离到了木糖型葡萄球菌；台湾学者 Cheng winton 从罗氏沼虾肌肉坏死症中分离到了肠球菌。

【症状及病理变化】症状由尾部开始，发病初期，病虾尾部只有几块小斑，然后由后向前扩展，最后整个机体除头部外全部发白，并逐渐导致肌肉坏死，先去弹性，活动减弱，摄食能力降低，逐渐死亡。

【流行情况】该病最早于 1996 年前后出现在广东、广西一带，以后迅速传播到江苏、浙江等地。2001 年起，该病在各主要罗氏沼虾苗种场广泛流行，2002 年更是呈蔓延趋势，成为罗氏沼虾养殖业的主要威胁。主要危害罗氏沼虾苗种，发生于虾苗淡化后至放养到池塘 3～5 周内，死亡率可高达 40％～90％。

【诊断方法】

（1）通过对出现白浊症状的虾苗匀浆后离心，取上清液滴片做电镜观察，一般由病毒引起的虾苗病可观察到病毒颗粒。但这种方法需要昂贵的电子显微镜。

（2）通过病毒的核酸电泳进行诊断。这种方法只需 0.1g 典型症状的病虾 10 个左右，通过核酸快速提取液提取病毒核酸，电泳后即可观察到诺达病毒特有的核酸片段，实验费用大大低于电镜观察，且不需要昂贵的仪器。

（3）浙江省淡水水产研究所已建立了酶联免疫测定法，可用于罗氏沼虾肌肉白浊病病毒的诊断。该方法的检测上限目前可达 10ng 的病毒，不需要特殊设备，耗时 4～5h，肉眼即可判断结果，适合各苗种场用于病毒的确诊。

【防治方法】

（1）选择没有此病史的养殖地区罗氏沼虾作为亲虾，精心培育，可成功地控制疾病的发生。

（2）提高亲虾的体质和免疫力可减少疾病的发生机会，目前还没有商品化的免疫增强剂用于罗氏沼虾亲虾的培育，但复合维生素的添加可增强虾的免疫力，特别是维生素 C、维生素 E 等，研究已证明可增加动物的免疫力。在疾病流行严重的地区，育苗车间的所有用具都应严格消毒。严格消毒措施是预防疾病的重要保证。

自测训练

简答

1. 叙述桃拉综合征的病原、症状、流行、防治。
2. 如何区别桃拉综合征病毒病和对虾细菌性红腿病？

任务二　细菌性疾病

任务内容

1. 掌握常见细菌性虾蟹病预防措施和方法。
2. 掌握细菌性虾蟹病发病机理。

学习条件

1. 多媒体课件、教材。
2. 组织切片、显微镜。
3. 病虾蟹标本。

相关知识

对虾红肢病（红腿病）

【病原】副溶血弧病、鳗弧菌等及气单胞菌属中的一些种类，因此，红腿病的病原可能不止一种。

【症状】一般病虾在池边缓慢游动，厌食或不吃食。此病的主要症状是附肢变红，特别是游泳足变红，头胸甲鳃区多呈黄色。游泳足变红是红色素细胞扩张，鳃区变黄是鳃区甲壳内表皮中的黄色素细胞扩张。病虾血淋巴稀薄，凝固缓慢或不凝固，血细胞数量减少。

【流行情况】主要危害中国对虾等多种养殖虾类，疾病的感染率和死亡率均可达到 90% 以上，为对虾养成期危害严重的一种细菌性疾病。发病季节为 6～10 月，大批发病和导致死亡主要出现在 8～10 月，广东、广西和福建则在 7 月下旬和 10 月中、下旬也可大批发病并引起死亡。越冬期的亲虾也常感染此病，但一般不会发生急性大批死亡。此病的流行与池底污染和水质不良有密切关系。

【诊断方法】依外观症状可初诊，镜检血淋巴内的细菌可确诊。

【预防方法】

(1) 虾苗放养前，用生石灰或漂白粉彻底清淤消毒。

(2) 高温季节前，提高池塘水位，保持良好的水质和水色。

(3) 南方呈酸性或底质出现污浊的虾池，7～10d 内泼洒生石灰，每公顷用 75～225kg。

(4) 疾病流行季节，定期泼洒漂白粉或其他含氯消毒剂（浓度同治疗方法），每月 2～3 次。

【治疗方法】外用药与内服药相结合。

1. 外用药 含氯消毒剂全池泼洒。

2. 内服药

(1) 每千克饲料 2g 土霉素拌饵投喂，连喂 5d。

(2) 每千克饲料用大蒜 10g 去皮捣烂拌料投喂 3～5d。

甲壳溃疡病（褐斑病）

【病原】该病主要是一些具有分解几丁质能力的细菌侵袭所致。从病灶上分离出来的细菌有许多种，为一类革兰氏阴性杆菌。

主要有贝类克氏菌、弧菌、假单胞菌、气单胞菌、巴斯德氏菌、黄杆菌等 30 余个菌种。但由于人工感染没有成功，且环境中的化学物质刺激及营养失衡也会导致黑斑病，因此认为该病是一种综合性疾病。病因可能有下列 4 种：

(1) 上表皮先受机械损伤具有分解几丁质能力的细菌从伤口趁机侵入，引起甲壳溃疡。我国亲虾越冬期的褐斑病，其主要原因就是这一点。

(2) 先是由于其他细菌破坏了上表皮，然后具有分解几丁质能力的细菌侵入。

(3) 由于营养不良引起的。这一点在龙虾的褐斑病中已证明。

(4) 环境中的某些化学物质，如重金属离子等引起的。蟹类的甲壳溃疡病的病原与对虾褐斑病的病原基本相同。

【症状】病虾的体表甲壳发生溃疡，出现黑褐斑（黑褐斑是由于虾体为了抑制细菌的侵入在伤口周围沉积黑色素形成的）。溃疡无固定部位，躯干和附肢均可发生，但以头胸甲和第一至第三腹节的背侧面较多。越冬期的亲虾，除了体表的褐斑以外，附肢和额剑也会烂掉，断面也是黑色。溃疡的深度未达到表皮者，在对虾蜕皮时就随之蜕掉，在新生出的甲壳上不留痕迹，但如果溃疡已深达皮之下，在蜕皮时往往在溃疡处的新壳与旧壳发生粘连，使蜕皮困难，严重者细菌侵入甲壳以下的内部组织，引起对虾死亡。

蟹类甲壳溃疡病：病蟹的外骨骼有数目不定的黑褐色溃疡性斑点，在蟹的腹面较为常见。有时呈现铁锈色或被火烧焦的样子，所以也称为壳病、锈病或烧斑病。早期症状为一些褐色斑点，斑点中心部稍凹下，呈微红褐色，到晚期，溃疡的斑点扩大，互相联结为形状不规则的大斑，中心处有较深的溃疡，边缘变为黑色。溃疡一般达不到壳下组织，在蟹子蜕皮后就可消失，但可继发性感染其他细菌或真菌，引起病蟹死亡。

【流行情况】此病在我国的越冬亲虾中最为流行，危害性较大。亲虾越冬期（1～2 月）为疾病流行季节。中国对虾越冬期感染率和积累死亡率高达 70%。在池塘养殖的对虾中也有甲壳溃疡病发生，但一般发病率很低，危害性不大，仅见于少量虾体。此病对幼、成蟹也可造成危害，发病率较高，发病率与死亡率一般随水温的升高而增加。流行范围较大，任何养殖水体均可能发生。

【诊断方法】根据外观症状就可初诊。但要注意与维生素 C 缺乏病的区别：维生素 C 缺乏病的症状是黑斑位于甲壳之下，甲壳表面光滑，并不溃烂。要确诊还要刮取黑斑处的物质镜检。

【预防方法】

1. 选留越冬亲虾时操作管理要谨慎、细心，尽可能避免虾、蟹体受伤。

2. 定期泼洒含氯消毒剂或生石灰，保证水质不受污染，投喂质量优良的饵料。

3. 发现病虾、病蟹应及时隔离、消除。

【治疗方法】

(1) 治疗对虾越冬亲虾甲壳溃疡病：全池泼洒 $20\sim25g/m^3$ 福尔马林，隔天泼 1 次；或全池泼洒 $2.5g/m^3$ 土霉素，隔天泼 1 次，连泼 $5\sim7d$。同时投喂土霉素药饵，每千克饲料加 $0.5\sim1.0g$ 药物，日投饵量为虾体重的 10%，连喂 $1\sim2$ 周。

(2) 治疗对虾养成期的甲壳溃疡病：参照对虾红腿病的治疗方法。

(3) 治疗河蟹甲壳溃疡病：全池泼洒 $20\sim25g/m^3$ 福尔马林或 $2g/m^3$ 漂白粉，隔天 1 次，连泼 2 次。并按每千克饲料添加磺胺类药物 $1\sim2g$ 投喂，连喂 $3\sim5d$ 为 1 个疗程。

对虾瞎眼病

【病原】养成期瞎眼病的病原为非 01 群霍乱弧菌；越冬亲虾瞎眼病的病原：一种是细菌，另一种是真菌，均未确定属名和种名。非 01 群霍乱弧菌，革兰氏阳性弧状杆菌，大小 $(0.5\sim0.8)$ $\mu m\times$ $(1.5\sim3.0)$ μm，单个，有时数个菌体联成 S 形，以极生单鞭毛运动，生长的温度范围为 $20\sim45℃$，最适温度为 $37℃$，pH 为 $5\sim10$ 都能生长，pH 为 8 时生长最好。盐度为 $0.5\sim2.0$ 时生长最旺盛。

【症状】养成期瞎眼病的病虾伏于水草或池边，有时浮于水面旋转翻滚，眼球出现病变，由黑变褐，以后溃烂；越冬亲虾瞎眼病的病虾游动缓慢或伏于水底，病变一般在眼球的前外侧，有的双眼溃烂，有的仅一边的眼睛溃烂，严重时眼球脱落。细菌侵入血淋巴后，变为菌血症而死亡。血淋巴液涂片染色后，在光镜下可看到有许多弧状杆菌。病虾的眼球在扫描电镜下观察，可看到眼球表面布满细菌和杂物，交接处出现许多被细菌腐蚀而形成的孔洞和缝隙。

【流行情况】该病在养成期间几乎全国各地都有发生。发生季节为 $7\sim10$ 月，但以 8 月最多，死亡率一般在 $10\%\sim30\%$，严重者可高达 80% 以上。养成期的瞎眼病与池底不清淤或清淤不彻底有密切关系。越冬亲虾的烂鳃病可能与光线太强，亲虾沿池边不断游动，眼球受池壁摩擦受伤有关。

非 01 群霍乱弧菌为条件致病菌。也是虾池中常见菌群，当虾体健壮，环境优良时，不会引起发病，但当环境条件对病菌生长适宜时，它们大量繁殖，表现出致病性。

【诊断方法】肉眼观察眼球的颜色和溃烂情形，就可初诊。然后再刮取眼睛的溃烂组织和液体，直接在显微镜下检查，以确定病原体是细菌还是真菌。

【预防方法】虾池放养虾前彻底清淤消毒，养成期保持良好水质，越冬期常吸污换水，控制暗光以减少亲虾游动。

【治疗方法】

1. 治疗养成期瞎眼病 参照对虾红肢病。但初期可不用内服药，只泼洒含氯消毒剂。

2. 治疗越冬亲虾瞎眼病 对于细菌引起的瞎眼病可泼洒含氯消毒剂或抗菌药 $3\sim5d$，但两者不能同时使用；对于真菌引起的瞎眼病可用 $2\sim3g/m^3$ 克霉灵或 $6g/m^3$ 制霉菌素药浴，连用 3d。

对虾烂鳃病

【病原】弧菌或假单胞菌。

【症状】病虾浮于水面，鳃丝发白，尖端基部溃烂，坏死鳃丝皱缩或脱落。

【诊断】根据症状可初诊，镜检鳃丝以确诊。

【流行情况】全国各地养成虾的常见病。危害各种对虾，高温季节易发病，可引起对虾的死亡。烂鳃病发病率较低，但已烂鳃的虾很少成活。

【防治方法】参照对虾红肢病。

对虾黑鳃病

【病因】病因复杂，常有以下几种：

(1) 水质底质恶化，pH 长期偏低，水体氨氮和亚硝酸盐含量过高。

(2) 细菌、真菌感染。

(3) 长期缺乏维生素 C。

【症状】鳃组织变黑，严重时鳃丝萎缩、糜烂和坏死等。

【诊断方法】根据症状诊断。

【防治方法】

(1) 对于因水质恶化引起的黑鳃，可采用换水、添加光合细菌等生物制剂以及泼洒沸石粉或白云石粉等措施防治。

(2) 细菌性黑鳃可口服抗生素进行防治。

(3) 因维生素 C 缺乏引起的黑鳃可在饵料中添加维生素 C。

红 体 病

【病因】病因复杂，常有以下几种：

(1) WSSV 或 TSV 等病毒性病原感染。

(2) 溶藻弧菌、副溶血弧菌等弧菌感染。

(3) 水质环境恶化，水体氨氮和亚硝酸盐含量偏高。

(4) 饵料营养物质缺乏或不平衡。

【症状】病虾缓游于池边或池面，身体局部或全身性发红。

【诊断方法】根据症状，并结合水质以及养殖管理情况分析予以诊断。

【防治方法】

(1) 对于病毒性引起的红体，依具体情况采取合适措施。

(2) 对于细菌性红体，可口服抗生素等结合水体消毒。

(3) 对于水质不良引起的红体，可换水或投放生物制剂。

(4) 对于饵料不良引起的红体，可投喂多维和大蒜等。

弧 菌 病

【病原】多种弧菌，其中包括鳗弧菌、溶藻酸弧菌（*V. alginolyticus*）、副溶血弧菌等。

【症状】病蟹身体瘦弱，活动能力减弱，多数在水的中、下层缓慢游动，趋光性差，体色变白，摄食减少或不摄食，有时病蟹呈昏迷不醒状。随病情发展，病蟹腹部伸直失去活动能力，最终聚集在池边浅滩处死亡。病蟹组织中，特别是鳃组织中，有血细胞和细菌聚集成不透明的白色团块，濒死或刚死的病蟹体内有大量的凝血块。

患病对虾幼体游动不活泼，趋光性差，严重者在静水中下沉于水底，不久就死亡。慢性感染者一般身体有污物附着，而急性感染者则无。

【流行】主要危害幼虾、幼蟹，溞状幼体，甚至大眼幼体。发病率较高，死亡率可达50％以上。如若幼体染病，1～2d 内即会死亡，并导致全军覆没。流行季节为夏季，流行水温 25～30℃。发病的主要原因是放养密度高，蟹体受到机械损伤或敌害侵袭而体表受损，水质污染，投料过多等，导致弧菌继发性感染。对虾幼体弧菌病是世界性的，以溞状幼体Ⅱ以后的发病最高。这是因为此时开始投喂人工饲料，残饵污染水体，滋生细菌所致。完全投喂活饵料的育苗池则发病率明显降低或不发病。

【诊断方法】取发病幼体镜检来初步诊断。

【预防方法】

（1）合理放养，密度一般每平方米放养 3～6 只，规格为每只蟹 5～10g。

（2）捕捞与运输过程中，操作要谨慎，避免蟹体受伤。

（3）育苗池用高锰酸钾或漂白粉消毒。育苗工具用漂白粉浸泡 1h 以上。育苗用水最好要经过砂滤。

（4）投喂适量，防止残饵污染水质，滋生细菌，及时更换新水，保持水质清新。

（5）发病季节，全池泼洒土霉素 1g/m³。

【治疗方法】

1. 治疗河蟹弧菌病　用 2～3g/m³ 土霉素全池泼洒，每日 1 次，连用 3～5 次。同时口服土霉素药饵，每千克体重蟹用药 0.1～0.2g 拌在饲料中，制成药物颗粒饲料，连喂 7d 为1 个疗程，依病情，可用 1～2 个疗程。

2. 治疗对虾幼体弧菌病　用 3g/m³ 土霉素全池泼洒，每日 1 次，连用 3～5 次。同时口服土霉素药饵，每千克鸡蛋用药 0.5～1.0g 混合均匀，蒸成蛋糕投喂，连喂 3d。

丝状细菌病

【病原】主要是毛霉亮发菌，一种头发状、不分支、菌丝无色透明、好氧、嗜盐的革兰氏阴性菌。此外还有发硫菌（*Thiothrix* sp.）。

【症状】丝状细菌可附着在对虾的卵、幼体、成虾的鳃和体表，以及河蟹的溞状幼体和大眼幼体体表上，仅以宿主为生活基地，不侵入宿主机体组织，不摄取宿主营养，与宿主共栖，不直接危害宿主。但会影响虾、蟹呼吸；会使幼体蜕皮受阻，游泳迟缓，甚至沉于池底，逐渐死亡。

【流行】丝状细菌病一般不会引起大规模的死亡，但它与固着类纤毛虫和壳管虫、莲蓬虫等吸管虫同时存在时，其危害性加大。该病流行广，无明显地域界限。本病没有明显季节性，但主要发生在 8～9 月，流行温度为 23～35℃，最适温度为 25℃，在盐度 16 的海水中极易流行。目前，在工厂化育苗场中，幼体大量患病的现象较为少见。池水和底泥有机质含量多，是诱发本病的一个重要原因。因此，丝状细菌也可作为水环境污染的一个指标。

【预防方法】

(1) 保持水质与底质的清洁。即放养前清除池底淤泥并消毒，养殖过程中，经常冲注水。

(2) 饲料要营养丰富，投喂要恰当，促使幼体正常蜕皮与生长。

(3) 放养密度要适宜，切忌过大。

【治疗方法】

1. 治疗幼体丝状细菌病

(1) 加大换水量，并多喂适口饲料，促使患病幼体尽快蜕皮。

(2) 用 $0.5g/m^3$ 漂粉精或 $0.5～0.7g/m^3$ 高锰酸钾全池泼洒，有一定疗效。

2. 治疗养成期的丝状细菌病

(1) 用 $10～15g/m^3$ 菜籽饼泼洒，促使其蜕皮，蜕皮后并大换水。

(2) 用 $1g/m^3$ 氯化铜药浴，对控制该病也有一定疗效。

注意：不能用蜕皮的方法治疗封闭式纳精囊亲虾的丝状细菌病。

任务三　真菌性疾病

任务内容

1. 掌握常见真菌性虾蟹病预防措施和方法。

2. 掌握真菌性虾蟹病发病机理。

学习条件

1. 多媒体课件、教材。

2. 组织切片、显微镜。

3. 病虾蟹标本。

相关知识

虾蟹的真菌性病以卵和幼体的真菌病危害最大，其次为越冬期亲虾、亲蟹的真菌病，在养成期间很少发现真菌性病。真菌的菌丝都比较大，在显微镜下一般都容易看到。

对虾镰刀菌感染

【病原体】病原为镰刀菌（*Fusarium*），其菌丝呈分枝状，有分隔，生殖方法是形成大分生孢子、小分生孢子和厚膜孢子。大分生孢子呈镰刀形，所以称为镰刀菌，有 1～7 个横隔。小分生孢子为椭圆形或圆形，不分隔。厚膜孢子只有在不良条件下才产生，通常出现在菌丝中间和大分生孢子的一端，圆形或长圆形，具厚壁，有时 4～5 个相连在一起。大小分生孢子和厚膜孢子在条件适宜时均能发芽，并发育成为新菌丝体。镰刀菌的有性生殖未发现。

在中国对虾上已鉴定出 4 种镰刀菌，腐皮镰刀菌（*F. solani*）、尖孢镰刀菌（*F. oxysporum*）、三线镰刀菌（*F. tricinctum*）、禾谷镰刀菌（*F. graminearum*）。镰刀菌属包括的种很多，同一种的形态变异较大，所以分类鉴定比较困难，应非常慎重。

【症状及病理变化】镰刀菌寄生在鳃、头胸甲、附肢、体壁和眼球等处的组织内。主要症状是寄生处的组织有黑色素沉淀而呈黑色。在日本对虾鳃部被寄生时，引起鳃丝组织坏死变黑，但中国对虾的鳃感染了镰刀菌后，有的鳃丝变黑，有的鳃丝内充满了真菌的大分生孢子和菌丝，但不变黑。有的中国对虾越冬亲虾头胸甲鳃区感染镰刀菌后，甲壳坏死，变黑、脱落，如烧焦的形状。黑色素沉淀是对虾组织被真菌破坏后的保护性反应。在组织切片中可看到变黑处是由许多浸润的血细胞，坏死的组织碎片，真菌的菌丝和分生孢子组成的。在对虾体表甲壳表皮下层中的菌丝周围通常由许多层变黑的血细胞形成被囊；内表皮中往往有大量菌丝存在，但没有形成被囊；上表皮一般完全被破坏。镰刀菌寄生处除了对组织造成严重破坏以外，还可产生真菌毒素，使宿主中毒。

【流行情况】镰刀菌是十足目甲壳类的一种危害很大的病原。其宿主种类和分布地区都很广。在海水中的各种对虾和龙虾都可受感染；淡水的罗氏沼虾甚至鲤都可感染，但斑节对虾对它具有高度的抵抗力。分布的地区几乎是世界性的。在我国有些地区人工越冬的中国对虾亲虾曾因此病引起大批死亡。此病是一种慢性病。在养成期的对虾上尚未发现有此病发生。美国的加州对虾对此病最为敏感，其次为蓝对虾和万氏对虾。

镰刀菌是一种条件致病菌，当对虾受创伤、摩擦、化学物质或其他生物的伤害后，病原才能趁机侵入，逐渐发展成为严重的疾病，引起宿主死亡。

【诊断】取患部少许组织做成水浸片镜检，可看到鳃内充满菌丝和月牙状的大分生孢子，组织严重受损。

【防治措施】

（1）虾塘在放养前应彻底消毒；亲虾进入越冬池前应消毒；防止亲虾受伤。

（2）发病虾池收虾后用二氯异氰尿酸钠 $10g/m^3$ 彻底消毒，同时进行翻耙。

（3）在感染初期，尚未出现明显症状时，用制霉菌素，每立方米水体用 2 000 万 U，可以抑制真菌的生长发育，降低死亡率。

🌀 对虾幼体真菌病

【病原】常见的病原有链壶菌（*Lagenidium*）和离壶菌（*Sirolpidium*）。在显微镜下观察菌丝细长，弯曲，分支，不分隔。其传播方式为通过成熟的菌丝体所产生的大量游动孢子排放到水中而感染新的个体。

【症状】可寄生于虾卵及其幼体。被感染者肉眼观察透明度下降，发育停止，幼体活力减弱，不摄食，不变态，常下沉于水底。显微镜观察，虾卵和幼体体内有大量的菌丝体，一般在发现菌体 24～48h 内，寄生部位的组织严重受损，卵和幼体便大批死亡，并在已死的卵和幼体中很快就长满了菌丝。

【流行】链壶菌和离壶菌的地区分布和宿主范围都很广，这类真菌又能以海藻类为宿主并营腐生生活，因此几乎世界各地都有发现，特别是在虾、蟹等甲壳类幼体和卵上，但一般不感染成体。这可能与成体的甲壳比较坚固或成体期不敏感有关。人工育苗期是发病高峰，对虾卵和幼体感染率 100％，死亡率 100％。

【诊断方法】镜检患病幼体容易发现菌丝体就可以做出诊断。

【预防方法】

（1）用 100g/m³ 漂白粉或 50g/m³ 高锰酸钾消毒亲虾池、产卵池、孵化池和培育池。

（2）孵化虾苗所使用的海水先过滤，然后用紫外线灯灭菌消毒。

（3）收集的虾卵在放入孵化池前用 0.5g/m³ 漂粉精浸洗 1～2min。

（4）对发病的育苗池进行隔离，使用过的工具必须消毒以后才能再用于其他苗种池。

【治疗方法】

（1）用 0.01～0.1g/m³ 氟乐灵全池泼洒。氟乐灵不溶于水，必须先溶于丙酮，然后加水稀释后再使用。

（2）用 0.1～0.5g/m³ 亚甲蓝或 60g/m³ 制霉菌素全池泼洒。

水 霉 病

【病原体】病原为水霉，其种尚未鉴定。发病原因主要是运输时使虾蟹受伤，真菌孢子侵入而致，此外，因水流与温度原因也会使卵受感染。

【症状与病理变化】发病初期，病虾尾部及其附肢部有不透明的白色小斑点，继而扩大，严重时遍及全身，最后导致死亡，越冬的罗氏沼虾发病时则多表现为尾扇和头胸甲出现溃疡性黑斑。蟹卵表面或病蟹体表和附肢上，尤其是伤口上出现灰白色棉絮状病灶，伤口部位组织溃烂，病蟹行动迟缓，食欲减退，身体瘦弱，蜕壳困难而死亡。

【流行情况】该病在青虾和罗氏沼虾中均有发生，主要对象是虾苗，越冬的罗氏沼虾也较多发生。此外，从蟹卵、幼体到成蟹均会被感染，发病率较高，蟹卵与幼体发病易造成大量死亡。

【诊断】

（1）肉眼见到病蟹和蟹卵上有绒毛状物质，即为此病。确诊需刮取绒毛状物在显微镜下观察。

（2）虾水霉病的诊断先根据症状初诊，然后将病体在显微镜下观察，见菌丝体或孢子后可确诊。

【防治方法】

1. 虾水霉病

（1）池水预先用 0.5g/m³ 三氯异氰尿酸消毒。

（2）坚持每天排污和换水，保持水质清洁。

（3）200g/m³ 福尔马林每天浸浴 30min。

2. 蟹水霉病

（1）在捕捞、运输、放养过程中应谨慎操作，勿使河蟹受伤。

（2）河蟹蜕壳前，增投一些动物性饵料，促使其蜕壳。

（3）育苗期间，要保持水质清新，并注意保温。

（4）用 3％～5％的盐水浸浴病蟹 5min，然后用 5％碘酒涂擦患处。

白 斑 病

【病原体】病原基本上可以定为一种真菌，因为 80％以上的白斑内均发现有真菌菌丝，未发现真菌的白斑，也不能排除真菌的感染，因为白斑处的组织钙化，坚硬而不透明，在显微镜下不易观察。

【症状和病理变化】病虾体表的甲壳上有稍带粉红色的白斑，白斑最容易出现在对虾的头胸甲上，严重者整个头胸甲都变白，其次是腹部背面和两侧，白斑处的甲壳表面无明显变化，只是失去透明性。将白斑解剖时，可看到甲壳下有一层厚 0.2～0.5mm 的坚硬物质，可能是钙质沉淀，不易与甲壳分离。

【诊断方法】从外观症状就可诊断，需要观察真菌菌丝时，可剪取一部分有白斑的甲壳，刮去内表面黏附的肌肉组织，在将白斑甲壳撕破后做成水浸片，在高倍显微镜下观察撕破处的边缘，可看到伸出的菌丝。

【流行情况】白斑病的分布地区很广，但都发生在越冬亲虾上，此病的感染率一般为 10％～20％，死亡率在 80％以上。

【防治方法】

(1) 白斑病的发生可能与亲虾受伤有关，因此要严防亲虾受伤。

(2) 亲虾入池时每立方米用 250g 的福尔马林溶液浸洗 3～5min。

(3) 发现病虾后应立即捞出，隔离饲养。

虾、蟹类卵和幼体的真菌病

【病原体】虾病病原体最为常见的有链壶菌属（*Lagenidiun*）和离壶菌属（*Sirolrdium*）链壶菌的菌丝长，有不规则分支，不分隔，有许多弯曲，直径 7.5～40μm。菌丝吸收虾体营养，发育很快，不久就可充满宿主体内。到宿主的营养物质被吸收殆尽时，靠近宿主体表的菌丝就形成游动的孢子囊的原基，有隔膜与菌丝的其他部分分开，并生出 1 条排放管。排放管穿过宿主体表伸向体外，顶端形成 1 个顶囊。游动孢子囊原基中的原生质通过排放管流到顶囊中，在顶囊中形成游动孢子，并在其中剧烈游动最后把顶囊冲破，逸出到水中。游动孢子呈肾形，从侧面凹中生出 2 条鞭毛。游动孢子在水中游动片刻后，即附着到对虾的卵或幼体上，停止活动，失去鞭毛，生出被膜，成为休眠孢子。休眠孢子经过短时间的休眠后，即向宿主体内萌发成为发芽管。发芽管的末端变粗，伸长后即成为菌丝。

离壶菌与链壶菌的菌丝没有多大区别，其主要区别在孢管，从管端的开孔处直接放出于水中，不形成顶囊。

蟹病的病原体为青蟹链壶菌和蓝蟹链壶菌。青蟹链壶菌寄生在锯缘青蟹的卵和幼体内。菌丝较粗，但不规则，直径为 10.0～37.5μm，分支多，无隔膜。蓝蟹链壶菌寄生在蓝蟹的卵和幼体内。菌丝形态与青蟹链壶菌基本相同。

【症状及病理变化】链壶菌和离壶菌都可寄生在对虾卵和各期幼体内，但未曾在成虾上发现。所引起的症状和病理变化基本相同，受感染的对虾幼体，开始时游泳不活泼，之后下沉于水底，不动，或仅附肢和消化道偶尔动一下。受感染的卵停止发育。一般在发病后 24h 内，卵和幼体就大批死亡，并在已死的宿主体内充满了菌丝。

该病寄生在蟹类的卵和幼体中，前期病卵为褐色（正常的卵呈黄色），后期病卵呈浅灰色（正常的卵呈褐色或黑色）。该菌一般附着在卵的表面，使卵不能正常孵化。幼体被链壶菌感染后体色变为灰白色，如棉花状，活动能力下降，趋光性差，摄食量减少或绝食，不久死亡。死后的幼体体表也可生出绒毛状菌丝。

【流行情况】该病在世界上的分布地区广，几乎世界各地养殖的各种虾蟹类和其他甲壳类的卵和幼体上都可被感染。但最容易受害的是溞状幼体和糠虾幼体，感染率高达100％，受感染的卵和幼体不能存活。成体只是带菌者，可将真菌传播给卵和幼体，它本身不会成为疾病，即菌丝不能生长在成体内部。

【诊断】从卵和幼体的症状以及将卵和幼体做成水浸片，用显微镜检查，很容易看到菌丝就可诊断。在头胸甲边缘和附肢等比较透明的地方最容易看见。

【防治方法】

（1）池塘在育苗前应彻底消毒，特别是已经发生过真菌病的育苗池，再次使用前消毒更应严格。

（2）加强检疫制度，选择无感染的健康虾蟹作为亲本，以防止病原随种源带进。

（3）发病池使用过的工具必须消毒以后才能再用于其他池塘。

（4）经常检查用于产卵的雌蟹，发现腹部所抱的卵块是受到真菌感染的雌蟹，就立即销毁，以防迅速蔓延。

（5）孔雀石绿为禁用药物，不可使用。

任务四　原虫性疾病

任务内容

1. 掌握常见原虫性虾蟹病预防措施和方法。
2. 掌握原虫性虾蟹病发病机理。

学习条件

1. 多媒体课件、教材。
2. 组织切片、显微镜。
3. 病虾蟹标本。

相关知识

微孢子虫病

【病原体】

1. 寄生在对虾上的微孢子虫　在国外文献上报道的有3属4种。

（1）奈氏微孢子虫（*Ameson nelsoni*）。感染的宿主为褐对虾、白对虾、桃红对虾的横纹肌。

（2）对虾匹里虫（*Pleistophora penaei*）。感染褐对虾、白对虾和桃红对虾的横纹肌，偶见于心肌、肝、胰、鳃、胃壁。

（3）桃红对虾八孢虫（*Agmasoma duorara*）。感染桃红对虾、白对虾、褐对虾、加州对虾、巴西对虾。一般寄生在肌纤维之间，也寄生在心脏、生殖腺、神经组织。

（4）对虾八孢虫（*A. penaei*）。感染白对虾、褐对虾、桃红对虾，寄生在血管的平滑肌，前肠、生殖腺、心脏，以生殖腺为主要寄生部位。

2. 寄生在海蟹中的微孢子虫　主要有下列 5 种。

（1）米卡微粒子虫。寄生在蓝蟹的肌肉中。

（2）蓝蟹微粒子虫。寄生在蓝蟹的肌肉中。

（3）普尔微粒子虫。寄生在绿蟹的肌肉中。

（4）微粒子虫一种。寄生在蓝蟹肌肉中。

（5）卡告匹里虫。寄生在蓝蟹肌肉中。

【症状及病理变化】对虾微孢子虫主要感染横纹肌，肌肉白浊不透明，失去弹性。对虾八孢虫主要感染卵巢，使卵巢肿胀、变白，混浊不透明。在鳃和皮下组织出现许多瘤状白色肿块。中国对虾感染微粒子虫后，在孢子未形成以前，已全身变白并开始大批死亡。墨吉对虾感染八孢虫后头胸部内的卵巢呈橘红色。匹里虫感染的对虾表皮呈蓝黑色。

被微孢子虫感染的病蟹的主要症状与对虾微孢子虫病的症状基本相同。但因蟹类的甲壳较厚，隔着甲壳不易看清内部肌肉的颜色。严重感染的蓝蟹横纹肌肌纤维被溶解。

【流行情况】微孢子虫病是广东、广西地区一种较为常见的和危害较大的病，在养殖对虾和野生对虾中都常发现。养殖的墨吉对虾和长毛对虾体长在 6cm 以上者，常患八孢虫病，病虾逐渐消瘦，最后死亡。北方养殖的中国对虾曾患微粒子虫病发生大批死亡。

蟹类微孢子虫病是由于吞食病蟹的肌肉或孢子而感染。各种蟹都可能被感染。

【诊断】从外观症状可以初诊，确诊时必须取变白的肌肉组织做成涂片和水浸片，用吉姆萨染色，在显微镜下看到孢子，即可确诊。

【防治方法】此病目前尚无特效药物治疗，应加强预防。

（1）对有发病史的虾池应彻底清淤消毒，以杀灭散落在底泥中的孢子（方法同镰刀菌病）。

（2）发现病虾、蟹、死虾蟹时及时捞出并销毁，防止被健康虾蟹吞食后，引起重新感染。

固着类纤毛虫病

【病原体】属于纤毛动物门（Ciliophora），寡膜纲（Oligohymenaphorea），缘毛目（Peritrichida），固着亚目（Sessilina）中的许多种类。引起虾蟹类病的主要种类有：钟形虫、聚缩虫、单缩虫等。这些纤毛虫的身体构造大致相同，都呈倒钟罩形。前端为口盘，口盘的边缘有纤毛。胞口在口盘顶面是以口沟按反时针方向盘曲，口沟末端进入细胞内，即为胞口。口沟的两缘也有 1 行纤毛。体内有 1 个带状大核，大核旁边有 1 个球状小核，有 1 个伸缩泡还有数目和位置不定的食物泡。虫体后端有柄，用柄的基部附着基物上。有些种类柄呈树枝状分枝。有些种类柄内有柄肌，使柄收缩。

【症状及病理变化】固着类纤毛虫少量固着时，外表没有明显症状，危害也不严重，当宿主蜕皮时就随之蜕掉，但当大量固着时，危害就非常严重。在体表大量附生时，肉眼看去有一层灰白色或灰黑色绒毛状物。附着的部位是对虾及其幼体的体表和附肢的甲壳上以及成虾的鳃上、眼睛上。感染严重的成虾，鳃丝上布满了虫体，肉眼看去鳃部变黑。（是虫体和污物的颜色）。患病的成虾或幼体，游动缓慢摄食力降低，生长发育停滞，不能蜕皮，更促进了固着类纤毛虫的附着和增殖，结果会引起宿主的大批死亡。

【流行情况】固着类纤毛虫的分布是世界性的，我国沿海各省的对虾养殖场和育苗场都经常发生。危害海、淡水中的各种虾蟹的卵、幼体和成体，尤以对虾蟹的幼体危害为大。当水中有机质含量多，换水量少时，该虫大量繁殖，充满鳃、附肢及体表各处，在水中溶解氧较低时，可引起大批死亡，残存的商品价值也大大降低。

【诊断】从外观症状基本可以初诊，确诊时必须剪取一点鳃丝或从体表刮取一些附着物做成水浸片，在显微镜下看到虫体。

【防治方法】

（1）保持水质清洁是最有效的预防措施。做到放养前清除池底污物，彻底消毒，放养后经常换水，投饲要适量，尽可能避免过多的残饲沉积在水底。

（2）卤虫卵进行消毒，可用 $50\sim60℃$ 的热水浸泡 5min 左右。

（3）加强饲养管理，投喂优质饲料，提高机体抗病力。

（4）全池泼洒茶籽饼，每立方米水体 $10\sim15g$，促使蜕皮后再进行大换水。

（5）每立方米 25g 福尔马林溶液药浴 24h 以上。

（6）成虾池每立方米泼洒 0.5g $CuSO_4$ 进行治疗，同时投喂蜕皮素，促进蜕壳。

拟阿脑虫病

【病原体】蟹栖拟阿脑虫（*Paranophrys carcini*）为原生动物的一种，属于鞭纤目，嗜污科。虫体呈葵花籽形，前端尖，后端钝圆，虫体平均大小 $46.9\mu m\times14.0\mu m$，最宽在身体后 1/3 处，全身披有均匀的纤毛，身体后端正中有一条较长的尾毛。虫体大小与营养有密切关系，体内后端靠近尾毛的基部有 1 个伸缩泡。身体前端腹面有 1 个胞口。大核椭圆形，位于体中部。小核球形，位于大核左下方，或嵌入大核内。

【症状及病理变化】患病虾外观没有特殊症状，有些虾的鳃部变黑，但镜检发现为黏附的污物及有机碎屑。病虾被感染后摄食降低，并且运动能力减弱，但并未马上死亡，一般可维持存活 $3\sim5d$。濒临死亡病虾可在血淋巴中看到大量的拟阿脑虫游动，血细胞几乎全被虫体吞食，且体表有伤口或溃疡口。拟阿脑虫最初是从伤口侵入虾体，到达血淋巴后，大量繁殖，并随着血淋巴的循环，到达全身各器官组织。虫体侵入到鳃和其他器官组织后，因虫体在其中不停地钻动，使鳃及其他组织受到严重的机械损伤，造成呼吸困难，窒息而死。受感染的蟹引起的症状与虾相同。

【流行情况】蟹栖拟阿脑虫为兼性寄生虫，为机会入侵者。当越冬亲虾或蟹受伤后，此虫就乘机从伤口侵入虾体，在血淋巴中大量繁殖，破坏宿主组织，引起宿主死亡。拟阿脑虫对环境的适应力很强，它生长和繁殖的最适水温为 10℃ 左右与亲虾越冬期的水温相吻合。此病为越冬对虾危害最为严重的一种疾病。

【诊断】

（1）感染初期的虾诊断时从伤口刮取溃烂组织，在显微镜下找到虫体。

（2）感染的中后期拟阿脑虫已钻入了血淋巴，最方便的诊断方法是用镊子从头胸甲后缘与腹部交界处刺破，再用吸管插入围心窦吸取血淋巴，在显微镜下观察，可看到前端尖，后端圆，具尾毛的长形纤毛虫，就可确诊。

【防治方法】

（1）亲虾入池前先用每立方米水体 300mL 福尔马林浸洗 3min，或用聚维酮碘 20g/m³ 浸洗 5min，以消除体表的病原。

（2）投喂的鲜活饵料应消毒后再喂，如可用 50g/m³ 的高锰酸钾水溶液浸泡 5min 后用淡水冲洗干净后再喂，从而避免拟阿脑虫从饵料中进入越冬池。

（3）虾蟹的捕捉、选择和运送时要细心操作，严防亲虾、亲蟹受伤。

（4）每天应清除池底残饵。病死或濒临死亡的虾应立即捞出。

（5）在疾病初期，即虫体仅存在于伤口浅出时尚可治愈，可用淡水浸洗病虾 3～5min，或用 25mL/m³ 福尔马林浸浴，12h 后换水。当寄生虫已在血淋巴中大量繁殖时，则无有效治疗方法。

吸管虫病

【病原体】为多态壳吸管虫（*Acineta Polymorpha*）和莲蓬虫（*Ephelota* sp.）。属于纤毛动物门，吸管亚纲（Suctoria），吸管目（Suctorida），壳吸管虫科（Acinelidae）以及莲蓬科。

多态吸管虫虫体形状变化很大，正面看去呈倒钟罩形，外被透明的壳，前端左、右两侧角上各有 1 束吸管，吸管末端膨大呈球形。虫体长 50～93μm，宽 31.3～50.0μm，侧面观略呈橄榄形，两端较尖，多数个体壳后部往往收缩变形，因而使虫体呈四方形、帽形等多种形状。壳后端有一条很短的柄，但大多数虫体柄不明显。胞核一般椭圆形，细胞质内有许多食物粒。生殖方法为内出芽。

莲蓬虫虫体呈莲蓬状或球形，体表无壳，长度为 42.8～145.4μm，宽度为 47.8～171.0μm 虫体前端有 20～50 条放射状的触手，2～6 根吸管，触手充分伸展后末端尖锐，吸管末端较膨大。虫体基部有一透明无色的长柄，柄的基部附着在宿主上。生殖方法为外出芽，生殖时在虫体顶部生出数个芽体，芽体具纤毛，形成后离开虫体，在水中自由游泳，遇到虾类和海藻就附着上去，蜕掉纤毛，生出触手和柄，变为虫体。

【症状及病理变化】两种吸管虫都共栖在对虾体表和鳃上，少量虫体共栖不显症状。大量共栖时，由多态壳吸管虫引起的疾病，病虾体表和鳃呈淡黄色；由莲蓬虫引起的疾病，病虾体表和鳃呈铁锈色。附着在鳃和体表，影响对虾的呼吸和蜕皮，在池水溶解氧不足时，可引起死亡。

【流行情况】此虫在全国各养虾场都可能发现，对虾生活各个阶段都可能被附着。对宿主无严格选择性，各种对虾都可被共栖。夏、秋季为流行季节，当共栖数量不多时，危害不大，当大量虫体密布对虾鳃和体表时，严重影响对虾生长，有时引起部分虾死亡。

【诊断】刮取病虾体表附着物或剪取部分鳃丝，做成水浸片镜检，看到大量虫体就可诊断。

【防治方法】参考固着类纤毛虫病。

任务五 其他生物疾病

任务内容

1. 掌握常见其他生物性虾蟹病预防措施和方法。
2. 掌握其他生物性虾蟹病发病机理。

学习条件

1. 多媒体课件、教材。
2. 组织切片、显微镜。
3. 病虾蟹标本。

相关知识

吸 虫 病

【病原体】为皱缘似孔吸虫（*Opecoeloides fimbriatus*）的囊蚴（metacercaria），囊蚴的包囊壁薄而透明，厚约 1.7μm，包囊的大小和形状依据感染时间的长短而有差别，时间短的近似圆形，时间长的呈香肠形。大多数情况下，成熟包囊的平均大小为 0.68mm×0.25mm，充分成熟的个体为 1.2～0.5mm。从包囊中取出的囊蚴平均为 0.84mm×0.3mm。囊蚴在形状上很像成虫，与成虫唯一不同的是没有达到性成熟。

生活史：据 John（1998）假设性的描述。

①感染阶段或尾蚴侵入虾体。

②尾蚴迁移到适宜的组织内并发育为囊蚴。

③鱼吞食了感染有囊蚴的对虾，对虾被消化，囊蚴在鱼的消化道内发育为成虫。

④虫卵随鱼的粪便排出，卵在水中孵化为毛蚴。

⑤毛蚴进入一种海螺内，行无性繁殖，发育为胞蚴和尾蚴。

⑥尾蚴自螺体逸出，在水中游动，如遇到虾体即入侵。

【症状和病理变化】皱缘孔肠吸虫的囊蚴寄生在对虾的肝、胰及其周围的组织内，胃、心脏和生殖腺等器官组织内也曾发现过，但其感染率不高，感染强度不大，因此症状和病理变化均不明显。

【流行情况】囊蚴寄生于美洲产桃红对虾、白对虾等。我国产的对虾尚未发现。

【诊断】解剖虾体取出肝、胰，置于培养皿内并加入生理盐水；用镊子和解剖针剥开肝、胰，在解剖镜下观察，如发现吸虫囊蚴即可诊断。

【防治方法】尚无研究。

绦 虫 病

【病原体】病原为对虾原克氏绦虫（*Prochnistianella penaei*）的实尾蚴，幼虫通常包在囊内，包囊呈圆柱状，囊壁薄而透明，大小平均为 $1.10mm \times 0.52mm$，厚 $1.8\mu m$，固着器未缩进胚泡内仅被包围在囊壁内。

生活史：Johnson（1988）做了如下假设性的描述。

①对虾吞食了感染有绦虫幼虫的桡足类或其他小甲壳动物。

②幼虫在对虾的组织内发育为实尾蚴。

③鳐类吞食了感染有实尾蚴的对虾。

④实尾蚴在鳐的消化道中发育为绦虫成虫。

⑤虫卵随鳐类的粪便排出体外，并被桡足类吞食。

⑥虫卵在桡足类体内孵化发育为幼虫。

【症状和病理变化】肉眼观察无明显症状。

【流行情况】对虾原克氏绦虫发现于美洲产桃红对虾、白对虾和褐对虾。我国产中国对虾上曾发现过绦虫的幼虫，但尚未鉴定。

【诊断方法】取对虾肝、胰置于培养皿内，加入生理盐水，用镊子或解剖针剥开，肉眼和置于解剖镜下仔细观察，如发现有绦虫的幼虫，即可诊断。

【防治方法】尚未研究。

线虫病

【病原体】已报道的有旋驼形线虫（*Spirocama llanus pereirai*）、纤咽线虫（*Leptolaimus* sp.）和拟蛔线虫（*Ascaropereirai* sp.）等的幼虫，而最普遍的是盲囊线虫的幼虫。

生活史：据 Johnson 对盲囊线虫生活史的假设是：

①对虾吞食了感染有线虫幼虫的桡足类或甲壳类。

②幼虫在对虾组织内发育为下一阶段的幼虫。

③蟾鱼捕食了感染有幼虫的对虾。

④幼虫在鱼肠道内发育为成虫并排放虫卵。

⑤虫卵随鱼的粪便排出以后被桡足类所吞食。

【症状和病理变化】幼虫寄生在对虾的肝、胰及其周围的组织或胃和肠内，不形成包囊。由于其感染率和感染强度不大，所以无明显症状。

【流行情况】养殖的对虾尚未发现有线虫幼虫的寄生。但在捕获的产卵亲虾中发现有一尾虾的肠道中有线虫的幼虫，幼虫不形成包囊，由于感染率和感染强度低，看不出对虾体的危害性。

【诊断方法】解剖对虾取肝、胰或其周围组织、胃、肠等，置于培养皿内，加入生理盐水，用镊子或解剖针剥开，肉眼可见细线状能蠕动的幼虫，即可诊断。

【防治方法】尚未研究。

蟹纽虫病

【病原体】为一种蟹纽虫（*Carcinonemertes* sp.）。在未抱卵雌蟹的腹部的虫体都是稚虫，体长 $0.5 \sim 1.0mm$，桃红色。此时虫体固着在雌蟹的腹部和附肢的腋部的甲壳上，潜伏不动。当雌蟹排卵到腹部下面时，这些稚虫就迁移到卵块上，以蟹卵为食。稚虫经过 $60 \sim 70d$ 发育为成虫。成虫体长 $4 \sim 6mm$，也呈桃红色，生活在抱卵雌蟹的卵块内。成虫在繁殖时，将卵袋产在蟹卵之间。大约与宿主卵孵化的同时，虫卵也孵化出幼虫。幼虫在水中营浮游生活，遇到新的宿主蟹就附着上去，变为稚虫。

【症状和病理变化】蟹纽虫能够用咽穿过蟹卵的壳，吞食卵黄。因此，受侵害的卵块上留下一些空卵壳，从远处看去，好像一些浅灰色斑点。死卵的残渣腐烂后又使微生物大量繁殖，影响了好卵的正常发育。受害严重的卵块可能全部死亡。

【流行情况】蟹纽虫能侵害东亚水体中的几种梭子蟹、美国蓝蟹、黄道蟹和蜘蛛蟹等。美国从加利福尼亚到阿拉斯加沿岸都有这种病。天然水体中的黄道蟹宽在 10mm 以上时，几乎 100% 带有蟹纽虫的稚虫。

【诊断】用肉眼仔细观察，看到虫体就可确诊。

【防治方法】

（1）稚虫潜伏于抱卵以前的雌蟹外骨骼上时，将它摘除掉。

（2）将抱卵雌蟹浸于淡水中，时间随蟹的忍受程度而定。大多数的蟹纽虫对渗透压都很敏感。

蟹 奴 病

【病原体】寄生甲壳类蟹奴（*Sacculina* sp.）属于节肢动物门，甲壳纲，蔓足亚纲（Cirripedia），根头目（Rhizocephala），蟹奴科（Sacculinidae）。成虫已完全失去了甲壳类的特征。露在宿主体外的部分呈囊状，以小柄系于蟹腹部基部的腹面，所以也称为蟹荷包。蟹奴为雌雄同体，体内充满了雌雄两性器官。其他器官包括体外的所有附肢均已完全退化。伸入到宿主体内的部分为分枝状突起。分枝遍布宿主全身各器官组织一直到附肢末端。蟹奴就用这些突起吸收宿主体内的营养。

蟹奴的生活史与其他甲壳类颇相似。成虫产的卵孵化出无节幼体，经 4 次蜕皮后到第五幼虫期，称为介虫幼虫，与自由生活的介虫相似。介虫幼虫遇到适宜的宿主蟹时就用第一触角附着上去。游泳足和肌肉从两瓣的背甲之间脱落，仅剩下一团未分化的细胞，形成一个独特的幼虫，称为藤壶幼虫。此幼虫的身体好像一个注射器，用其尖细的前端，从宿主刚毛的基部或其他角质层薄而脆弱的地方穿入，将体内的细胞团注射入宿主体内。细胞团再迁移到宿主肠的腹面，吸收宿主营养，开始生长，并伸出许多分枝的吸收突起，遍布宿主全身各器官组织。

【症状和病理变化】蟹奴附着在蟹腹部，使病蟹的脐部略显臃肿，揭开脐盖，可看到许多个乳白色或半透明的颗粒状虫体。蟹不能蜕皮，严重阻碍了蟹的生长发育，病蟹失去生殖能力，一般不能长到商品规格。患病严重的蟹，肉味恶臭，不能食用。吸收突起伸入宿主全身各组织中吸收宿主的营养，破坏宿主的肝、血液、结缔组织和神经组织等。蟹奴还影响生殖腺的发育和激素的分泌，使雌、雄蟹的第二性征区别不明显。雄蟹在幼小时感染蟹奴以后的发育，就有不同程度的雌性化，随着宿主种和在感染时的发育程度而有不同的表现。主要是腹部变宽，分节完全，游泳足近于雌性型。受感染的雌蟹雌性化程度低或过度雌性化。病蟹生殖腺发育缓慢和完全萎缩，成为寄生性阉割，不能繁殖。

【流行情况】蟹奴在世界上的分布很广，种类也多，能侵害许多种蟹类，有时感染率比较高，但大多都是危害天然种群。我国上海、安徽等地时有发生，且在滩涂养的河蟹发病率特别高。通常雌蟹的感染率较雄蟹高。流行季节为 7～10 月。

【诊断】掀开蟹的腹部，肉眼可看到蟹奴。

【防治方法】

（1）从无蟹奴寄生的地区引进蟹苗，或选健康亲蟹进行人工繁殖。

（2）检查蟹苗时发现蟹奴可将它剔除。

（3）蟹池中发现蟹奴，可用 $0.7g/m^3$ 的硫酸铜和硫酸亚铁合剂（5∶2）全池泼洒。

并殖吸虫病

【病原】并殖吸虫是一种人畜共患的寄生虫病，最常见的为卫氏并殖吸虫。它一生有 3 个宿主：淡水螺是它的第一宿主，是吸虫尾蚴寄生的宿主；河蟹则是它的第二中间宿主，尾蚴侵入到河蟹体中后，形成囊蚴，终宿主为哺乳动物。

【流行情况】主要流行于我国浙江、台湾和东北地区，蟹有囊蚴后，行动迟缓，甚至死亡。人或犬、猫、猪等生食了带囊蚴的河蟹，囊蚴便在小肠里破囊而出，穿过肠壁、腹膜、膈肌与肺膜一直到肺，然后发育为成虫。成虫在体内进行有性繁殖，人患病后表现为咳嗽、呼吸困难，并可伴有咯血、发热、腹泻、黑便等。

【防治方法】

（1）杀灭河蟹肺吸虫病的方法，与防治蟹奴虫相同。

（2）不用新鲜粪便直接泼洒入蟹池；对蟹池内及其周围的淡水螺及半碱水的螺蛳要清除。

虾疣虫病

【病原】虾疣虫，为等足目（Isopoda）鳃虫科中的一些寄生种类。常见的有虾疣虫（Bopyrus）和鳃虱（Epipenaeon）等，也称为"鳃虱"，雌雄异体，雌体略呈椭圆形；雄体长柱状，较雌体小得多，附着于雌体腹部，共同寄生于虾体鳃腔中。

【症状和病理变化】各种虾、蟹都易感染，主要寄生在虾、蟹的鳃腔中，吸取血淋巴液而促使寄主消瘦、生长缓慢、阻碍呼吸，有的引起生殖腺发育不良，甚至完全萎缩，使虾体失去繁殖能力。临床上可见寄生鳃部隆起如疣状，形成膨大的疣肿，疣肿直径 10mm 以上，高度 3～5mm，由于虫体的寄生可使虾鳃受到挤压和损伤，呼吸困难而出水面，生长缓慢，长不大。

【流行情况】在广东、广西从天然海区捕捞的及池养的短沟对虾、日本对虾、沼虾和鼓虾都有寄生，对河蟹的感染强度不高，主要危害是消耗寄主的营养，影响呼吸，影响性腺发育。

【诊断方法】发现虾的鳃区隆起时，将甲壳掀起，如看到"虾疣虫"，即可诊断。

【防治方法】尚未研究。

藤 壶 病

【病原体】为甲壳纲蔓足亚纲（Cirripedia）中的藤壶（Balanus），为无柄的固着生物。有 6 对蔓枝状的胸足，成对固着在对虾甲壳的外表面，固着在河蟹的背面，其幼体营自由生活。

【症状和病理变化】当藤壶固着在对虾体时，肉眼可见其外骨骼上（包括眼球上）有大小不一的圆锥状突起。固着数量多时，虾体活动缓慢，生长不良，蜕皮困难，甲壳受到破坏。

【流行情况】我国养殖的中国对虾上曾发现过，固着数量多时对虾体有一定危害，可影响对虾活动能力和摄食，最终因蜕皮困难，停止生长或水环境质量下降时引起死亡。

【诊断方法】肉眼诊断，如要确定藤壶的种类，则要进行形态解剖和观察。

【防治方法】主要是加强管理措施，增强对虾、河蟹个体的活动能力，也可将其放在1mL/L福尔马林液中浸浴20min以上以杀灭病原。

水螅病

【病原体】病原为水螅种类之一。属腔肠动物水螅虫纲。以出芽生殖增大群体，常与苔藓虫和藻类丛生在一起，着生在河蟹的背面。

【症状和病理变化】水螅通常附生在对虾甲壳的外面，也有附生于头胸甲鳃区的内表面或腹部侧甲的内表面。附生处甲壳肿胀呈蜂窝状，有时肉眼可看到树枝状群体。多为淡棕黄色。患处的甲壳和组织受到破坏。

【诊断方法】从患处镊取附生物，制成水浸片，在低倍镜下观察，如看到水螅群体或其个体，即可诊断。

【流行情况】此病仅在大虾上偶尔发现，据现有资料看其感染率很低，危害性不大。曾发现在对虾育苗的池壁上有许多白色圆形、直径约2cm、附着很牢固的水螅群体。凡有此水螅群体的育苗池，对虾幼体的成活率均较低，这可能与水螅摄食幼体有关。

【防治方法】用1mL/L福尔马林浸洗20min左右。

海藻附生病

【病原体】附着在虾上的藻类常见的有以下几类：

(1) 楔形藻（*Licmophora* spp.）。硅藻类，低栖、群体生活。每个群体具有树枝状分支的透明柄，在每分支的梢端有一个藻体。藻体呈楔形，内具金黄色色素体。群体的大小不一，大者100个以上的藻体，小的只有数个。楔形藻可附生在虾卵、各期幼体和养成期大虾的体表及皮肤。

(2) 菱形藻（*Nitszchia* sp.）。双眉藻（*Amphora* sp.）和曲壳藻（*Achnanthes* sp.）等为硅藻类，可附生在大虾的鳃、体表和附肢上。

(3) 颤藻（*Oscillatoria* sp.）。螺旋藻（*Spirulina* sp.）和钙化裂须藻（*Schizothrix-calcicola*）等（Sindermann，1988）为蓝藻类，可附生在虾的体表附肢上。

(4) 浒苔（*Enteromorpha* sp.）。为绿藻类，分布广。藻体呈管状，一般不分枝，管壁由一层细胞组成。藻体无柄，由基部的细胞延伸成假根固着于水中基物上。可附生在大虾的体表、附肢。

(5) 刚毛藻（*Cladophora* sp.）。隶属于绿藻类。藻体为分枝的丝状体，以基部的假根固着于水中基物上，可附生在大虾的体表、附肢。

(6) 菱形海发藻（*Nitzschia*）。寄生在河蟹溞状幼体体表。

(7) 水云（*Ectocarpus* sp.）。属于褐藻类。藻体为异丝体，分匍匐部和直立部。匍匐部通常固着于水中基质，直立部生出分枝，分枝顶端尖细，或延伸成无色毛。可附生在大虾的体表和附肢。

【症状和病理变化】楔形藻的群体附生在虾幼体的体表各处，以头胸甲和尾部最为常见，附生数量多时，肉眼可看到幼体表面呈橙黄色绒毛状。幼体发育缓慢，停止变态。

硅藻、月形藻等常以一端附着在虾的鳃上或体表，显微镜下观察，成一簇簇的花朵状，淡褐色或黄色，使鳃和体表受到严重的污损。

颤藻、螺旋藻等缠附在虾的附肢和刚毛上，可黏附上许多污物，患处色泽暗淡，或呈蓝绿色棉絮状；如缠附在幼体眼睛上，可导致溃疡甚至瞎眼。

浒苔、刚毛藻、水云等，如在虾池中大量繁殖，可成丛地附生在大虾身上，严重时全身甚至连眼睛也被覆盖。虾体身上的藻类飘飘摇摇，游动无力，妨碍摄食，导致生长缓慢和蜕皮困难，甚至停止生长，如在越冬亲虾上附生，则会影响性腺发育，以致失去产卵能力。

菱形海发藻的寄生使溞状幼体极度不安，不断扭动腹部力图摆脱。由于体力过度的消耗，加上不能正常摄食，4～5d 即死亡，当有菱形海发藻寄生时，鳃部还会呈现出淡褐色或黄色。

【流行情况】这些藻类分属于不同门类，有的肉眼可见，有的只能借助显微镜才能观察到。其生活习性各不相同，有底栖类、固着类，也有浮游种类或其生活史有浮游阶段。它们广泛分布于我国沿海和虾池。当养殖区内有良好的水质时，一般不会大量繁殖，无害于虾体。但在水质不良时，可导致某一种类大量繁殖，并附生于大虾的各个不同阶段，给养殖业带来危害。此类病害流行地区很广，季节也长，对宿主没有选择性，从大虾苗种期、养成期到冬季亲虾人工越冬期都可能遇到，对宿主的主要危害是影响对虾的运动和摄食，使其生长缓慢、蜕皮困难，在溶解氧不足的虾池呼吸困难，严重时导致急性窒息和引起大批死亡。未死者则由于体表污损，虾体瘦弱，商品价值很低。

当海水盐度为 30 左右、水温 18～20℃时，若培育池光线充足，水质肥，造成菱形海发藻在河蟹溞状幼体身上迅速大量繁殖。

【诊断方法】肉眼观察，发现虾体活动缓慢，体表、附肢呈现褐、绿、黄等颜色并带有棉絮状污物的虾体，即可初步诊断为藻类附生病。要证明是哪种藻类附生，可自患处刮取附生物制成水浸片，在显微镜下检视，即可确诊。

【防治方法】

（1）迄今尚未找出可杀灭海发藻而对幼体无害的办法，只是采用加强换水，适当控制光照以及适度加温促进变态等预防措施。必要时，可用茶籽饼全池泼洒，使池水浓度达 10～15mg/L，促进幼体除藻蜕皮。

（2）加强日常饲养管理，注意调节虾池水质，勿让某种藻类繁殖过盛。当发现某种藻类繁殖过盛对养殖的虾群构成威胁或虾体上已大量附生某种藻类时，在室内苗种池、越冬池增添遮光设备，降低透光率使藻类光合作用受阻而自行消退；在室外养成池泼洒茶粕，使池水成每立方米 10～15g 的浓度，并投喂优质饵料，促使对虾蜕皮，然后大量换水。

（3）全池泼洒硫酸铜，使池水成每立方米 0.7～1.0g 的浓度。

项目六

螺、贝类病害的防治

近年来，随着海、淡水螺、贝类的人工高密度集约化养殖发展，螺、贝类病害日趋严重，造成的损失越来越大，给生产带来了严重的危害。本项目简要介绍螺、贝类的常见病及其病原体和常见敌害生物，但很多疾病和敌害目前还没有有效的预防和治疗方法，有待进一步深入研究。

任务一　病毒性疾病

任务内容

1. 了解常见螺、贝类的病毒性疾病的种类。
2. 掌握常见螺、贝类的病毒性疾病预防措施和方法。

学习条件

1. 多媒体课件、教材。
2. 常见螺、贝类标本。

相关知识

 三角帆蚌瘟病

【病原体】嵌砂样病毒（*Arenavirus*）。

【症状及病理变化】患病蚌进水孔和排水孔的纤毛收缩，排粪减少或停止，喷水无力，滤食及对水的净化能力显著减弱，贝壳不能紧闭，斧足紧缩，爬行运动消失，最后张壳死亡。解剖观察，体液清亮，消化腺肿胀，肠道轻度水肿，晶杆体严重萎缩或消失。

【流行情况】该病是我国迄今为止流行最广、危害最大的一种病毒性蚌病，且具有专一性，只感染三角帆蚌。主要危害 1 足龄以上的三角帆蚌，当年繁殖的稚、幼蚌不发病。流行于夏、秋两季，死亡率可达 80% 以上，存活下来的蚌在下一个发病季节仍会死亡，连续 2～3 年，死亡率接近 100%。该病为接触感染，一般接触后 1 周开始发病死亡；插片后半月左右会发生暴发性死亡。病程长短与水温呈负相关。

【防治方法】目前尚无有效的治疗方法，重在预防。

(1) 严格执行检疫制度，不从疫区引进母蚌和幼蚌。

(2) 每只蚌注射蚌瘟灭活苗 $0.2\sim0.3mL$，用于预防。

(3) 插片须无菌操作。

(4) 发病期间，定期泼洒生石灰或含氯消毒剂。

(5) 全池泼洒聚维酮碘、二溴海因有一定的疗效。

牡蛎面盘病毒病

【病原体】牡蛎面盘病毒（*Oyster velar virus*，OVV）。病毒粒子为 20 面体 DNA 病毒。

【症状及病理变化】患病幼虫活性减退，沉于养殖容器底部不活动，内脏团缩入壳内。面盘活动不正常，面盘上皮组织细胞失去鞭毛，并有些细胞分离开来，在面盘、口部和食道上皮细胞中有浓密的圆球形细胞质包含体，受感染的细胞扩大、分离。分开的细胞中可含有完整的病毒颗粒。

【流行情况】育苗场中，一般 $3\sim8$ 月发病，有季节性，受害的幼体壳高大于 $150\mu m$。此病传播可能来自潜伏感染的亲牡蛎，成纵向感染，育苗损失可达 50%。

【预防方法】鉴定病原后，将患病牡蛎和亲牡蛎销毁，对养殖设施彻底消毒。鉴定并保存无病的亲牡蛎种群。

牡蛎疱疹病毒病

【病原体】疱疹病毒（*Herpes-type virus*）。病毒粒子六角形，直径 $70\sim90nm$，具单层外膜。有的病毒粒子具浓密的类核（nucleoid）。

【症状及病理变化】受感染的牡蛎消化腺呈苍灰色，散发性死亡。

【流行情况】此病常发生于发电站排出的热水中养殖的牡蛎，发病水温为 $28\sim30℃$。水温下降后，此病随之消失，发病与水温密切相关。

【防治方法】发现该病后，将牡蛎转移至温度低的天然海水中，可阻止继续感染和死亡。

任务二　细菌性疾病

任务内容

1. 了解常见螺、贝类的细菌性疾病的种类。

2. 掌握常见螺、贝类的细菌性疾病预防措施和方法。

学习条件

1. 多媒体课件、教材。

2. 常见螺、贝类标本。

相关知识

三角帆蚌气单胞菌病

【病原体】嗜水气单胞菌嗜水亚种（*Aeromonas hydrophila* subsp. *hydrophila*），革兰氏阴性短杆菌，单个或两个相连，极端单鞭毛，无芽孢。在血平板上呈 β 型溶血圈。生长适温 25℃左右，低于 4℃及高于 41℃时生长缓慢，56℃时，30min 死亡；pH5.5～8.5 时，生长良好。

【症状及病理变化】刚发病时，蚌体内大量黏液排出体外，出水孔喷水无力，排粪减少，两壳微开，呼吸缓慢，斧足有时糜烂，腹缘停止生长。重症时，蚌体消瘦，闭壳肌失去功能，两壳开张，胃中无食，晶杆体缩小或消失，斧足突出外露，用手触及病蚌腹缘，仅有轻微的闭壳反应，且随即松弛，不久死亡。外套膜边缘生壳变形肿大，以致褶纹消失。

【流行情况】带菌的蚌及被细菌污染的水体、工具等均属污染源，危害对象主要为 2～4 龄的三角帆蚌。流行于 4～10 月，5～7 月为发病高峰。流行面广，遍及华东各省市。具有发病快，病程长，发病率及死亡率高的特点，死亡可达 65%～90%，最高可达 100%，危害极为严重。当水体环境恶化，放养密度过大，尤其是育珠蚌经插片植珠手术创伤后，极易暴发流行。

【防治方法】
(1) 严禁从疫区购蚌或引种。
(2) 清除池底淤泥，并用生石灰消毒。
(3) 合理密养，加强水质管理，保持水质清新。
(4) 植珠手术前后均消毒，注意植珠手术卫生。
(5) 发病池泼洒三氯异氰尿酸，浓度为 $0.3g/m^3$，每天 1 次，连用 2～3d，1 周后，全池泼洒生石灰，浓度为 $30g/m^3$。
(6) 全池泼洒二溴海因能有效控制疾病蔓延，有一定疗效。

牡蛎幼体的细菌性溃疡病

【病原体】鳗弧菌（*Vibrio anguillarum*）和溶藻弧菌（*V. alginolyticus*）等。可能还有气单胞菌属（*Aeromonas*）和假单胞菌属（*Pseudomonas*）的种类。分布于牡蛎幼体的全身组织中。

【症状及病理变化】浮游的幼体被感染后即下沉固着，或活动能力降低，突然大批死亡。镜检可发现体内有大量细菌，面盘不正常，组织发生溃疡，甚至崩解。也可用 Elston 等 1981 年提出的染色排除试验，其方法是在 1mL 活的牡蛎幼体的悬浮液中加几滴 0.5% 的台盼蓝溶液，然后用显微镜检查，台盼蓝仅能染色已死的细胞，活细胞不着色，这样就很容易将溃疡处的坏死组织和正常幼体区别开来，特别适用于疾病早期诊断。生活的幼体在感染弧菌病的初期，两壳间就有已死的细胞从外套膜上脱落下来，这些细胞在染色后呈蓝色球形，容易辨认。

【流行情况】因弧菌在海水、底泥及健康的牡蛎体表都存在，是机会致病菌，各育苗场在育苗过程中都能感染此病。受感染的幼体，疾病发生发展极其迅速。人工感染试验，幼体与细菌接触后，4～5h 内出现症状，8h 开始死亡，18h 后试验的牡蛎幼体全部死亡。

【防治方法】

（1）保持池水清洁卫生，饵料单胞藻类不带有弧菌。

（2）臭氧和紫外光消毒。

（3）用复合链霉素泼洒，浓度为每千克水用药 50～100mg。

幼牡蛎的弧菌病

【病原体】弧菌（*Vibrio* sp.），生化特性近似于溶藻弧菌，可能不止一种。

【症状及病理变化】孵化场幼牡蛎常发此病。患病幼牡蛎壳畸形，右壳比左壳大，呈杯形，壳沉淀钙化不均匀，壳周边具有大而清晰的未钙化的几丁质区，常常与壳瓣分离。细菌伸入到韧带中，镜检可在韧带中发现细菌。贝壳硬蛋白可能被细菌溶解，壳的几丁质也被腐蚀。消化管内无食物，肠腔中有脱落的细胞。

【流行情况】此病发生在美国的美洲巨蛎和欧洲牡蛎幼体，死亡率可达 20%～70%。从病程上看，幼牡蛎附着壳先感染，可能是附着物上有致病菌，然后进入韧带、外套膜和鳃，使壳生长受阻，韧带失去功能，最后全身感染而死亡。

【防治方法】

（1）养殖设施要清洁和用药物消毒。

（2）感染幼体用浓度为 10g/m³ 次氯酸钠溶液浸洗 1min 后，立即用海水冲洗干净。

海湾扇贝幼虫弧菌病

【病原体】鳗弧菌（*Vibrio anguillarum*）和溶藻弧菌（*V. alginolyticus*）等数种弧菌。

【症状及病理变化】患病幼虫突然下沉，活动能力降低，突然大批死亡。

【流行情况】幼虫与病原体接触 4～5h 即出现疾病症状，感染病程快。死亡开始 8h 后，幼虫组织坏死和消散，18h 内幼虫 100% 死亡。此病报告自美国东北岸海湾扇贝。

【防治方法】

（1）保持优良水质，处理染病幼体。

（2）建议用链霉素、复合链霉素、多黏菌素 B、新霉素等治疗。但一旦出现症状和死亡时，抗生素无效，且抗生素能使幼体停止摄食，过量可引起死亡。

鲍弧菌病

【病原体】美国的红鲍在幼小时容易发生弧菌病，分离出的病原弧菌的生化特性接近于溶藻弧菌（*V. alginolyticus*）。

【症状及病理变化】从变态后到 10mm 大小的红鲍幼体易患此病，患病个体活力降低，足上皮组织脱落，濒死的个体对机械刺激无反应，身体褪色，触手软弱无力，内脏团萎缩，足缩回。在血液中可发现活动的细菌，可发生持久死亡，有时出现死亡高峰。

【流行情况】蓄养的鲍因捕捞受伤，伤口感染细菌后化脓，夏季水温达 20℃ 以上时开始发病。25～27℃ 时为发病高峰期。病症一般从上皮组织穿入，引起细胞脱落，再侵入足、上足和外套膜。细菌往往聚集在组织的血窦中和神经纤维鞘内。

【防治方法】用 1% 的复方新诺明海水溶液浸洗 5min，或用盐度 50 的海水溶液涂洗伤口，处理后，将鲍置空气中 10～15min，使药液充分渗入病灶后，再放回海水中饲养，必要时第 2 天重复 1 次。

任务三　真菌性疾病

1. 了解常见螺、贝类的真菌性疾病的种类。
2. 掌握常见螺、贝类的真菌性疾病预防措施和方法。

学习条件

1. 多媒体课件、教材。
2. 常见螺、贝类标本。

相关知识

牡蛎幼体的离壶菌病

【病原体】动腐离壶菌（*Sirolpidium zoophthorum*）。菌丝在牡蛎幼体内生长，菌丝弯曲，有少数菌丝分枝。繁殖时菌丝末端膨大形成游动孢子囊，囊内形成游动孢子后，孢子囊上再生出排放管，伸出牡蛎幼体之外，并从中释放出游动孢子。游动孢子生活时呈梨形，大小为 $5\mu m \times 2\mu m$，具 2 根鞭毛，单游性。游动孢子在水中做短时间游泳后，再感染其他幼体。

【症状及病理变化】受感染的牡蛎幼体停止活动和生长，并很快死亡，少数幸存者可获得免疫力。用显微镜检查，在牡蛎幼体内能看到菌丝，也可将受感染的幼体放入溶有中性红的海水中，真菌菌丝染色比幼体组织染色更深，比较容易诊断。

【流行情况】据报告，离壶菌可感染美洲巨蛎的各期幼体和硬壳蛤的幼体，尤其是养殖幼体，引起大批死亡。

【防治方法】预防方法是过滤育苗用水或紫外线消毒。治疗尚无报告。只有全部放弃，并消毒养殖设施，以防蔓延。

牡蛎壳病

【病原体】李铭芳（1983）报告牡蛎壳病的病原体属于藻菌纲的一种真菌，即绞纽伤壳菌（*Ostracoblabe implexa*）。菌丝常有卵形或球形膨大，球形的称为厚壁孢子。将壳的感染处的碎片在消毒海水中于 15℃ 以下培养 3～4 周，可长出真菌菌落。取壳的感染处症状组织在酵母—蛋白胨培养基中于 15℃ 以下培养可得纯培养。在低温 5℃ 以下培养，厚壁孢子的数目和大小有明显的增加。

【症状及病理变化】初期症状真菌菌丝使壳穿孔，特别在闭壳肌处最为严重，在壳的内壁表面出现云雾状白色区域。随病情发展，白色区域形成一个或几个疣状突起，并高出壳面

2～4mm，变为黑色、微棕色或淡绿色，严重的形成大片的基质沉淀。欧洲报告，壳的病变区的邻近组织变性，使闭壳肌脱落，引起牡蛎死亡。但 Li（1983）未发现壳病对加拿大的牡蛎有严重危害，仅在鳃、外套膜和消化管的组织中产生纤维组织，在内部组织中均未发现真菌菌丝。根据壳的病理变化，可初步诊断。但确诊则需取病灶处的碎片，放入消毒海水中，15℃条件下培养 3～4 周后，长出菌丝。

【流行情况】壳病发生地区广泛，已报道的有荷兰、法国、英国、加拿大和印度等国家。主要侵害欧洲牡蛎，欧洲巨蛎和另一种巨蛎（*C. gryphoides*）也发现此病，秋季水温 22℃以上时，发病率最高。

【防治方法】尚无治疗方法。

鲍海壶菌病

【病原体】烟井（1982）报道鲍的真菌病病原为密尔福海壶菌（*Haliphthorors milfordensis*）。菌丝有少量分枝，直径为 11～29μm。繁殖时，菌丝的任何部分都能产生游动孢子，即整体产果，并在该处的菌丝上生出直线形、波状或盘曲的排放管，管长 96～530μm，直径 7～10μm。游动孢子生成后，从排放管顶端的开口逸出。游动孢子形式多样，并具 2 根侧生鞭毛。休眠孢子呈球形，直径 6～10μm，未发现有性生殖。发育温度为 4.9～26.5℃，适温为 11.9～24.2℃，最适温度为 20℃左右。

【症状及病理变化】受感染的鲍外套膜、上足和足的背面发生许多隆起，内含成团的菌丝。夏季捕捞的鲍放入 15℃的冷却海水循环水槽中饲养，10d 内就可发病，几天后即可死亡。

【流行情况】烟井（1982）报道该病来自日本饲养的木西氏鲍（*Haliotis siebdii*），其他鲍也可以发生此病。

【防治方法】用浓度为 10g/m³ 的次氯酸钠溶液可杀死海水中的游动孢子，有预防作用，但尚无成功治疗报告。

任务四　寄生原虫病

任务内容

1. 了解常见螺、贝类的寄生原虫病的种类。
2. 掌握常见螺、贝类的寄生原虫病的预防措施和方法。

学习条件

1. 多媒体课件、教材。
2. 常见螺、贝类标本。

相关知识

（一）牡蛎原虫病

六鞭毛虫病

【病原体】尼氏六鞭毛虫（*Hexamita neison*），属肉鞭动物门，动鞭纲，双滴虫目（Diplomonadida），六鞭科（Hexamitidae）。一般呈梨形，体前端生毛体上长出 8 根鞭毛，其中 6 根前伸，成为游离的鞭毛，为前鞭毛；2 根沿身体两侧向后伸，与身体之间形成 2 条轴杆，到身体后端再游离成为后鞭毛。但其形态变化较大（图 6 - 1）。

【症状及病理变化】六鞭毛虫多寄生在牡蛎消化道内，其致病性尚有争论。有人认为它是荷兰食用牡蛎和美国华盛顿州的青牡蛎死亡的病因。但也有人认为六鞭毛虫和牡蛎的关系是共栖关系还是寄生关系取决于环境条件和牡蛎的生理状况，可能不是牡蛎死亡的重要原因。即在水温低和牡蛎代谢机能低时，六鞭毛虫可以成为病因。但在水温适宜，牡蛎代谢机能强时，牡蛎可以排出其体内过多的六鞭虫，使牡蛎与六鞭毛虫成为动态平衡，变为共栖关系。

【流行情况】六鞭毛虫主要寄生于太平洋巨蛎、商业巨蛎（*Crassostrea commercialis*）、青牡蛎（*Ostrea lurida*）和欧洲牡蛎等，是一种常见寄生虫，分布广泛，世界各地都有发现。我国台湾和山东的牡蛎中也存在。

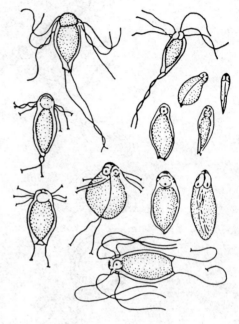

图 6 - 1　尼氏六鞭毛虫

扇变形虫病

【病原体】扇变形虫（*Flabellula*＝*Vahlkampfia*），属肉鞭动物门，叶足纲（Lobosea），变形目（Amoebida）。是小型变形虫，形状常有变化，但一般为宽广的扇形，长度或行动时的宽度一般不超过 $75\mu m$，在行动时往往宽度大于长度，前进时宽边向前，身体前部的厚生质有时形成峰或深裂，并迅速地展平或缩进，有时形成细长的或多瘤的尾状丝，肉质颗粒状。边缘上可以伸出大小不一的圆尖锥形的伪足，伪足为体长 2～3 倍，体内具 1 个胞核，呈泡状，通常有球形的核仁。

【症状及病理变化】扇变形虫寄生在牡蛎消化道内，但组织和细胞内未出现，因此危害不大。

线簇虫病

【病原体】线簇虫，其营养体时期寄生在虾或蟹的消化道内，孢子时期寄生在软体动物体内，以牡蛎为宿主已报告的有 3 种：

（1）Prytherch（1938）报告牡蛎线簇虫（*Nematopsis ostrearum*）在蟹体内寄生的营养体（并子本）长 220～342μm，孢囊直径 80～90μm，裸孢子直径 4μm。在牡蛎体内产生的孢子长 16μm，宽 11～12μm，寄生部位以外套膜最多，但可在所有的器官中出现（图 6 - 2）。

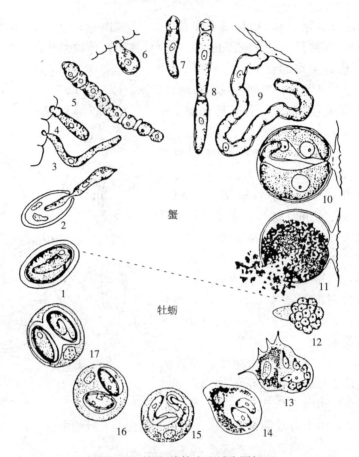

图 6-2 牡蛎线簇虫生活史图解

1. 在牡蛎中的孢子，含有 1 个孢子体　2. 在蟹肠中孢子体逸出　3. 附着到蟹肠的上皮细胞上　4. 生成细小的营养体　5. 并体子　6. 重新附着到肠壁上　7. 成熟的母孢子　8～10. 成为并体子的母孢子附着在蟹肠壁上，并形成配子母细胞　11. 配子母细胞破裂放出裸孢子　12. 单个的裸孢子准备进入牡蛎鳃　13. 裸孢子被牡蛎吞噬细胞吞入并分散成为营养体　14～17. 营养体在吞噬细胞内发育成为孢子

（2）Sprague（1949）报告了普氏线簇虫（N. prytherchi）。孢子长 $19\mu m$，宽 $16\mu m$，寄生部位为鳃。

（3）线簇虫未定种（Ematopsis sp.）。孢子很小，长 $11\mu m$，宽 $7\mu m$，寄生部位为鳃。

【症状及病理变化】寄生在牡蛎中的线簇虫对牡蛎危害不显著，没有死亡和降低肉质报道。有人认为牡蛎排出体内线簇虫孢子和再感染处于动态平衡状态，牡蛎体内未长期聚集大量孢子而使牡蛎受到危害，因而一般认为线簇虫不是主要的致病因素，但线簇虫的致病性也不能因此而完全排除，牡蛎组织中存在大量孢子，很可能产生机械障碍。如普氏线簇虫在严重感染时，可阻塞牡蛎鳃血管。

【流行情况】牡蛎线簇虫寄生在美洲巨蛎中，在美国大西洋沿岸的牡蛎中是一种常见的寄生虫。我国台湾的巨蛎中也发现一种线簇虫。

【防治方法】未见报道。

派金虫病

【病原体】海水派金虫（*Perkinsus marinus*）。海水派金虫的生活史中最易看到的是孢子，孢子近于球形，直径 3～10μm，多数 5～7μm。胞核位于细胞质较厚的部分，即偏于孢子的一边，呈卵圆形，核膜不清晰，周围有一层无染色带。细胞质内有较大的液泡，偏于孢子的一边，液泡内有较大的形状不规则的折光性内含体，称为液泡体。液泡的周围有一层泡沫状的细胞质。液泡体充分形成后，有的近似球形，有的呈叶状或分叉，有的分成几个，有的伸到细胞质中（图 6-3）。

派金虫在宿主死亡之后，孢子经几个时期的变化，形成多具 2 根鞭毛的游动孢子。游动孢子释放后，在水中游泳，与牡蛎接触即附着，并脱去鞭毛，成为变形虫状，通过牡蛎的鳃、外套膜或消化道侵入到上皮组织，再被宿主的变形细胞吞噬，带到牡蛎身体的各组织内，寄生在细胞内或细胞间，进行二分裂或复分裂繁殖。

【症状及病理变化】牡蛎全身所有软体部组织都可被派金虫寄生，并受到破坏，但主要伤害结缔组织、闭壳肌、消化系统上皮组织和血管。患病早期，虫体寄生部位组织发生炎症，随之产生纤维变性，最后广泛的组织溶解，形成组织脓肿或水肿。慢性感染的牡蛎，身体逐渐消瘦，生长停止，生殖腺的发育也受到阻碍。感染严重的牡蛎壳口张开，特别在环境恶化时死亡更快。

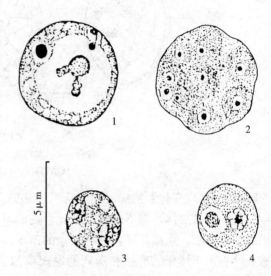

图 6-3　海水派金虫

1. 成熟孢子，具明显的液泡体、胞质含物和很大的液泡
2. 复分裂，形成数个子细胞　3. 双核期，染色质弥散，胞质开始液泡化　4. 未熟孢子，具小液泡和囊状核

【流行情况】派金虫病是牡蛎最严重的疾病之一，第一年的牡蛎一般不患此病，主要受害的是较大的牡蛎，感染率最高可达 90% 以上。死亡率也随年龄的增加而增加。死亡发生在夏季和初秋，随水温下降而减少，冬季一般不发生死亡。此病在水温（30℃）和盐度（30）较高的情况下流行。盐度在 15 以下，温度低于 20℃或高于 33℃时，即便有派金虫寄生虫，牡蛎也不会死亡。

派金虫的传播途径是流动孢子直接传播。传播范围一般在 15m 以内。派金虫寄生于美国的美洲巨蛎、叶牡蛎和等纹牡蛎。在古巴、委内瑞拉、墨西哥和巴西等国家也有发现，我国台湾的巨蛎也发现有派金虫。

【防治方法】预防措施是彻底清洗、消毒附着基，将老龄牡蛎彻底除去，避免高密度养殖，避免用已感染的牡蛎作为亲牡蛎，在牡蛎长到适当大小尽早收获，将牡蛎养殖在低盐区（盐度 15 以下）等。此病一旦发生，发展特别快，想治疗和移殖均不现实，最好的办法是提前收获。

◍ 尼氏单孢子虫病

【病原体】尼氏单孢子虫（*Haplosporidium nelsoni*）。以前称为尼氏明钦虫（*Minchinia nelsoni*）。尼氏单孢子虫的孢子呈卵形，长度为 6～10μm，一端具盖，盖的边缘延伸到孢子壁之外。患病牡蛎的各内部组织中都有尼氏单孢子虫的多核质体，多核质体的大小很不一致，一般为 4～25μm，最大的可达 50μm，内有多个核，核内有 1 个偏心的核内体（图 6-4）。

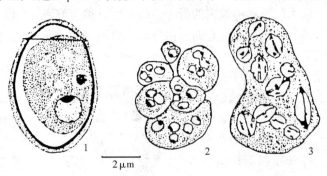

图 6-4　尼氏单孢子虫
1. 孢子　2. 常见的具分裂期间的多核质体
3. 核进行有丝分裂的多核质体

【症状和病理变化】患病牡蛎全身组织感染，组织中有白细胞浸润，组织水肿。大的变形细胞往往吞食虫体，但不能将其杀死，反而可以将它带至全身各组织中。严重感染的牡蛎组织的细胞萎缩，组织坏死，含有大量的孢子。肝小管因含有大量的成熟孢子而呈微白色。少数病牡蛎由于坏死的组织和濒死的尼氏单孢子虫沉积在壳的内壁上，促使壳基质形成被囊，成为褐色的大小不一的疤状物。镜检染色组织切片，发现所有组织中有多核质体。但感染早期，多核质体发现于鳃上皮组织、肝管和消化管上皮组织中；外部观察，患病牡蛎肌肉消瘦，生长停止，并在环境恶化时死亡。

【流行情况】此病流行季节为 5 月中旬至 9 月，6～7 月为发病高峰期，8～9 月为死亡高峰期，非流行季节有几个月的潜伏期。发病时的盐度 15～35，盐度为 20～25 时容易发生。死亡率在低盐区一般为 50%～70%，在高盐度区则为90%～95%。此病流行于美国东岸的德莱韦湾和切撒皮克湾的美洲巨蛎，朝鲜和我国台湾的太平洋巨蛎也发现类似的寄生虫。

【防治方法】将已感染的牡蛎移到盐度为 15 左右的海区养殖，疾病受到控制。从幸存的牡蛎中选育抗病力强的做亲本繁殖的后代一般具有抵抗力。

◍ 沿岸单孢子虫病

【病原体】沿岸单孢子虫（*Haplosporidium costale*）。孢子长 3.1μm，宽 2.6μm，具盖，盖的边缘突出在孢壳之外。多核质体很小，在 5μm 以下，球形，具 1～2 个核（图 6-5）。

2μm

图 6-5　沿岸单孢子虫

【症状及病理变化】病牡蛎全身的结缔组织都可受到多核质体的

破坏，生长停止，身体瘦弱，1月就可发现多核质体，孢子形成于牡蛎死亡之前，在壳口张开的牡蛎中，孢子往往还不成熟。每年5月中旬到6月中旬常常发生大批死亡。镜检染色组织切片，多核质体最早在3月出现，通常在5月。孢子在5~6月形成于除上皮组织外的所有组织中。

【流行情况】此病有明显的季节性，5月发展快，5月中旬到6月初大批死亡，到7月突然下降，很少再发此病，直到下一年1~3月，不再发现死亡。死亡率为20%~50%，该病具有来势猛、持续时间短、消失快的特点。受害的主要是2~3龄老牡蛎，1龄的牡蛎很少感染。该病发生于美国维尼亚海湾的沿岸水体中的美洲巨蛎，发病海区限定于沿岸的高盐度水体，盐度通常为30左右，低限约为25，所以也称为高盐度疾病。

【防治方法】预防措施是加速牡蛎生长，在流行病发生季节以前收获，或在4月将老牡蛎转移到低盐度海区。目前尚无治疗方法。

（二）贻贝原虫病

贻贝壶孢虫（*Chytridiopsis mytilorum*），是北大西洋西部的紫贻贝的卵中感染的一种单孢子虫类，有时感染率较高。地中海的那不勒斯湾中的葛劳贻贝的卵中也有同样的寄生虫。

肿胀单孢虫（*Haplosporidium tumefacientis*），是寄生于美国加州贻贝中的单孢子虫，该寄生虫的多核质体引起被感染贻贝的消化腺肿胀，但未发生溃疡，感染率约2.1%。

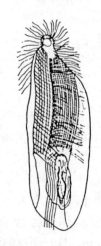

触毛目的纤毛虫在贻贝中也是常见的寄生虫，已报告的有下列几种：

贻贝等毛虫（*Isocomides mytili*）（图6-6）。寄生在紫贻贝的鳃上，该虫体长57~64μm，宽20~22μm。身体腹面前部的2/3处有14~18条纤毛，其中6~7条在右面，8~11条在左面，另外1条纤毛线横裂在其他纤毛线之后，上有若干长纤毛。

贻贝弯钩虫［*Ancistrum（Ancistruma）mytili*］（图6-7）。主要寄生于美国紫贻贝外套腔中。虫体背面观卵形，背面突出，腹面凹入。长52~74μm，宽24~38μm。胞口在身体后端，围绕着胞口有围口曲线。全身具浓密的纤毛，身体背、腹两面都有纵纤毛线，在围口部的边缘上有3条具长纤毛的纤毛线。身体中部有1个香肠状的大核，大核前端有1个染色浓密的小核。

图6-6 贻贝等毛虫

贻贝下毛虫（*Hypocomides mytili*）（图6-8）。往往寄生于美国圣弗兰西斯科湾的紫贻贝的鳃和触须上。虫体呈瓜子形，前端窄，后部圆，身体最宽处位于中部，略背腹扁，腹面前部稍凹入，腹后部及背部向外突出。体长34~48μm，宽16~22μm。厚13~18μm。前端有1条能伸缩的触手，有吸吮力，能使虫体附着在贻贝的鳃和触须上，并吸起其内容物。触手连到体内的1条管状沟，沟向左右方向伸至体长的1/2。身体中部有1个伸缩泡，体后部有1个大核，卵形大核前有1个小核，

图6-7 贻虫弯钩虫

球形。体被纤毛长约9μm，具有明显的趋触性。纤毛分3组，中组7行，为体长的1/3~1/2，右组2行，约为体长的1/2，开始于背面，弯向腹面，左组8行，为体长的1/3~1/2。

考氏密毛虫（*Crebricoma kozlffi*）。寄生于紫贻贝的触手上。虫体略背腹扁平，身体延长，前部窄，并向腹部弯曲。体长 58～71μm，宽 27～39μm，厚 22～31μm。纤毛排列在腹面的浅凹处，身体后半部内有 1 个香肠状或卵形的大核和 1 个球形的小核，中部有 1 个伸缩泡。身体前端右面有 1 条具吸吮力的触手，与触手连接的内部管状沟从背面斜向腹面（图 6 - 8）。

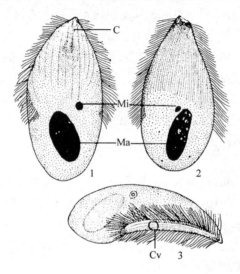

图 6 - 8　贻贝下毛虫（1）和考氏密毛虫（2、3）
1. 腹面观　2. 腹面观　3. 右侧面观
Mi. 小核　Ma. 大核　C. 体内管状沟　Cv. 伸缩泡

（三）鲍原虫病

🐚 鲍单孢虫病

【病原体】奥氏派金虫（*Perkinsus olseni*）（图 6 - 9）。因此也称为派金虫病。新鲜营养体呈球形，直径 14～18μm，具有明显的壁。胞质内有 1 个大液泡，直径 10μm，有许多直径约 1μm 的小颗粒。具有 1 个球形核，偏于细胞的一边。经常发现有裂殖体，直径在生活时为 19μm，染色标本为 15μm，可分裂成为 2、4、8 或更多的子细胞。营养体发育成游动孢子囊，继续发育 8d 左右，细胞质发育成流动孢子。流动孢子具双鞭毛，通过不显著的排放管释出。

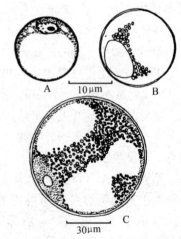

图 6 - 9　奥氏派金虫
A. 固定和染色的营养体，示核和显著的核内体，有 1 个很大的液泡　B. 生活的营养体，有 1 个大液泡和许多颗粒　C. 游动孢子囊前期

【症状及病理变化】患病鲍的足、外套膜和闭壳肌的内部或其表面有直径 1～8mm 的脓疱，呈淡黄色和褐色，柔软。靠近组织表面的脓疱半球形。脓疱内含脓汁，脓汁内含大量营养体、裂殖体和白细胞。脓疱周围有一层松散的结缔组织纤维形成的壁，与其周围的组织隔开。有的病鲍在血液淋巴组织中也有营养体和裂殖体聚集而成的褐色细胞团，长达 1mm，游离于循环系统中。

【流行情况】澳大利亚南部黑唇鲍由派金虫引起发病，发病时水温 20℃左右，盐度 30 左右。
【防治方法】尚未见报道。

任务五　其他生物疾病

任务内容

了解螺、贝类常见的其他生物性疾病的种类，并了解其预防措施和方法。

学习条件

1. 多媒体课件、教材。
2. 常见螺、贝类标本。

相关知识

牡蛎贻贝蚤病

【病原体】东方贻贝蚤（*Mytilicola orientalis*）。是寄生于贝类中的桡足类。大多数虫体为橘红色，但也有的呈淡黄色或黄褐色。身体呈蠕虫形状，各体节愈合在一起。雄虫个体较雌虫小，最长的为 3.55mm，雌虫为雄虫的 2～3 倍，长 6～11mm。身体横断面观，背面扁平，腹面略圆，胸部从背侧向左右两侧伸出 5 对突起。头部背面有单眼，第一触角在头前端，很短，分为 4 节，各节都有刚毛。第二触角 2 节，第 2 节钩状。大颚退化，很小。在上唇两侧的上方，具 2 根短刚毛。小颚退化消失。第一颚足单节，形状和位置与自由生活的桡足类相同，前端有棘状突起。第二颚足在雌虫完全消失。上唇三角形，下唇椭圆形。第一至第四对胸足很短。尾叉多具 4 根小刚毛，但有的少于 4 根或完全没有（图 6-10）。

【症状及病理变化】贻贝蚤寄生于牡蛎消化道内，被寄生的牡蛎生长不良，肌肉消瘦，失去商品价值，散发性死亡。解剖牡蛎肠道可看到淡黄色虫体，被寄生的组织受到损伤，破坏可达黏膜组织。

【流行情况】东方贻贝蚤发现在日本和美国的太平洋巨蛎和青牡蛎的肠道内，美国牡蛎也发生此病，可能是从日本引进太平洋巨蛎时带入的。东方贻贝蚤也是贻贝的寄生虫。我国尚未见报道。

【防治方法】未见报道。

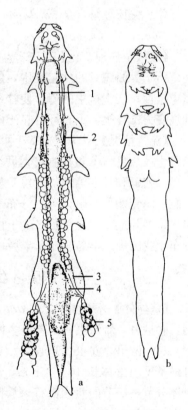

图 6-10　东方贻贝蚤
a. 雌虫腹面观　b. 雄虫腹面观
1. 消化管　2. 卵巢
3. 输卵管　4. 受精囊　5. 卵囊

牡蛎寄生豆蟹病

【病原体】豆蟹（*Pinnotheres*）。属于甲壳纲，十足目，短尾亚目，豆蟹科。成体形态与自由生活的蟹相差不大，仅体色变为白色或淡黄色，头胸甲薄而软，眼睛和螯退化。寄生在我国牡蛎中的豆蟹有 3 种。

（1）中华豆蟹（*P. sinensis*）（图 6 - 11）。雌蟹头胸甲近于圆形，宽度为 11.2mm，长度为 8.0mm，表面光滑，稍隆起，前后侧角呈弧形，侧缘拱起，后缘中部凹入。额窄，向下弯曲。眼窝小，呈圆形，眼柄甚短，腹部很大。雄蟹头胸甲呈圆形，长 3.4mm，宽 3.7mm，较雌蟹坚硬，额向前方突出，腹部窄长。

（2）近缘豆蟹（*P. affinis*）。头胸甲长 12.7mm，宽 13.5mm。

（3）戈氏豆蟹（*P. gordanae*）（图 6 - 12）。头胸甲长 3.3mm，宽 3.5mm。

【症状及病理变化】豆蟹寄生在牡蛎、扇贝、贻贝、杂色蛤子等瓣鳃类的外套腔中，能夺取宿主食物，妨碍宿主摄食，伤害宿主的鳃，使牡蛎身体瘦弱，并可使雌牡蛎变为雄牡蛎，重者可引起死亡。

【流行情况】中华豆蟹寄生虫在褶牡蛎的外套腔中，也寄生在杂色蛤子和其他双壳贝类中。分布在我国辽东半岛、朝鲜和日本等地。近缘豆蟹寄生于密鳞牡蛎、凹线蛤蜊、厚壳贻贝、扇贝等，分布于我国山东、日本、菲律宾、泰国等地。戈氏豆蟹寄生于牡蛎、杂色蛤子、贻贝等，分布于我国山东半岛、辽东半岛，日本等地。

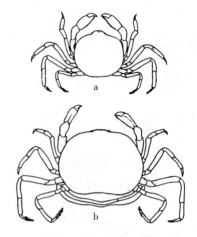

图 6 - 11 中华豆蟹
a. 雄蟹 b. 雌蟹

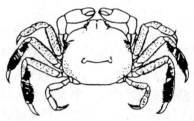

图 6 - 12 戈氏豆蟹

扇贝才女虫病

【病原体】才女虫（*Polydora*）。属环节动物门，多毛纲，管栖目，雅海虫科。有很多种。

（1）凿贝才女虫（*P. ciliata*）（图 6 - 13）。分布最广且最常见。虫体长 10～35mm，头部具有 1 对大的触手，身体分节，每节的两侧都有一簇刚毛，尾节呈喇叭状，背面有缺刻，虫体柔软，易拉断。

繁殖期和附着期随水温条件不同，各地有差别，在日本北部每年有两个产卵期，为 5～6 月和 10～11 月。水温 20℃左右，在泥管内产卵，卵在卵袋内发育，1～9d 孵出幼虫。幼虫冲破卵袋，浮游于水中，此时体长为 0.25mm，发育 15d 达 0.5mm，30d 达 2.5mm，整个浮游期 30～40d。然后，幼虫附着到扇贝壳外面鳞片状薄片的内侧或其他附着

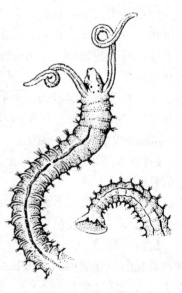

图 6 - 13 凿贝才女虫

物的后面，变为成虫。成虫分泌黏液，固定周围沉淀的泥土，形成细长弯曲的泥管，开始管栖生活。在扇贝壳外进行管栖生活时期为 2～3 个月，即 5～6 月产卵的栖息到 6～8 月，10～11 月产卵的栖息到 11～12 月，以后虫体长大，开始钻穿贝壳，在壳内进行管栖。

（2）杂色才女虫（*P. variegata*）。体长 1.5～30.0mm，触手上有 9～13 条黑带，尾节背部无缺刻。

（3）板才女虫（*P. concharum*）。体长 1.0～1.5mm，触手透明，口叶的前端分为 2 叶。尾节分为 4 叶，背面和腹面各 2 叶，但背面 2 叶比腹面 2 叶小。

【症状及病理变化】才女虫对扇贝一般不会直接致死，但影响生长，当才女虫由管道内凿穿扇贝壳的内表面时，扇贝受到刺激，加速珍珠层的分泌。虫体不断向内钻，扇贝不断地分泌珍珠层，在壳的内表面就逐渐地形成弯弯曲曲的隆起于壳面的管道。由于管道的形成，使贝壳受损，特别使闭壳肌周围的壳变得脆弱，在养殖操作过程中容易破裂。在收割闭壳肌时，闭壳肌的组织也会破裂，并产生一种特殊的臭味，严重降低扇贝的价值。

【流行情况】才女虫病世界流行，我国也不例外。有些地区危害相当严重，如日本北海道增殖的虾夷扇贝有 60% 以上受害，陆奥湾中的虾夷贝受害达 80%。

【防治方法】预防措施是搞清才女虫在当地附着时期，扇贝放流避开才女虫附着时期，放流的地点尽量避开才女虫喜欢生活的多泥和沙泥质的海区。目前尚无治疗方法。

缢蛏的泄肠吸虫病

【病原体】食蛏泄肠吸虫（*Vesicocoelium solenophagum* Tang, Hsu et al., 1975）幼虫（图 6-14）。属于异肌亚目，孔肠科。其生活史要经过成虫、虫卵、毛蚴、母胞蚴、子胞蚴、第 3～4 代胞蚴、尾蚴、囊蚴和童虫等世代发育，要经过 2 个中间宿主和 1 个终末宿主。缢蛏是作为该虫的第一中间宿主而受害。

虫卵随鱼类粪便排到滩涂上，经 4～7d 的发育，毛蚴从卵中孵化出来，在水中游泳经缢蛏的进水管进入蛏体，使缢蛏受到感染。毛蚴在蛏的鳃瓣附近脱去纤毛，钻入附近的结缔组织中发育成胞蚴，母胞蚴体内形成的胚细胞逐渐发育成子胞蚴，经 3～4 代，在每个子胞蚴体内形成 10～60 多个尾蚴（称为鳍毛尾尾蚴）。尾蚴成熟后从蛏体内钻出来，在海水中游泳，尾蚴被各种幼鱼吞食后，在鱼肠中脱掉尾干并形成圆球形的囊蚴。而有的尾蚴遇到脊尾长臂虾后，就附着在其鳃叶附近及头胸部附肢基部的间隙之内形成囊蚴。这些脊尾白虾、幼鱼被终宿主吞食后，就在终宿主肠道内发育为成虫。

【症状及病理变化】食蛏泄肠吸虫自毛蚴钻入缢蛏体内后，在宿主组织中发育成为胞蚴，并通过无性繁殖形成大量的子胞蚴，以致尾蚴。在这一寄生阶段，1 年蛏的内脏组织几乎被虫体消耗殆尽，使缢蛏不能繁殖，2 年蛏的肥满度明显受到影响，病蛏的肥满度显著低于正常蛏，病蛏肉体重只有正常蛏的 1/5～1/4，严重的病蛏常常只剩下一层变色、干扁的外皮，蛏体的全部结缔组织几乎都被成堆的子胞蚴所代替。病蛏外观也由灰白色变成淡黄色、土褐色乃至灰黑色。从外套膜边缘可以见到颜色变化，因此称为"黑根病"。这不仅降低了缢蛏的产量，也严重影响其商品价值。

【流行情况】该病发现于福建龙海县，2 年蛏在立夏就开始消瘦，芒种后出现大量死亡，如遇大风、洪水或饵料不足时，也会出现大量死亡，死亡率可达 30%～50%。低潮区和沙

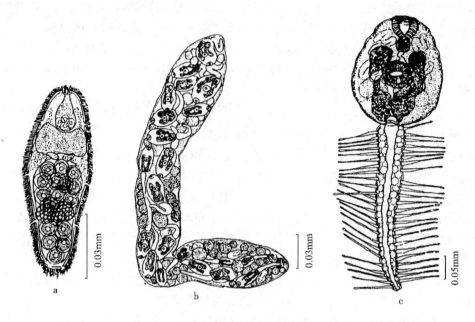

图 6-14　食蛏泄肠吸虫

a. 毛蚴　b. 子胞蚴　c. 成熟尾蚴

质底的蛏埕其感染率一般低于高潮区、土质底的蛏埕。

【防治方法】预防措施是在缢蛏易受感染的 2~5 月捕捉、杀灭作为终宿主的无多大经济价值的小鱼，以减小感染强度。可根据寄生虫的发育季节，在受感染的缢蛏病症暴发前收获。采用在中潮区以下的沙质地养殖 2 年蛏的方法，以减小受害程度。

珍珠贝才女虫病（黑心肝病、黑壳病）

【病原体】凿贝才女虫（*Polydora ciliata*）见本任务扇贝才女虫病。

【症状及病理变化】患凿贝才女虫病的珍珠贝，壳内面常在窝心部或近中心部位有黑褐色的痂皮，因而国内群众和国外的资料一般俗称为"黑心肝病"或"黑壳病"。病贝生长较缓慢，1 年中贝壳的生长平均仅 0.7cm 壳高。当虫体钻孔入侵贝壳内寄生时，穿透贝壳之后达到软体部，则直接侵害内脏团。在闭壳肌痕的范围内虫体最多，受侵入的组织周围引起炎症，局部形成脓肿和溃烂，甚至引起细菌继发性脓肿。也有些凿贝才女虫分泌黏液，吸附淤泥包裹自身，连泥带虫附着于贝壳内表面的近边缘部分，随着珠母贝分泌珍珠质和贝壳增长，虫体又不断地在壳边缘部分分泌酸性物质腐蚀贝壳，因而逐渐形成开口于壳外表的 U 形虫管。

【流行情况】流行于广东、徐闻、合浦。2 龄的母贝有 2/3 以上的个体患有才女虫病，平均每一贝体寄生 6 条凿贝才女虫。在珠贝、大贝和中贝的病灶和脓包部位的开放型虫管中，检出的寄生虫有 96%～100% 是凿贝才女虫。才女虫钻入壳内的过程，导致珍珠贝被细菌感染而发生脓肿溃疡，致使死亡率达 60%～80%，危害甚巨，流行高峰期为7 月。

【防治方法】

（1）先清除珠贝外壳附着物，再用水泥砂浆涂盖或喷洒于珠贝外壳，涂层约 1mm 厚

（水泥标号为 500 的普通硅酸盐水泥，细沙粒径约 0.5mm 以下）。使砂浆与贝壳牢固结合起来，并完全封闭，堵塞壳外的一切孔洞，使所有洞穴与海水隔绝，洞穴内的钻贝才女虫不到 1d 便被杀死。又因水泥砂浆覆盖贝壳后，外表坚硬，穿孔动物不能再穿入，对贝壳有相当长时间的保护作用。

（2）饱和盐水浸泡法。先清除贝壳外的附着物，使珠贝在空气中暴露 10min，然后再用天然海水浸泡 5～10min，再用淡水浸泡 10min，然后再用饱和盐水浸泡 20～30min，再阴干 30min，放回海水中吊养（操作过程中应严密注意珠贝的反应）。

贻贝蚤病

【病原体】在贻贝中寄生的甲壳类有许多种，其中危害大的主要有 3 种。

（1）东方贻贝蚤（*Mytilicola orientalis*）。除危害牡蛎外，也危害贻贝。

（2）肠贻贝蚤（*M. intestinalis*）（图 6-15）。形态构造与东方贻贝蚤相似，但有以下区别：胸部 5 对侧突不如贻贝蚤发达；雄性第一胸节有侧突，而东方贻贝蚤则无；雄虫上唇圆形，边缘波状，东方贻贝蚤雄虫上唇三角形，下缘有缺刻。

（3）伸长贻贝蚤（*M. porrecta*）。

【症状及病理变化】贻贝蚤寄生虫在贻贝消化道内，数量少时，对贻贝无明显影响，但每个贻贝中有 5～10 个虫体寄生时，贻贝便明显消瘦，生长停滞，肝变为褐色，足丝发育不良，组织呈暗淡的红棕色，生殖腺的质量比健康贻贝轻 10%～30%，容易从附着物上脱落下来，无论是贻贝种苗，还是成体，都会因该虫寄生而死亡，甚至能引起大量死亡（东方贻贝蚤对贻贝致病不显著）。

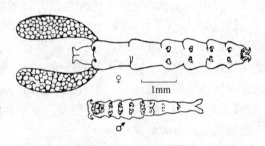

图 6-15　肠贻贝蚤

【流行情况】东方贻贝蚤寄生于日本和美国的紫贻贝和厚壳贻贝，肠贻贝蚤寄生于英国、法国、德国、荷兰、西班牙、意大利、比利时等许多欧洲国家的贻贝中，伸长贻贝蚤寄生于墨西哥湾的贻贝。

肠贻贝蚤在温暖季节繁殖快，致贻贝大量死亡常在夏季，已严重威胁欧洲贻贝养殖业。养殖中发现，贻贝密度小和靠近水面而感染较轻，在潮流弱的近岸处感染率大，潮流弱的深处感染率大，强潮流的海区，上下感染率相同；河口附近水流较快的地方感染率较低。其传播方式主要是贻贝蚤的浮游幼体的活动及已感染贻贝种苗和亲贝的运输。

【防治方法】治疗尚无报道。预防措施是将贻贝养殖架放在水流较快的地方或河口的两边养殖，或离海底有较大距离的弱潮流区。

贻贝寄生豆蟹病

【病原体】在我国贻贝中发现的豆蟹有中华豆蟹、近缘豆蟹和戈氏豆蟹（见本任务牡蛎豆蟹病）。

我国秦皇岛地区的中华豆蟹繁殖期为 6 月下旬至 10 月中旬，繁殖盛期在 7 月下旬至 9 月上旬，此期为该区全年高温季节，平均水温 23～26℃。雌蟹抱卵后 1 个月，孵化出第一期溞状幼体，在一般水温下约 40d，就可以经过第二、第三期溞状幼体、大眼幼体，变态到幼蟹。有些雌豆蟹（占总数的 $14\%\sim26\%$）在 1 年内可繁殖 2 次。7 月中旬前后孵出的幼体，经过变态发育到 8 月下旬至 9 月初，就潜入贻贝体内营寄生生活。到 10 月下旬豆蟹一般生长到甲宽 $1\sim2mm$，最大 8mm。11 月停止生长，到第二年 5 月下旬再开始生长。第一次繁殖的后代，到第二年已长大成熟，可以繁殖 2 次，然后死亡。第二次繁殖的后代，成熟较晚，第二年只能繁殖 1 次，第三年再繁殖 1 次后才死亡。

【症状及病理变化】被豆蟹寄生的贻贝肌肉消瘦，肉的质量比正常贻贝少 50%，既降低产量，又影响质量。有的豆蟹损伤贻贝的鳃，并使触须发生溃疡。

【流行情况】寄生在贻贝中的豆蟹也可寄生在牡蛎和杂色蛤子等其他瓣鳃类。其分布地见本任务之二、牡蛎寄生豆蟹病。

【防治方法】尚无治疗方法。预防方法是在豆蟹的生殖季节开始以前将贻贝收获，使豆蟹没有繁殖的机会，可以降低感染率和消灭豆蟹。

鲍气泡病

【病原体】在稚鲍的集约化养殖中，由于投喂各种海藻，在强烈的阳光照射下，海藻进行光合作用，使水的溶解度达到饱和度的 $150\%\sim200\%$，致使稚鲍发生气泡病。

【症状及病理变化】稚鲍的上皮组织下形成许多气泡，严重时使鲍浮于水面。口部色素消退，齿舌异常张开，口、足、外套膜和上足肿胀，特别是上足变为鳞茎状，不能活动。血管中也有气泡栓塞，神经系统的纤维性神经鞘与神经细胞及神经鞘周围的组织明显分离。患病鲍继发感染溶藻酸弧菌，引起更严重的后果。

【流行情况】鲍的气泡病主要发生在集约化养殖中，致病条件是海藻多、光照强、水体交换不良等。主要危害稚鲍。

【防治方法】养殖水体在投喂大量海藻后应避免强光照射，并加大水流量，可以预防此病。已发气泡病时，降低水温，病鲍可逐渐恢复。

贝类的敌害

贝类的敌害有鱼类、贝类和鸟类等。

(一) 鱼类

(1) 鳐（*Raja*）。鳐有强硬的齿，能咬破较脆弱的近江牡蛎贝壳，造成危害。

(2) 狼牙虾虎鱼（*Odontamblyopus*）。具细长牙齿，下颚牙齿特长。$6\sim7$ 月随涨潮从深海进入海涂，退潮时找寻海涂上的河蟹洞或其他洞穴潜居下来，侵食缢蛏和菲律宾蛤子。

(3) 蛇鳗（*Ophichthys*）。形小细长，涨潮时潜入蛏田专吃老龄蛏，$8\sim9$ 月最严重。须鳗（*Cirrhimuraena*）、豆齿鳗（*Pisoodonophis*）都能吞食贝类的幼虫和成贝，涨潮时，蛤子张开壳伸出水管，它们便乘机钻入蛤体食其肉，退潮后穴居。

(4) 北方马面鲀（*Navodon septentrionalis*）、单角鲀（*Monacanthus*）、东方鲀（*Fugu*）、兔头鲀（*Lagocephalus*）。以上几种鲀吃食贝苗，尤其是对贻贝苗危害更甚，对 5cm 以下的珠母贝危害也严重。

(二) 贝类

(1) 骨螺科（*Muricidae*）。俗称"辣螺"，肉食性贝类，以穿孔性的骨螺危害最大，具有群聚习性，其鳃下腺中含骨螺紫毒素，身体粗糙多棘，对养殖贝类钻孔力强，危害严重。

（2）蛎敌荔枝螺（*Purpura gradata*）。表面具结节或棘状突起，能分泌酸液使贻贝穿孔，麻痹贻贝使其开壳后食其内脏团，并喜食牡蛎的幼贝，为牡蛎主要敌害之一。

（3）玉螺（*Natica*）。又称香螺，玉螺捕食贝类，首先以其外套膜将可食的贝类包围起来，然后由穿孔腺分泌液体溶解贝壳，再将吻伸入贝壳内食其肉。玉螺喜食杂色蛤子、牡蛎、泥蚶等，造成严重损失。

（三）鸟类

红嘴鸥（*Larus ridibundus*）、燕鸥（*Sterna hirundo*）（又称江猫）、蛎鹬（*Haematopus*）、绿头鸭（*Anas*）等。红嘴鸥喜吃蛏子，特别在 10～11 月蛏产卵期受害更严重。这些鸟类一般在每年 12 月到翌年 3 月常成群结队进入养蛏埕，在涨潮或退潮时，当蛏管伸出埕面时，一一啄食，对蛤苗危害性更大。

项目七

其他水产养殖动物病害的防治

任务一　两栖类病害的防治

能力目标

掌握常见两栖类动物病害的症状、流行情况及防治方法。

知识目标

了解两栖类动物病害流行情况、发病机理等方面的知识。

相关知识

随着水产养殖业的发展，养殖的种类和规模不断扩大，除养殖鱼、虾、蟹、贝等传统养殖品种外，其他水产动物的养殖也迅猛发展，养殖产量逐年增加，病害造成的损失越来越大。本任务主要介绍两栖类、爬行类、棘皮动物等水产养殖动物常见病害的防治。

目前，我国养殖的两栖类动物主要有牛蛙（*Rana catesbiana* Show）、美国青蛙（*Rana grylio*）、棘胸蛙（*Rana spinosa* Darid）和大鲵（*Andrias davidianus* Blanchard）等。其主要的病害有：

蛙红腿病（出血性败血症）

【病原体】病原体为嗜水气单胞菌，该细菌在水体中广泛存在，为条件致病菌。

【症状及病理变化】病蛙后肢红肿，皮下出血，严重时后腿肌肉充血呈紫红色，全身肌肉充血。行动迟缓，厌食。

【流行情况】此病主要危害成蛙，幼蛙也时有发生，但相对较少。牛蛙、美国青蛙和棘胸蛙均可感染。我国各地均有发生，发病季节为4～10月，以7～9月为流行高峰。当水质较差，养殖密度过高或皮肤受伤时容易发生。常与肠胃炎并发，有时暴发性流行，危害较为严重。

【防治方法】

（1）保持水质清新，及时清洗食台中的残饵。

（2）控制放养密度，避免相互擦挤受伤。

（3）发病季节定期对水体进行消毒，一般用三氯异氰尿酸 0.3g/m³ 和生石灰 30g/m³ 间隔消毒，每周 1 次。

（4）发病时，在水体消毒的同时口服药物。复方新诺明第 1 天用药量为每千克动物体重用 50mg，第 2～7 天药量减半。

（5）用 2.5%～3.5% 的食盐水浸洗病蛙 20～30min，或用 3%～5% 的食盐水浸洗 10～15min，效果较好。

🐸 蛙肠胃炎（肠炎病）

【病原体】肠型点状产气单胞菌是其主要病原。

【症状及病理变化】病蛙体虚乏力，行动迟缓，食欲减退或消失，缩头弓背。解剖可见肠内无食或少食，而有许多黏液，肠胃壁充血发炎。病蛙因厌食乏力而死。

【流行情况】主要危害牛蛙和美国青蛙，从蝌蚪到成蛙均可发病，发病季节为 5～9 月，常与"红腿病"并发。是由于饲养管理不当，时饥时饱，吃了腐败变质的食物而诱发的。

【防治方法】

（1）加强饲养管理，对食台清刷消毒，不投腐败变质的食物。

（2）发病时泼洒漂白粉，浓度为 1g/m³；或泼洒三氯异氰尿酸，浓度为 0.3～0.5g/m³，对水体进行消毒。

（3）口服磺胺药物，第 1 天用药量为每千克动物体重用 0.2g，第 2～6 天药量减半。

🐸 蛙脑膜炎（歪脖子病）

【病原体】病原体为脑膜炎败血黄杆菌（*F. meningosepticum*）。

【症状及病理变化】病蛙体色发黑，食欲不振，反应迟钝，头斜向一边，呈歪脖子状。常伏于阴湿处，在水中则身体失去平衡，腹部朝上浮于水面，游动时原地打转，直至死亡。从发病到死亡一般 3～7d 的时间，解剖可见病蛙的肝、肾、肠等器官有明显的充血现象。

【流行情况】该病主要危害 100g 以上的成蛙，牛蛙和美国青蛙均可发生。当水质恶化，水温变化较大时容易发生。流行季节为 7～10 月，病期长，传染性强，死亡率高，最高死亡率可达 90% 以上。

【防治方法】三氯异氰尿酸对水体进行消毒，浓度为 0.3g/m³，同时口服磺胺嘧啶每千克蛙体重每天用 0.2g，第 2～7 天药量减半。

🐸 蛙链球菌病（肝炎）

【病原体】病原体为链球菌。

【症状及病理变化】病蛙体色呈灰黑色，失去原有光泽，活动及摄食均正常，一旦停止摄食则很快死亡。病死的蛙多集中在阴湿的草丛或食台，濒临死亡前头部低垂，口吐黏液，故在病死蛙周围常有一摊淡红色的黏液，并常伴有舌头露出口腔的现象。机体瘫软如泥，解剖可见病蛙肝部严重病变，或充血呈紫红色，或贫血呈灰白色，肠道失血呈白色，少量可充血呈紫色。胆汁浓呈墨绿色，肠回缩入胃中，呈结套状。

【流行情况】此病主要危害 100g 以上的成蛙，具有传染性强，发病率、死亡率高，暴发性流行的特点。从发病到死亡仅为 2～3d 的时间，1 周内可导致整个养殖场发病，死亡率可达 60％～90％，高者可达 100％。发病季节为 5 月下旬至 9 月下旬，全国各地均有发生。因该病与胃肠炎表现相似，常常容易误诊，若不能在发病初期做出正确的诊断，及早采取措施加以控制，则可能造成全部死亡。

【防治方法】

(1) 保持养殖水环境的清洁卫生，经常用三氯异氰尿酸或漂白粉对水体进行消毒，清洗食台，保持水质清新，不投喂腐败变质的食物。发病季节定期口服多西环素可预防此病的发生。

(2) 发病时，池水有三氯异氰尿酸消毒，浓度为 0.3g/m³，食台和陆地用 10g/m³ 的三氯异氰尿酸水溶液喷雾消毒。

(3) 口服多西环素，每千克蛙体重每天用 30mg，连喂 5～7d。

蛙白内障病

【病原体】病原体为醋酸钙不动杆菌（*Acinetobacter calcoaceticus*）。

【症状及病理变化】病蛙双眼有一层白膜覆盖，呈白内障状，但眼睛的水晶体完好，后肢呈浅绿色。解剖可见肌肉呈黄绿色，肝肿大呈黑色，胆囊肿大，胆汁淡绿色。

【流行情况】该病主要危害幼蛙和成蛙，有传染快、死亡率高的特点，多发生于春末夏初时节。

【防治方法】

(1) 保持水环境清洁，定期用生石灰泼洒消毒，浓度为 30g/m³。

(2) 保持饲料新鲜，维持其营养平衡，在饲料中添加维生素 C 及其他维生素。

(3) 发病时全池泼洒三氯异氰尿酸，浓度为 0.3g/m³，每天 1 次，连用 2d。

蛙烂皮病

【病原体】引起烂皮病的因素较多，有报道认为是由醋酸钙不动杆菌引起，也有人认为是由于饲料中缺乏维生素 A、维生素 D，营养失衡而发生的。

【症状及病理变化】发病初期，病蛙的头背部皮肤失去光泽并出现白斑，随后表皮脱落并开始溃烂，露出背肌，形成灰白色的烂斑。严重时溃疡斑可扩展蔓延至整个背部和四肢。病蛙眼瞳孔出现粒状突起，粒状突起由黑色逐渐变为白色，病情日趋严重，直至眼球被一层白膜所覆盖。后期病蛙拒食不动，死于陆地阴湿处。

【流行情况】该病主要发生在变态完成后的幼蛙阶段，150g 以上的成蛙则较少发生。在以蚕蛹为主要饲料的养蛙地区发病率较高。该病发病快，流行期长，死亡率高，对幼蛙的致死率可高达 90％以上。

【防治方法】

(1) 在饲料中添加富含维生素的物质，或直接在饲料中按每千克饲料 10～20mg 添加维生素 A、维生素 D。

(2) 池水用三氯异氰尿酸消毒，浓度为 0.5g/m³。

蛙腐皮病

【病原体】病原体为奇异变形杆菌（*Proteus mirabilis*）和克氏耶尔森菌（*Yersinia kristensenii*）。

【症状及病理变化】主要症状是蛙皮肤溃烂。发病初期，在病蛙四肢上表皮溃烂，露出真皮而呈白色。病重时真皮和肌肉溃烂，蹼烂及趾骨。病灶多发生在蛙的四肢关节及蹼等部位，有时背、腹部皮肤也发生溃疡。

【流行情况】该病主要危害 50g 以下的幼蛙和小蛙，成蛙则较少发生。可导致蛙的大量死亡，是一种危害较大的疾病之一。发病季节为春、秋两季。放养密度过大，环境恶化是诱发疾病发生的主要原因。

【防治方法】

（1）控制适宜的放养密度，及时隔离病蛙。

（2）定期用三氯异氰尿酸进行水体消毒。

（3）发病时全池泼洒卡那霉素，浓度为 $2.0g/m^3$。或者泼洒三氯异氰尿酸和金霉素合剂，浓度为 $0.3g/m^3$ 和 $0.1g/m^3$，每天 1 次，连泼 2～3 次。

蛙腹水病

【病原体】病原体为嗜水气单胞菌。

【症状及病理变化】病蛙懒动厌食，四肢乏力，腹部膨大。解剖可见腹腔内有大量淡黄色或红色的腹水，胃肠充血发红，部分病蛙有肝肿大现象。

【流行情况】该病主要危害成蛙，发病率可达 50%，死亡率 30%～50%，严重时可达 80% 以上。流行季节为 5～9 月，水质恶化，放养密度大时容易发生。

【防治方法】保持水质清新，控制适宜的放养密度，投喂新鲜的饲料。

蛙爱德华氏菌病

【病原体】病原体为爱德华氏菌。

【症状及病理变化】病蛙腹部膨胀，皮肤充血或点状出血，解剖可见腹腔内有腹水，肝、肾肿大，充血或出血，严重时坏死。

【流行情况】该病主要危害变态后的蛙，对成蛙的危害较大。传染性强，死亡率高。整个生长期中均可发生，但秋季多见。环境变化过度，应激反应过大时容易发生。

【防治方法】

（1）保持水环境的稳定性，避免过度的刺激，定期的水体消毒。

（2）发病时，全池泼洒三氯异氰尿酸 $0.3～0.5g/m^3$，第 2 天再泼洒土霉素 $2g/m^3$。

（3）在水体消毒的同时口服甲砜霉素，每千克蛙体重每天用 30～50mg，连喂 5～7d。

蛙温和气单胞菌病

【病原体】病原体为温和气单胞菌。

【症状及病理变化】病蛙肤色暗淡，厌食，腹部轻度膨胀。皮肤表面有点状溃斑，解剖时可见腹腔内伴有少量淡红色的腹水；肝肿大，充血呈紫色或点状出血呈花斑状，严重时，贫血呈灰白色；肺囊充血或失血，口鼻常有吐血丝现象；胃肠严重充血，并伴有血红色的脓肿，严重时肠失血呈白色，脂肪点状出血。

蝌蚪患病时，眼眶充血，腹部有斑点状出血。解剖时腹腔内腹水较多，肝呈紫红色或呈土黄色；肠充血，严重时呈紫红色；胆汁淡绿色。

【流行情况】该病从蝌蚪到成蛙均可发生，传染性强，死亡率高，危害极为严重。全国各地均有，尤以华东流行最甚。水质较差，气温变化较大时容易发生，夏、秋交换时较为流行。

【防治方法】

（1）在夏秋交换的季节，池水加深，减少换水，保持水温稳定。定期对水体进行消毒。

（2）发病时全池泼洒三氯异氰尿酸 $0.3g/m^3$ 和金霉素 $0.1g/m^3$，连用 3d。

（3）在水体消毒的同时口服甲砜霉素和金霉素，每千克蛙体重每天用甲砜霉素 30mg，金霉素 50mg，连喂 5～6d。

🌀 大鲵疖疮病

【病原体】病原体为疖疮型点状产气单胞杆菌。

【症状及病理变化】患病初期，病体背部皮肤及肌肉组织发炎，随着病情的发展，病灶处隆起，形似脓疮，用手触摸，有浮肿的感觉。严重时肌肉组织出血，渗出体液，继而坏死形成脓肿，解剖时有脓汁流出。另外有肠道充血发炎的症状。

【流行情况】该病主要危害大鲵的幼体和成体。一年四季都有发生，无明显的流行季节。

【防治方法】

（1）在捕捞、运输、放养等操作过程中应仔细小心，避免鲵体受伤。

（2）口服土霉素或金霉素，每千克大鲵体重每天用 60mg，连喂 10d。

（3）金霉素针剂肌内注射，每千克体重 0.33mL，连用 7d。

🌀 大鲵赤皮病

【病原体】病原体为荧光假单胞菌。

【症状及病理变化】大鲵机体体表出血发炎，以腹部最为明显。部分尾部腐烂。

【流行情况】该病主要危害大鲵的幼体和成体。一般是大鲵受伤后病菌乘机侵入而感染，无明显的流行季节，一年四季都有发生。

【防治方法】

（1）在养殖操作过程中避免大鲵受伤。

（2）全池泼洒五倍子粉，浓度为 $2～5g/m^3$。

（3）口服土霉素或金霉素，每千克大鲵体重每天用 60mg，连喂 10d。

（4）肌内注射卡那霉素，0.33mL/kg（以大鲵体重计），连用 5d。

🌀 大鲵打印病

【病原体】病原体为点状产气单胞菌点状亚种。

【症状及病理变化】发病初期在大鲵的体表出现圆形或椭圆形的红斑（俗称红梅斑病），有的似脓包状，随后病灶处表皮溃烂，随着病情的发展，肌肉溃烂甚至穿孔，直至露出骨骼和内脏。病鲵随即死亡。发病部位主要发生在大鲵躯干的后部，其次是腹部，有时全身都有。

【流行情况】该病主要危害大鲵的幼体和成体。流行较广泛，一年四季都有，夏、秋两季较为常见。

【防治方法】

（1）全池泼洒三氯异氰尿酸，浓度为 $0.3\sim0.5g/m^3$。

（2）全池泼洒五倍子，浓度为 $1.2g/m^3$。

（3）用浓度为 $0.5g/m^3$ 的蟾酥、大黄粉水溶液浸泡病体 15min。

大鲵肠胃炎病

【病原体】病原体为点状产气单胞菌。

【症状及病理变化】病鲵离群独游水面，行动迟缓，食欲减退。解剖可见腹腔积水，胃肠内无食物，肠壁充血发炎。

【流行情况】该病对蝌蚪、幼体、成体均有危害。死亡率可达 $50\%\sim90\%$。流行季节为 $4\sim9$ 月。

【防治方法】全池泼洒三氯异氰尿酸进行水体消毒，浓度为 $0.3\sim0.5g/m^3$。

大鲵球虫病

【病原体】病原体为艾美耳球虫属的一些种类。

【症状及病理变化】病鲵腹部膨大，食欲下降，行动迟缓。解剖可见肠壁上有许多灰白色的小结节。病灶处肠壁组织糜烂，严重时肠壁穿孔。肠道内有荧白色脓状液。

【流行情况】主要危害大鲵幼体和成体，在人工养殖条件下时常发生。

【防治方法】

（1）注意饵料的清洁，不携带病原体。

（2）口服硫黄粉，每千克大鲵体重每天用 100mg，连喂 4d。

（3）口服有机碘，每千克大鲵体重每天用 28mg，连喂 4d。

任务二　爬行类病害的防治

能力目标

掌握常见爬行类动物病害的症状、流行情况及防治方法。

知识目标

了解爬行类动物病害流行情况、发病机理等方面的知识。

相关知识

我国水产动物养殖的爬行类主要有鳖、龟和扬子鳄等，其主要的病害有：

鳖出血性肠道坏死症

【病原体】病原体较为复杂，包括细菌性病原和病毒性病原。

【症状及病理变化】病鳖底板大部分呈乳白色，个别的布满血丝，有些雄性生殖器外露。解剖可见内部器官表现为充血和贫血两种类型：

①充血型。胃、肠充血呈深红色或暗紫色，肠内无食物，充满血水或血凝块，肠壁糜烂、坏死；肝灰黑色或青灰色，有的点状出血，糜烂；脾肿大，深红色；胆肿大；生殖器官严重充血，卵巢呈暗紫色出血状。

②贫血型。大部分的内脏器官均贫血，发白，偶尔在肝、心、肺之间可见 1 个暗紫色的血凝块。濒临死亡的病鳖浮于水面，显得焦躁不安；或者夜晚静伏于食台或岸边，容易捕捉。

【流行情况】该病主要危害成鳖、亲鳖和 100～200g 的幼鳖。发病率为 43.2%，死亡率为 44.5%，严重时可导致全池死亡。流行季节为 5～7 月，6 月为发病高峰，水温 25～30℃时容易发生。

【防治方法】

（1）加强水质管理，保持水环境的稳定。发病时切不可干池或大换水。

（2）投饲时添加一些新鲜的饲料。

（3）温室养殖须在 6 月中旬后水温升高和较为稳定时出温室。出池前口服庆大霉素（每千克鳖体重每天 10 万 U）和板蓝根、苦参、穿心莲、虎杖等中草药合剂（每千克体重每天0.5g），连喂 3～5d。

（4）做好水体消毒，全池泼洒三氯异氰尿酸，浓度为 0.3～0.5g/m³。

（5）口服吗啉胍 20mg/kg，维生素 B_{12} 10mg/kg，板蓝根、苦参、穿心莲、虎杖等合剂0.5～1.0g/kg，均以鳖体重计算用量。对控制病情有一定的作用。

鳖鳃腺炎

【病原体】尚未确定。由病毒引起的可能性较大。

【症状及病理变化】患病初期，病鳖腹甲点状出血，口鼻出血，随后变成灰白色，呈贫血状态；全身浮肿，颈部异常肿大，腹面两侧有红肿现象，眼睛白浊而失明；鳃腺有纤毛状突起，严重出血，糜烂；体腔内有腹水，肠道出血，偶尔有血凝块。病鳖行动迟缓，常静卧岸上，伸颈而死。

【流行情况】该病主要危害幼鳖，尤其是温室养殖的稚、幼鳖容易发生。传染快，危害大，常年均可发生，水温 25～30℃时，发病最为严重。

【防治方法】目前尚无有效治疗方法，主要采取的预防措施是：

（1）投喂新鲜的饲料，增强鳖的抵抗力。

（2）病鳖及时隔离，死鳖及时销毁。

（3）全池泼洒漂白粉，浓度为 2～3g/m³；或泼洒三氯异氰尿酸，浓度为 1.0～1.2g/m³，隔 3d 1 次，泼 2～3 次。

（4）口服庆大霉素（每千克体重每天 50～80mg）和吗啉胍（每千克体重每天 10～20mg）。

鳖出血病

【病原体】病毒可能是主要的原因，另外还有细菌的并发和继发性感染。

【症状及病理变化】主要症状是出血。病鳖颈部水肿，口鼻出血，背甲和腹甲出现直径 2～10mm 的出血斑，并伴有化脓或糜烂症状。腹腔内充满淡红色的腹水，肝、脾、肾出血性病变；气管出血性卡他性炎及出血性浆液性肺炎；肠道出血，肠黏膜溃疡（急性卡他性肠炎）。病鳖行动迟缓，反应迟钝，呼吸困难而死。

【流行情况】该病主要危害成鳖或亲鳖。发病率为 27%～70%，死亡率为 10%～30%。流行季节为 6～8 月，有时延伸至 9 月上旬，7～8 月为流行高峰，水温 30～32℃时容易发生。主要流行于长江流域，在日本和我国台湾流行也较为严重。

【防治方法】目前治疗较为困难。采取的措施有：

（1）水体消毒，全池泼洒漂白粉，浓度为 4g/m³。

（2）制备土法疫苗，通过注射对鳖进行免疫预防。注射量为 0.3～0.5mL/kg（以鳖体重计）。

（3）福尔马林浸洗 10min 后，涂抹磺胺软膏。

（4）注射抗该病的免疫血清。

鳖红脖子病

【病原体】病原体为嗜水气单胞菌，也有人认为是甲鱼虹彩病毒（*soft-shelled turtle iridovirus*，STIV）。

【症状及病理变化】病鳖脖颈红肿，充血，伸缩困难。有的周身水肿，腹部有多个红斑，并不断溃烂；口鼻出血，眼睛白浊，严重时失明。口腔、食管、胃肠黏膜明显出血；肝肿大，呈土黄色或灰黄色，有针尖大小的坏死病灶；脾肿大。病鳖反应迟钝，行动迟缓，浮于水面或伏于泥沙中不动，大多在上岸晒背时死亡。

【流行情况】该病主要危害亲鳖及成鳖。由于机械损伤、温度突变、水质恶化等因素可导致该病发生。死亡率可达 20%～30%。流行水温为 18℃以上，流行季节为长江流域 3～6 月，华北为 7～8 月。

【防治方法】

（1）做好分级饲养，避免相互咬伤。

（2）定期泼洒漂白粉，浓度为 2g/m³；或泼洒三氯异氰尿酸浓度为 0.5g/m³，对水体进行消毒。

（3）庆大霉素或卡那霉素注射，用量为每千克体重鳖 15 万～20 万 U。

（4）口服土霉素，每千克体重鳖每天用 50mg，连喂 5d。

（5）注射鳖嗜水气单胞菌灭活疫苗。

鳖红底板病

【病原体】病原体为点状气单胞菌点状亚种，也有人认为由病毒引起。

【症状及病理变化】病鳖腹部有出血性红斑，严重时溃烂，露出骨板。背甲失去光泽，有不规则的沟纹，严重时出现糜烂，出血。口鼻发炎充血，咽部红肿；肝严重淤血，呈紫黑色；肾严重变性，血管扩张，甚至出血；肠道发炎充血，无食物。病鳖停止摄食，反应迟钝，静卧池边斜坡、晒台或食台上不动，一般 2～3d 死亡。

【流行情况】该病主要危害成鳖和亲鳖。因捕捞、运输、撕咬或堤岸粗糙使鳖腹部受伤，病原体乘机感染而导致疾病的发生。发病率为 20%～40%，死亡率为 10%～25%。流行温度为 20～30℃，5～6 月为发病高峰季节。

【防治方法】

(1) 在养殖过程中避免鳖体受伤。

(2) 保持水质清新，定期水体消毒。

(3) 用浓度为 30～40g/m³ 的土霉素溶液浸洗 30min。

(4) 每千克体重鳖每天口服磺胺五甲氧嘧啶 160mg 与甲氧苄啶 400mg 的合剂，连喂 6d，第 2 天后药量减半。

🐢 龟、鳖溃烂病

【病原体】病原体为嗜水气单胞菌、温和气单胞菌、假单胞杆菌、无色杆菌等。

【症状及病理变化】病体颈部、背甲、裙边、四肢以及尾部的皮肤糜烂或溃烂。颈部皮肤溃烂剥离，肌肉裸露；背甲粗糙或呈斑块状溃烂，皮层大片脱落；四肢、脚趾、尾部溃烂，爪脱落；腹部溃烂，裙边残缺，有的形成结痂。重者反应迟钝，不摄食，短期内即死。

【流行情况】该病主要危害高密度养殖的幼体和成体，尤其对 450g 左右的危害较大。相互撕咬或与地面摩擦受伤后细菌感染是其发病原因。死亡率可达 20%～30%；水温 20℃ 以上即可流行，流行季节为 5～9 月，7～8 月为发病高峰期，水温越高，发病率越大。全国各地均有，长江流域危害严重。

【防治方法】

(1) 分级饲养，避免受伤。

(2) 保持水质清新，定期水体消毒。

(3) 病轻者用浓度为 30g/m³ 的高锰酸钾溶液浸洗 20～30min。病重者用浓度为 10g/m³ 的磺胺类药物或链霉素浸浴 30～48h。

(4) 口服土霉素，每千克体重鳖每天 50mg，连喂 6d。或者口服磺胺类药物，每千克体重鳖每天 0.2g，连喂 6d，第 2 天后药量减半。

🐢 鳖穿孔病

【病原体】病原体有嗜水气单胞菌、普通变形杆菌、肺炎克雷伯氏菌（*Klebsiella pneumoniae*）、产碱菌（*Alcaligenes*）等多种细菌。

【症状及病理变化】发病初期，病鳖背腹甲、裙边和四肢出现一些白点或白斑，呈疮痂状，直径 0.2～1.0cm，周围出血，揭去疮痂或疮痂自行脱落后，可见较深的洞穴；严重者洞穴内有出血现象，洞口边缘发炎，轻压有血水流出，严重时可见内脏壁。肠充血，肝灰褐色，肺褐色，脾肿大变紫，胆汁墨绿色。病鳖行动迟缓，食欲减退，常与腐皮病并发。

【流行情况】该病对生长阶段的鳖均有危害，尤其是对温室养殖的幼鳖危害最大。发病率可达 50%。流行温度为 25～30℃，室外一般发生于 4～10 月，5～7 月为发病的高峰季节，温室种主要发生于 10～12 月。养殖环境恶劣，饲养不良时易诱发该病的发生。

【防治方法】

（1）幼鳖进温室时应避免受伤，并用浓度为 20g/m³ 的高锰酸钾溶液浸洗 15～20min。

（2）发病时用浓度为 100g/m³ 的四环素或土霉素溶液浸洗病鳖 40min，并用消毒后的竹签挑去疮痂，用碘酒消毒后涂抹金霉素软膏。

（3）每千克体重鳖注射卡那霉素 1 万 U 或注射庆大霉素 8 万～15 万 U。

（4）口服磺胺五甲氧嘧啶、甲氧卞氨嘧啶和大黄、黄柏、黄芩等中草药合剂，比例为 4∶1∶8，每千克体重鳖每天用 0.25g，连喂 5～7d。

鳖白斑病

【病原体】病原体为一群由真菌与细菌组成的微生物群体。

【症状及病理变化】白斑病的症状有 3 种表现型：

①白点型。病鳖裙边、背腹甲出现角质状的芝麻粒样的白点，单个或数个相连；随着病情的发展，白点扩展到四肢、尾部和颈部，挑开白点，可见表皮和真皮坏死，肌肉外露，无脓汁。病鳖食欲减退，焦躁不安在水面狂游，或者瘫软池边或食台上。此种类型死亡率高，死亡快。

②白斑型。病鳖背腹甲出现不规则的白斑，白斑处表皮崩解剥离，肌肉溃烂，并有少量脓汁；病鳖成堆挤压在食台上或岸上，反应迟钝，不肯入水。此种类型病鳖 2～3d 后死亡。

③白云型。病鳖大片表皮溃烂，呈灰白色，直入水中可见片片白云状的斑块。此种类型病鳖死亡减缓，转为慢性型，形成溃疡症。

该病的各种表现型往往在同一池中交叉出现，但以一种为主。疾病的发展过程一般按"白点型→白斑型→白云型"的趋势发展。

【流行情况】该病主要危害 5～20g 的稚鳖，20～100g 的幼鳖次之，5g 以下或 100g 以上的鳖较少发生。发病率为 62.9%，死亡率一般为 30%～50%，严重时可达 100%。流行温度为 15～33℃，最适流行温度为 23～30℃。流行季节为 8～12 月，9～11 月为发病高峰期。我国各地养鳖场均有发生，以福建、四川、江西、安徽等地较为流行。

【防治方法】

（1）在养殖过程中避免鳖受伤，对受伤的鳖及时用浓度为 20g/m³ 的高锰酸钾溶液浸洗消毒。

（2）定期对水体用漂白粉或生石灰消毒。

（3）以白点型为主的发病池，用浓度为 3～4g/m³ 的亚甲基蓝浸浴。

（4）以白斑型或白云型为主的发病池，用浓度为 1.2g/m³ 的三氯异氰尿酸全池泼洒消毒，并口服复方新诺明，每千克体重鳖每天 0.2g，连喂 5～7d，第 2 天后药量减半。

（5）投喂大黄、黄芩、乌桕、连翘等中草药，按 1% 添加在饲料中投喂。

龟颈溃疡病

【病原体】该病可能由病毒引起。

【症状及病理变化】病龟脖颈肿大，溃烂，伸缩困难，食欲减退或停食。溃烂处有时出现乳白色的絮状丛生物。

【流行情况】该病在龟的整个养殖阶段都会发生，发病率高，死亡率大。5～8月较为流行。

【防治方法】

（1）及时隔离病龟，并对其用5%的食盐水清洗患处5min，然后涂抹土霉素或金霉素软膏。

（2）腹腔注射γ球蛋白或胎盘球蛋白，注射量为每千克体重龟2mg。

龟烂壳病

【病原体】病原体可能是细菌。

【症状及病理变化】患病初期，病龟背壳或底板出现白色斑点，随着病情的发展，斑点出慢慢溃烂，变成红色块状，用力压之，有血水流出。病龟活动减弱，摄食减少或停食，不久即死。

【流行情况】该病主要危害幼龟，常发生于高温季节和温室养殖过程中。

【防治方法】

（1）发病季节，每半月全池泼洒1次三氯异氰尿酸，药物浓度为1g/m³。

（2）将病龟用10%的食盐水反复擦洗患处，然后立即冲洗。

（3）注射金霉素，用量为每千克体重龟20万U。

龟、鳖白眼病

【病原体】病原体为细菌。水质碱性过高也是引起该病的原因。

【症状及流行情况】病体眼部紧闭不能张开，眼眶周围蒙上一层白雾状或白色的分泌物，眼内部充血发炎。眼睛肿大，眼角膜和鼻黏膜因炎症而糜烂。病体行动迟缓，焦躁不安，停止摄食，常用前肢摩擦眼部。严重时眼睛失明，瘦弱而死。

【流行情况】该病主要危害龟、鳖的稚、幼体，一般成体较少发生。发病率一般为20%～30%，最高可达65%，但一般不会出现暴发性死亡。越冬后的4～5月较为流行，温室内有时秋、冬季也会发生。

【防治方法】

（1）越冬前后，在饲料中添加适量的动物肝，加强营养，提高抵抗力。定期用漂白粉，浓度为2g/m³；或泼洒三氯异氰尿酸，浓度为0.5g/m³进行水体消毒。

（2）及时加水降低水质的碱性，或泼洒过磷酸钙，浓度为20～50g/m³。

（3）链霉素全池泼洒，浓度为每千克体重龟、鳖1万～2万U。

龟、鳖肺化脓病

【病原体】病原体是副大肠杆菌（*Paracolon*），此外还有葡萄球菌（*Staphylococcus aureus*）、链球菌及霍乱沙门氏菌（*Salmonella cholerae*）等。

【症状及病理变化】患病的龟、鳖，眼球充血，水肿，下陷，有脓样分泌物，并有豆腐渣样坏死组织覆盖于眼球上，致使双眼失明。解剖可见，肺呈暗紫色，有硬结节及囊状病灶，或大小不等的脓疮。生病个体头颈伸出水面，头向上仰，口大张开，呼吸困难；食欲减退，行动迟缓，迟钝，常栖于岸边或食台上，不久即死。

【流行情况】该病主要危害成体龟、鳖，龟的发病率和死亡率较鳖高，流行季节为8～10月，春季及雨水较多时此病则较少发生。

【防治方法】

(1) 及时排污和加注新水，保持水质清新。

(2) 全池泼洒生石灰，浓度为 $50\sim60g/m^3$；或泼洒漂白粉，浓度为 $3g/m^3$。

(3) 口服土霉素，每千克体重龟、鳖每天用 $0.1\sim0.2g$，连喂 $4\sim7d$。

任务三　棘皮动物病害的防治

能力目标

掌握常见棘皮动物病害的症状、流行情况及防治方法。

知识目标

了解棘皮动物病害流行情况、发病机理等方面的知识。

相关知识

目前，在水产养殖中养殖的棘皮动物主要是海参和海胆，有关海参、海胆病害的研究还不全面、不系统，现将有关海参、海胆的病害做一简单介绍。

稚参溃烂病

【病原体】病原体为一种细菌。

【症状及病理变化】疾病早期，稚参的身体收缩，附着力减弱，由较透明变为乳白色，并伴随局部溃烂，骨片倾倒、脱落；随后溃烂面积逐渐扩大，以致躯体大部分烂掉，仅剩下部分体壁与触手、消化道相连，这时触手尚可活动；最后触手也失去活动能力，全身解体而亡。

【流行情况】主要危害 $0.5\sim5.0mm$ 的稚参，死亡率很高，可达 100%。

【防治方法】

(1) 注意保持育苗池水质及底质的良好，培育健壮的参苗。

(2) 据本庆彪等报道，四环素对该病原菌有较好的抑制作用，建议用四环素进行治疗。

秃海胆病

【病原体】病原体为鳗弧菌和杀鲑气单胞菌。

【症状及病理变化】患病海胆的棘基部表皮层变为绿色或紫黑色，棘及其他附属物脱落，表皮层及浅层真皮组织坏死、脱落，形成圆形或椭圆形的病灶，当病灶较大或较深甚至穿孔时，海旦将死亡。

【流行情况】该病危害多种正形类海胆，一般在夏季浅水区发病率较高。

【防治方法】目前主要是采用综合预防的方法。

项目八

非寄生性疾病的防治

能力目标

掌握非寄生性疾病的种类、流行情况。

掌握非寄生性疾病的防治方法。

知识目标

了解非寄生性疾病的种类。

理解非寄生性疾病的危害、流行情况。

掌握非寄生性疾病的防治方法。

凡由机械、物理、化学因素及非寄生性生物引起的疾病称为非寄生性疾病。上述这些病因中有的单独引起水产动物发病，有的由多个因素互相依赖、相互制约地共同刺激水产动物有机体，当这些刺激达到一定强度时就引起水产动物发病，非寄生疾病也能造成水产动物增养殖业的巨大损失。

任务一 机械损伤

任务内容

掌握机械损伤导致的鱼病预防措施和方法。

学习条件

1. 多媒体课件、教材。

2. 病鱼标本。

相关知识

【病因】当水产动物受到严重损伤，即可引起水产动物大量死亡。有时虽损伤得并不厉害，但因损伤后继发微生物或寄生虫病，也可引起水产动物大批死亡。机械损伤的原因主要有以下几类：

1. 压伤　当压力长时期的加在水产动物某一部分时，因这部分组织的血液流动受到阻碍，使组织萎缩、坏死。寒冷地区，越冬池中的鲤常在胸鳍基部，有时也在腹鳍基部形成溃疡，这时由于越冬的鲤以胸鳍和腹鳍的基部做支点靠在池底，长期受体重压力的缘故，通常使该部分皮肤坏死，严重时肌肉也坏死。这种现象出现在消瘦的水产动物或生长在底质坚硬的池塘。

2. 碰伤和擦伤　在捕捞、运输和饲养过程中，常因使用的工具不合适，或操作不慎而给水产动物带来不同程度的损伤，除了碰掉鳞片，折断鳍条、附肢，擦伤皮肤、外骨骼、贝壳以外，还可以引起肌肉深处的创伤。

3. 强烈的振动　炸弹在水中爆炸时的振动，运输时强烈和长期的摆动，都会破坏水产动物神经系统的活动，使水产动物呈麻痹状态，失去正常的活动能力，仰卧或侧游在水面。如刺激不很严重，则刺激解除后，水产动物仍可恢复正常的活动能力。一般大个体对振动的反应较幼小的个体为强，因此在运输时以运苗种为宜。

【防治方法】水产动物受伤后不像人或家畜可以敷药，用纱布包扎，以免病原体侵入，因此水产动物受伤后进行治疗较困难，更需要以预防为主。可采取改进渔具和容器，尽量减少捕捞和搬运，在必要捕捞和运输时必须小心对待，并选择适当的时间；越冬池的底质不宜过硬，在越冬前应加强肥育；亲虾越冬池应衬以底网等措施来进行预防。

任务二　温度不适

任务内容

掌握温度变化引起的鱼病预防措施和方法。

学习条件

多媒体课件、教材。

相关知识

感　冒

【病因】水温急剧改变刺激机体神经末梢，引起机能混乱，器官活动失调，就会发生感冒。

【症状】皮肤暗淡、失去光泽，严重时呈休克状态，侧卧于水面。

【防治方法】从一个水体到另一个水体时，须注意温差；立即调节池水水温或将病鱼转移到适温水体中。

冻伤与烫伤

【病因】当水温降（升）到一定程度，超过机体适应范围就会产生冻（烫）伤。

【症状】皮肤坏死、脱落。

【防治方法】越冬前，应加强肥育饲养管理，增强机体抗寒能力；做好防寒工作；加深池水，提高水位；对不耐低温的种类在温度降低前移入室内。

任务三　水质不良引起的疾病

任务内容

掌握水质不良引起的鱼病预防措施和方法。

学习条件

1. 多媒体课件、教材。
2. 组织切片、显微镜、无菌操作台。
3. 病鱼标本。

相关知识

❀ "泛　池"

【病因】水产动物和其他动物一样，需要氧气，且不同种类、不同年龄及不同季节对氧的要求都各不相同，当水中溶氧量较低时，会引起水产动物到水面呼吸，这称为"浮头"，当溶氧量低于其最低限度时，就会引起窒息死亡。草鱼、青鱼、鲢、鳙等，通常在水中溶氧量为 $1mg/L$ 时开始"浮头"，当低于 $0.4～0.6mg/L$ 时，就窒息死亡；鲤、鲫的窒息点为 $0.1～0.4mg/L$，鲫的窒息点比鲤要稍低些，鳊的窒息点为 $0.4～0.5mg/L$。虾池溶氧量应不低于 $3mg/L$，同时与健康状况有关，如溶氧量为 $2.6～3.0mg/L$ 时，健康虾不死，患聚缩虫病的虾就窒息而死。因缺氧而窒息死亡的情况，一般在流动的水体中很少发生，主要发生在静止的水体中。在北方的越冬池内，一般因鱼较密集，水表面又结有一层厚冰，池水与空气隔绝，已溶解在水中的氧气因不断消耗而减少，这样很易引起窒息；且因池底缺氧，有机物分解产生有毒气体——沼气、硫化氢、氨等也不易从水中放出，这些有毒气体的毒害，加速了死亡。有时即使溶解氧充足，但当水中二氧化碳含量过高（如水温在 $21～22℃$，二氧化碳含量 $80mg/L$），影响水产动物血液中二氧化碳的放出，使中枢神经系统麻痹，水产动物也难以从水中吸取氧气；不过在池塘内的二氧化碳较少超过 $20mg/L$，所以"浮头"主要还是由缺氧造成。夏季，窒息现象也常发生，尤其在久打雷而不下雨，因下雷雨前的气压很低，水中溶解氧减少，引起窒息；如仅下短暂的雷雨，池水的温度表层低，底层高，引起水对流，使池底的腐殖质翻起，加速分解，消耗大量氧气，水产动物大批死亡。夏季黎明前也常发生"泛池"，尤其在水中腐殖质积集过多和藻类繁殖过多的情况下，一方面腐殖质分解时要消耗水中大量氧气，另一方面藻类在晚上行呼吸作用，和动物一样也要消耗大量氧气，因此，在黎明之前，水中溶氧量为 $1d$ 中最低的时候，1d 内水中溶氧量可相差数十倍。

【症状】鱼类在水面或池边呼吸，长期缺氧的个体下唇突出；在高温季节、清晨或下雨前突然发生整池鱼类的毁灭性死亡。

【流行情况】无地域性，常发生于高温季节以及闷热无风、气压低时。

【诊断方法】巡塘发现鱼浮出水面用口呼吸空气，说明池中溶解氧已不足；若太阳出来后鱼仍不下沉，说明池中严重缺氧。

【防治方法】

（1）冬季干塘时应除去塘底过多淤泥。

（2）施肥应施发酵过的有机肥，且应根据气候，水质等情况掌握施肥量，不使水质过肥，同时在夏季一般以施无机肥为好。

（3）掌握放养密度及搭配比例。投饲掌握"四定"原则，残饲应及时捞除。

（4）越冬池水面结有一层厚冰时，可在冰上打几个洞。

（5）闷热夏天应减少投饲量，并加注清水，在中午开动增氧机，必要时晚上也要开动增氧机，加强巡塘工作。

（6）在没有增氧机及无法加水的地方，可施增氧剂。

🌀 气 泡 病

【病因】水中某种气体过饱和。越幼小的个体越敏感，主要危害幼苗，如不及时抢救，可引起幼苗大批死亡，甚至全部死光；较大的个体也有患气泡病，较少见。引起水中某种气体过饱和的原因很多，常见的有：

（1）水中溶解氧过饱和。水中浮游植物过多，在强烈阳光照射的中午，水温高，藻类进行光合作用旺盛，可引起水中溶解氧过饱和。

（2）水中甲烷、硫化氢过多。池塘中施放过多未经发酵的肥料，肥料在池底不断分解，消耗大量氧气，在缺氧情况下，分解放出很多细小的甲烷、硫化氢气泡，鱼苗误将小气泡当浮游生物而吞入，引起气泡病，这危害比氧过饱和更大。

（3）氮过饱和。有些地下水含氮过饱和，或地下有沼气，也可引起气泡病，这些比氧过饱和危害为大。

（4）在运输途中，人工送气过多；或抽水机的进水管有破损时，吸入了空气；或水流经过拦水坝成为瀑布，落入深水潭中，将空气卷入，均可使水中气体过饱和。

（5）水温高时，水中溶解气体的饱和量低，所以当水温升高时，水中原有溶解气体，就变成过饱和而引起气泡病。如 1973 年 4 月 9 日，美国马萨诸塞的一个发电厂排出废水，使下游的水温升高，引起气体过饱和，大量鲱患气泡病而死亡。在工厂的排放水中，有时本身也有气体的过饱和，即当水源溶解气体饱和或接近饱和时，经过工厂的冷却系统后，再升温就变为饱和或过饱和。

【症状】病鱼体表或体内出现大小不等和数目不定的气泡，浮于水面或身体失衡，随气泡的增大及体力的消耗，不久即死；循环系统内的气泡可引起栓塞，病鱼很快死亡。

【流行情况】天然水域少见，在藻类较多的养殖水域易发生，主要危害幼体。

【诊断方法】解剖及用显微镜检查，可见血管内有大量气泡，引起栓塞而死。

【预防方法】主要防止水中气体过饱和。

（1）注意水源，不用含有气泡的水（有气泡时必须经过充分曝气），池中腐殖质不应过多，不用未经发酵的肥料。

（2）平时掌握投饲量，注意水质，不使浮游植物繁殖过多。

（3）水温相差不要太大。

（4）进水管要及时维修，北方冰封期，在冰上应打一些洞等。

【治疗方法】

（1）立即加注清水，同时排除部分池水。

（2）将病鱼移入清水中，病情轻的能逐步恢复正常。

畸 形 病

【病因】产生这种病主要有如下多种原因：

（1）水中含有重金属盐类。新挖鱼池，就容易患这种病。

（2）缺乏某种营养物质（如钙和维生素等）。

（3）胚胎发育时受外界环境影响。如卵孵化过程中水温忽高忽低，使胚胎发育不稳定而孵出畸形苗。

（4）寄生虫侵袭引起。如双六吸虫寄生后对神经的危害，引起鱼类白内障。

（5）机械损伤引起。在操作过程不小心直接使鱼体产生弯曲畸形。

【症状】病鱼身体发生Ｓ形弯曲，有时身体弯成2～3个屈曲，有时只尾部弯曲，鳃盖凹陷或嘴部上、下颚和鳍条等出现畸形，严重时引起病鱼死亡。

【流行情况】此病主要发生于胚胎期和仔鱼期。在南、北方，在淡、海水，在"家鱼"和名特优水产养殖中均有出现。

【预防方法】

（1）新开辟鱼池，最好先放养1～2年成鱼以后再放养鱼苗、鱼种。

（2）平时加强饲养管理，多投喂些含钙多、营养丰富的饲料。

（3）孵化过程中注意鱼卵孵化时水温、水质、溶解氧等，操作小心。

【治疗方法】发病鱼池要经常换水，同时投放营养丰富的饵料。

厚 壳 病

【病因】

（1）水体长期盐度过高。

（2）营养物质缺乏。

【症状】对虾摄食不正常，生长停顿，不蜕皮或蜕皮不遂。

【危害性】影响对虾正常生长，有时还可导致其他疾病的发生。

【诊断方法】用手触摸对虾，有特别厚实的感觉，结合咨询对虾摄食、生长及蜕皮等情况而做出判断。

【防治方法】

（1）换水或添加淡水，同时在饵料中添加脱壳素等物质。

（2）定期使用$10\sim15g/m^3$茶粕全池泼洒促脱壳，换水、并在饵料中添加Ｂ族维生素和维生素Ｃ等物质。

任务四　营养性疾病

任务内容

掌握营养不良引起的鱼病预防措施和方法。

学习条件

1. 多媒体课件、教材。
2. 病鱼标本。

相关知识

一、饥　饿

跑 马 病

【病因】主要是池中缺乏适口饲料（尤其是草鱼、青鱼的适口饲料）而造成的，有时池塘漏水也会引起跑马病。

【症状】病鱼围绕池边成群狂游，驱赶也不散，呈跑马状，故称为"跑马病"。由于大量消耗体力，使鱼消瘦、衰竭而死。这病常发生在鱼苗饲养阶段，鲢、鳙发生跑马病的情况较少见。

【诊断方法】根据症状并分析饵料原因后可诊断。

【防治方法】

（1）鱼苗放养不能过密（如密度较大，应增加投饲量），鱼池不能漏水，鱼苗在饲养10d后，应投喂一些豆饼浆、豆渣等草鱼、青鱼的适口饲料。

（2）发生跑马病后，用芦席从池边隔断鱼苗群游的路线，并投喂豆渣、豆饼浆、米糠或蚕蛹粉等鱼苗喜吃的饲料，不久即可制止。

萎 瘪 病

【病因】由于放养过密、缺乏饲料，以致鱼长期饥饿造成的。

【症状】病鱼体色发黑、消瘦、背似刀刃，鱼体两侧肋骨可数，头大体小，病鱼往往在池边缓慢游动，这时鱼已无力摄食，不久即死。

【诊断方法】需先查找病原，分析养殖品种搭配比例及水体饵料数量后诊断。

【防治方法】掌握放养密度，加强饲养管理，投放足够的饲料；越冬前更要使鱼吃饱长好，尽量缩短越冬期停止投喂的时间。

软 壳 病

【病因】有以下几种可能：

（1）饵料不足或营养不全（钙和磷含量过少或含量不均衡）。

（2）水体水质变差，因有毒物质积累而导致软壳。

（3）水体中含有有机锡或有机磷等消毒剂，抑制甲壳中几丁质的合成。

（4）水体 pH 过高，可致磷以磷酸钙的形式沉淀，使水体可溶性磷减少，导致软壳。

【症状】甲壳薄而软，对虾个体偏小，活力低下。

【诊断】用手触摸病虾，感觉虾壳薄而软。镜检对虾各器官，未发现其他病原和症状。再按上述各种病因仔细核查。

【流行情况】国内外均有发生，有时可造成严重损失。

【防治方法】改善水质，加大换水量。多投放鲜饵，如投放贝肉等；在饵料中适量添加钙粉等。

二、营养不良病

在高度密养的情况下，天然饲料很少，人工饲料的配制就必须营养全面，才能使水产动物健康、迅速的生长。某种营养成分缺乏、过多或营养不平衡，不仅不利于鱼的生长，严重时还能引起生病而死。

（一）蛋白质不足、过多或各种氨基酸不平衡所引起的疾病

蛋白质是水产动物生长最重要的物质，是构成机体蛋白质的基本物质，足量的蛋白质，且各种氨基酸搭配合适，可加速水产动物生长。不同种类、不同年龄、不同环境条件下，水产动物对饲料蛋白质的利用不同。鲤在缺乏维生素及氨基酸时，会引起鱼的体质恶化，平衡失调，脊柱弯曲。鳗鲡当饲料中不含蛋白质时，鱼明显减重；超过 44.5% 时，鱼的生长和蛋白质积累几乎不变。可见，饲料蛋白质含量并非越多越好，饲料中各种氨基酸含量不平衡，或饲料中蛋白质含量过多，不但不经济，而且在一定程度上是有害的。

（二）糖类不足或过多所引起的疾病

糖类是一种廉价热源，可起到节约蛋白质的作用；同时糖类也是构成机体组织成分之一。水产动物对各种糖的利用率不一样，单糖利用最好。水产动物由于品种不同，对糖类的利用情况和需要量不同。如鳟饲料中粗纤维的含量以 5%～6% 为最好；其他糖类最高限度为 30%。饲料中糖类的含量过高，将引起内脏脂肪积累，妨碍正常的机能，引起肝肿大，色泽变淡，死亡率增加。如果在饲料中添加适量维生素，糖类含量高达 50%，虹鳟的肝也无异常。

（三）由脂肪不足和变质所引起的疾病

脂肪是脂肪酸和能量的主要来源。水产动物饲料中的脂肪应是低熔点的，在低温下容易消化，温血动物的脂肪熔点高，不易消化，如长期使用，容易患脂肪性肝病。鱼摄食了脂肪变质的饲料，鲤患背瘦病，虹鳟引起肝发黄、贫血。为了防止氧化脂肪的毒性，在饲料中需加入足够量的维生素 E。

（四）缺乏维生素引起的疾病

维生素是维持机体正常代谢机能所必需的微量有机化合物，它在动物体内不能合成，必须从食物中获得。一种好的饲料应含有维生素 A、维生素 D、维生素 E、维生素 K、维生素 B_1、维生素 B_2、维生素 B_6、维生素 B_{12}、维生素 H、维生素 C、烟酸、叶酸、泛酸、胆碱、对氨基苯甲酸、肌醇等。鱼对维生素缺乏的反应较其他小的温血动物为慢，能较长时间在饲料中完全没有维生素的情况下生存，在这种情况下，饲养 1.5 个月后生长停止，3 个月后体重开始下降，突眼、虹膜周围充血、耗氧量降低、抵抗力下降，最后死亡。

1. 维生素 A（视黄醛）**缺乏**　引起生长不良，视觉不良。

2. 维生素 D（钙化醇）**缺乏**　影响骨骼生长。

3. 维生素 E（生育酚）**缺乏**　肌肉营养不良，发育慢，贫血。

4. B 族维生素［包括维生素 B_1（硫胺素）、维生素 B_2（核黄素）、维生素 B_3（泛酸）、维生素 B_5（烟酸）、维生素 B_{11}（叶酸）等］**缺乏**　缺乏不同种类引起症状不一，缺泛酸出现鳃病；缺叶酸出现贫血等。

5. 维生素 C（抗坏血酸）**缺乏**　脊椎及鳃软骨畸形，肌间出血，水肿，贫血等。

（五）缺乏矿物质引起的疾病

矿物质不仅是构成水产动物组织的重要成分，且是酶系统的重要催化剂，其生理功能是多方面的。水产动物能吸收溶解在水中的矿物质，但仅靠水中吸收的一些矿物质是远不能满足需要，因此饲料中必须含有足够的矿物质。一般水中含钙量较高，故饲料中不加钙，对生长影响不大；而磷在饲料中含量应稍高于 0.4%，否则生长缓慢。鲤缺乏磷，可引起脊椎弯曲症。虹鳟和红点鲑当缺乏碘化钾时，引起典型的甲状腺瘤，如及时投以足够的碘化物，瘤可缩小。饲料中缺锌，虹鳟生长缓慢，死亡率增加，鳍和皮肤发生糜烂，眼睛发生白内障。

三、饵料质量引起的疾病

（一）抗生素或其他化学治疗剂中毒

如果将抗生素或其他化学治疗剂在饲料中长期投喂，易使鱼发生中毒的病理变化。如：磺胺类药物可使肾管坏死；有些抗生素长期使用后使血液生成减少等。

（二）营养性白内障

长期以动物内脏投喂鲑科鱼类，可引起白内障，可能是维生素 B_2 缺乏或缺锌；饲料中若含硫代乙酰胺等致癌物质时也可引起白内障。

（三）绿肝病

【病因】原因有两种：一是孢子虫寄生堵塞了胆管；二是饲料中毒。

【症状】由饲料中毒引起的绿肝病的病鱼肝有绿色斑纹，胆汁呈暗绿色甚至黑色，变稠。

【诊断方法】解剖病鱼，观察肝和胆汁的变化。

【流行情况】主要发生与真鲷和蝲的幼鱼（体长 2.5cm 以下），蝲发病季节为夏季至秋初，真蝲多发生低水温期，大批死亡较少见。

【预防方法】投喂新鲜饵料预防。

【治疗方法】投喂鲜饵，投喂量减少，并在饲料中添加复合维生素、葡萄糖酸内脂（解毒剂）等药物。

（四）中毒性鳃病

【病因】饲料鱼腐败分解后产生的毒素使养殖鱼类中毒。

【症状】体表发红，鳃变深红色，鳃瓣变软坏死甚至脱落。

【诊断方法】咨询投饵情况，结合病症诊断。

【流行情况】主要发生于 2 龄的鲟，多发生在夏、秋高温季节，危害大。

【防治方法】不用变质饲料鱼。停食 1～5d，再投少量鲜鱼，并加葡糖醛酸内酯和多维。

（五）黄脂病

【病因】吃了脂肪变质的饲料。

【症状】脂肪组织变黄（黄褐或黄红色），内脏和腹膜粘连。

【诊断方法】食欲不振，脂肪变色，内脏粘连。

【流行情况】大龄真鲷易发此病，无明显季节性，生病后不易恢复。

【防治方法】投喂含脂肪较少的新鲜鱼，无治疗方法。

任务五　水生生物引起的中毒

任务内容

掌握水生生物引起的中毒性鱼病预防措施和方法。

学习条件

1. 多媒体课件、教材。

2. 病鱼标本。

相关知识

 由微囊藻引起的中毒

【病因】主要是铜绿微囊藻（*Microcystic aeruginosa*）及水花微囊藻（*M. flosaguae*），喜欢生长在碱性较高（pH8.0～9.5）及富营养化水中，最适生长温度为 28.8～30.5℃。其大量繁殖时，水面会形成一层绿色水花，江苏、浙江群众称为"湖靛"，福建称为"铜绿水"。藻体死后，蛋白质分解产生羟胺、硫化氢等有毒物质，不仅能毒死水产动物，就是牛、羊饮了这种水，也能被毒死。

【症状】蓝藻大量繁殖时，晚上产生过多的二氧化碳，消耗大量氧气；白天光合作用时，pH 可上升到 10 左右，B 族维生素迅速发酵分解，使鱼缺乏 B 族维生素，导致中枢神经和末梢神经系统失灵，兴奋性增加，急剧活动，痉挛，身体失去平衡。

【诊断方法】依症状进行诊断。

【防治方法】

（1）清塘消毒；掌握投饲量；常加注清水，不使水中有机质含量过高，调节好水的pH，可控制微囊藻的繁殖。

（2）当微囊藻大量繁殖时，可全池遍撒硫酸铜或硫酸铜、硫酸亚铁合剂（5∶2）0.7g/m³，撒药后开动增氧机，或在第二天清晨酌情加注清水，以防鱼"浮头"。

（3）在清晨藻体上浮积聚时，撒生石灰粉，连续2～3次，可基本杀死。

由三毛金藻引起的中毒

【病因】由于水中三毛金藻（prymnesium spp.）大量繁殖，产生大量鱼毒素、细胞色素、溶血毒素、神经毒素等，引起鱼类及用鳃呼吸的动物中毒死亡。三毛金藻生长的盐度为0.6～70，在低盐度中或较高盐度中生长为快；水温－2℃时仍可生长并产生危害，30℃以上生长不稳定，但在高盐度（盐度为30）中高温生长仍稳定；pH6.5能长期存活。

【流行情况】流行于盐碱地的池塘、水库等半咸水水域，危害鲢、鳙、鳊、草鱼、梭鱼、鲤、鲫、鳗、鳅等多种鱼类及用鳃呼吸的水生动物，自夏花及亲鱼均可受害。一年四季都有发生，主要发生于春、秋、冬季。

【症状】中毒初期，鱼急躁不安，呼吸加快，游动急促，方向不定；不久鱼开始向鱼池的背风浅水角落集中，少数鱼静止，排列无规则，受惊即游向深水处，不久返回，鱼体黏液增加，胸鳍基部充血明显，逐渐各鳍基部都充血，鱼体后部颜色变淡，反应更迟钝，呼吸渐慢；随着中毒时间延长，自胸鳍以下的鱼体麻痹、僵直，只有胸鳍尚能摆动，但不能前进，鳃盖、眼眶周围、下颌、体表充血，红斑大小不一，有的连成片，鱼布满池的四角及潜水处，一般头朝岸边，排列整齐，在水面下静止不动，但不"浮头"，受到惊扰也毫无反应，濒死前出现间歇性挣扎呼吸，不久即失去平衡而死。但也有的鱼死后仍保持自然状态，整个中毒过程，鱼不"浮头"，不到水面吞取空气，而是在麻痹和呼吸困难中平静地死去。有的鱼死后，除鳍基充血外，体表无充血现象；有的鱼死后，鳃盖张开，眼睛突出，积有腹水。

【防治方法】

（1）定期（少量多次）向池中施氨盐类化肥，尿素、氨水、氮磷复合肥，使总氨稳定在0.25～1.00g/m³，即可达到预防效果。

（2）在pH为8左右，水温20℃的盐碱地发病鱼池早期，全池遍洒含氨20%的铵盐类药物（硫酸铵、氯化铵、碳酸氢铵）20g/m³，或尿素12g/m³，使水中离子氨达0.06～0.10g/m³，可使三毛金藻膨胀解体，直至全部死亡。铵盐类药物杀灭效果比尿素为快，故效果更好。但鲴、梭鱼的鱼苗池不能用此方法。

（3）发病鱼池早期，全池泼洒0.3%黏土泥浆水吸附毒素，在12～24h内，中毒鱼类可恢复正常，不污染水体，但三毛金藻不被杀死。

赤　潮

【病因】我国沿海已发生赤潮的赤潮生物有30多种，主要是甲藻（15种），其次是硅藻（7种）和蓝藻（4种）。赤潮是海洋中某些微小的浮游生物（浮游植物、原生动物或细菌）在一定条件下暴发性增殖和聚集，而引起海水变色的一种有害的生态异常现象。通常水体颜色因赤潮生物的数量、种类而呈红、黄、绿和褐色等。赤潮发生的原因：

（1）海区富营养化。

（2）具有促进赤潮生物生长的有机物。

（3）具有某些微量金属元素。

（4）具备特定海域的气象和水文条件〔水温较高（23～28℃），盐度较低（23～28）〕。

【危害性】赤潮是一种自然生态现象，相当一部分赤潮是无害的，然而，近年来赤潮频繁发生和规模不断扩大，其危害引起人们高度重视。赤潮的危害主要有：

（1）赤潮生物大量繁殖，附着在鱼、贝类的鳃上而引起呼吸困难甚至死亡。

（2）赤潮生物在生长繁殖的代谢过程和死亡细胞被微生物分解的过程中大量消耗海水的溶解氧，使海水严重缺氧，海洋动物因缺氧而窒息死亡。

（3）有些赤潮生物体内及其代谢产物含有生物毒素，引起海洋动物中毒或死亡。

（4）居民通过摄食中毒的鱼、贝类而产生中毒反应。

（5）引起海洋异变，局部中断海洋食物链，使海域一度成为死海。

【防治方法】

（1）控制工业废水和生活污水排放量，加强污水废水处理，严防污染及富营养化。

（2）在发生赤潮时，不排灌水。育苗最好用砂滤池滤水或沉淀池的水。

（3）泼洒硫酸铜杀死有害藻，或泼洒黏土以吸附有害物质。

（4）在养殖区周围海底铺设通气管，向上施放大量气泡，形成一道上下垂直的环流屏障，把赤潮与养殖区隔离开来，达到防御的目的。

（5）发生赤潮时，迅速将养殖网箱转移到未发生赤潮的安全水域。

（6）用塑料薄膜将养殖网箱围起来，防止赤潮生物密水团进入养殖网箱，或网箱下沉到安全水层，但要注意底层的溶解氧较低，可在特定水域注氧。

任务六　化学物质引起的中毒

任务内容

掌握化学物质引起的中毒性鱼病预防措施和方法。

学习条件

1. 多媒体课件、教材。

2. 病鱼标本。

相关知识

（一）常见毒物及其危害

1. 农药类　全世界现有农药600多种，年产量200多万 t，农药在水产动物体内不断积蓄，引起中毒、畸变、繁殖衰退及死亡等。我国生产的农药主要有：有机氯、有机磷和有机硫等。鱼类对有机磷农药非常敏感，毒害作用明显，可引起鱼类骨骼系统发生畸形，不同大小的鱼对有机磷农药的敏感性是不同的。有机氯农药如六六六，对水产动物的直接毒害作用虽没有有机磷农药明显，但比有机磷农药稳定，可在各种生物体内积蓄，且有致癌作用，因此往往造成严重隐患。

2. 重金属 重金属对水产动物的毒性一般以汞最大，银、铜、镉、铅、锌次之，锡、铝、镍、铁、钡、锰等毒性依次降低。汞能在鱼体内蓄积，浓缩倍数可达千倍以上，肌肉、肝、肾中含量较高，鱼体内汞的蓄积随鱼的年龄和体重的增加而增加。重金属离子铅、锌、银、镍、镉等均可与鳃的分泌物结合起来，填塞鳃丝间隙，使呼吸困难。

一般在土壤中重金属盐类的含量不多，新开鱼池养鱼没有不良影响；但有些地方重金属盐类的含量较高，新挖鱼池饲养鱼种常患弯体病，病鱼游动不自如、生长缓慢、鱼体瘦弱，严重时可引起死亡。重金属对水产动物的毒害有内毒和外毒两方面：内毒为重金属离子通过鳃及体表进入体内，与体内主要酶的催化活性部位中硫氢基结合成难溶的硫酸盐，抑制了酶的活性，妨碍机体的代谢作用；外毒为重金属离子与鳃、体表的黏液结合成蛋白质复合物，覆盖整个鳃和体表，并充塞鳃瓣间隙里，使鳃丝的正常活动发生困难，鱼窒息而死。

3. 酚类 酚类物质能引起鱼鳃发炎致死，使循环系统发生混乱，酚对神经系统也有影响。中毒表现可分4个阶段：

（1）潜伏期。鱼开始不安，尾柄颤动。

（2）兴奋期。鱼全身出现强力颤动，呼吸不规律，并出现痉挛及阵发性冲撞。

（3）抑制期。鱼失去平衡，或仰游，或滚动。

（4）致死期。鱼进入麻痹昏迷状态，侧身躺在水底，呼吸微弱，以致死亡。

（二）防治方法

（1）加强监测工作，严禁未经处理的污水及超过国家规定排放标准的水排入水体。

（2）进行综合治理，包括物理法（沉淀法、过滤法、曝气法、稀释法、吸附法）、化学法和生物法等。

项目九

水产动物病害检查与诊断

任务一　现场调查

任务内容

掌握水产动物病害现场调查的内容。

学习条件

1. 多媒体课件、教材。
2. 养殖场。

相关知识

1. 异常现象　水产养殖动物患病后，通常体色、游动、摄食发生异常变化，出现各种异常现象。如由微生物类引起的疾病，体色和体质常有充血、出血、变黑、瘦弱和发炎等病症，摄食明显下降并有陆续死亡现象，严重时有较高的死亡率；由寄生虫引起的疾病，有的出现烦躁不安现象，有些也有如同微生物类引起疾病的病状，但死亡率一般不太高；由化学因子引起的疾病，病状异常有较明显的区别。如鱼类因工业废水或农药中毒时，出现跳跃和冲撞等兴奋现象，随后进入抑制状态，并在短时间内出现死亡，具有明显的死亡高峰。因此，了解疾病的种种异常显现，是诊断疾病的首要环节。

2. 池水理化状况　疾病的发生与池水的理化状况有关。如溶解氧降低可引起"浮头"，严重缺氧时可导致"泛池"；酸性水可引起嗜酸性卵甲藻病的暴发；氯化物含量和硬度高，可使小三毛金藻大量繁殖，导致鱼类中毒而死；重金属含量高，鱼苗易患弯体病。因而，对水温、pH、溶氧量、氯化物、硫化物、氨氮、重金属盐类等指标要进行调查。

3. 饲养管理情况　池鱼发病常与饲养管理不善有关。如向池中投入大量没有发酵的人畜粪或尿，使有机物突然增加，水中溶解氧被大量消耗，使池鱼因缺氧而大批死亡；有机物过多使池水发臭，易发生鳃霉病；施肥量过大，投喂腐败或变质的饵料等，都能引起水质恶化，严重影响鱼体的健康，同时给病原生物及水生昆虫等敌害生物创造条件，引起池鱼大批死亡；水质较瘦，食料不足，会引起萎瘪病、跑马病；拉网使鱼体受伤，易引起水霉病、白皮病等。因此，对品种的来源与规格、搭配比例、放养密度、施肥种类和数量、投饵种类和数量、拉网和各种操作、摄食和活动情况及历年发病情况等，应做详细的了解。

任务二　动物体检查

任务内容

掌握鱼体检查的方法和步骤。

学习条件

1. 多媒体课件、教材。
2. 病鱼标本、显微镜、解剖剪、镊子、解剖刀、解剖盘、载玻片、蒸馏水等。

相关知识

鱼体检查方法主要有两种：目检与镜检。检查的顺序是从体表到体内及各内脏器官；从前向后；先目检后镜检。

一、目　　检

用肉眼直接观察患病水产动物的各个部位即为目检。目检是目前生产上最常用的检查方法。用肉眼能识别出较大的寄生虫（如蠕虫、甲壳动物、软体动物幼虫等）、真菌（如水霉菌等）。有些病原（如病毒、细菌、小型原生动物等）用肉眼是无法看见的。当前国内对微生物鱼病，主要是根据病鱼表现的显著症状，用肉眼来进行诊断。对小型原生动物等引起的鱼病，除用肉眼观察其症状外，主要借助于显微镜诊断。目检重点检查部位为体表、鳃（重点检查鳃丝）和内脏（重点检查肠道）。

1. 体表　检查鱼体左右两侧。将病鱼或刚死的鱼置于白搪瓷盘中，按顺序仔细观察。一些大型病原体（水霉、线虫、锚头鳋、鲺、钩介幼虫等）容易见到。小型的病原体（如鱼波豆虫等）则根据所表现的症状来辨别，一般会引起鱼体分泌大量黏液。细菌性赤皮病则表现鳞片脱落，皮肤充血。白皮病的病变部位发白。

2. 鳃　重点检查鳃丝。首先注意鳃盖是否张开，鳃盖表皮有否腐烂或变成透明。然后用剪刀把鳃盖处去，观察鳃片的颜色是否正常，黏液是否较多，鳃丝末端是否肿大和腐烂等现象。

若细菌性烂鳃病，则鳃丝末端腐烂，黏液多。若鳃霉病，则鳃片颜色比正常鱼较苍白，并带有血红色小点。若鱼波豆虫、车轮虫、斜管虫、指环虫等寄生虫病则鳃片上有较多黏液。若中华鳋、双身虫及黏孢子虫等寄生虫病，则鳃丝肿大，鳃上有白色虫体或胞囊等。

3. 内脏　检查肠道为主。剪刀从肛门伸进，向上方剪至侧线上方，然后转向前方剪至鳃盖后缘，再向下剪至胸鳍基部，最后将身体一侧的腹肌翻下，露出内脏。注意下刀不伤及内脏。先观察是否有腹水和肉眼可见的大型寄生虫（线虫、舌状绦虫等）；其次仔细观察内脏，看肝、胆、鳔等器官外表是否正常；最后用剪刀从咽喉附近的前肠和靠肛门部位剪断，并取出内脏，置于白搪瓷盘中，把肝、胆、鳔等器官逐个分开，把肠道分成前、中、后 3 段置于盘中，轻轻地把肠道中的食物和粪便去掉，然后进行观察。

肠中能见到的大型寄生虫有吸虫、绦虫、线虫、棘头虫等。如果是细菌性肠炎病，则出现肠壁充血、发炎。球虫病和黏孢子虫病则肠壁上一般有成片或稀散的小白点。

其他内部器官，如果在外表上没有发现病状可不再检查。

二、镜　　检

镜检是用显微镜或解剖镜对病鱼做更深入的诊断。镜检一般是根据目检不能确诊的病变，在镜下做进一步的全面检查。

（一）检查方法

镜检检查方法有玻片压缩法和载玻片法。

1. 玻片压缩法　将要检查的器官或组织的一部分或黏液、肠内含物，放在载玻上，滴入少许清水或生理盐水，用另一玻片将它压成透明的薄层，然后放在解剖镜或低倍显微镜下检查。检查后用镊子或解剖针、微吸管取出寄生虫或可疑的病象的组织，分别放入盛有清水或生理盐水的培养皿，以便做进一步的处理。

2. 载玻片法　此法适用于低倍或高倍显微镜检查。将要检查的小块组织或小滴内含物放在载玻片上，滴入清水或生理盐水，盖上盖玻片，轻轻地压平后放在低倍镜下检查，如有寄生虫或可疑现象，再用高倍镜观察。

（二）检查部位

镜检检查的部位与目检相同。每一部位至少检查 3 个不同点的组织。

检查步骤：黏液；鼻腔；血液；鳃；口腔；体腔；脂肪；胃肠；肝；脾；胆囊；心脏；肾；膀胱；性腺；眼；脑；脊髓；肌肉。

1. 黏液　用解剖刀刮取少许体表黏液，用显微镜或解剖镜检查，能见到波豆虫、隐鞭虫、黏孢子虫、小瓜虫、车轮虫及吸虫囊蚴等寄生虫。

2. 鼻腔　先肉眼仔细观察有无大的寄生虫或病状，然后用小镊子或微吸管从鼻孔里取少许内含物，用显微镜检查，可能发现黏孢子虫、车轮虫等原生动物，随后用吸管吸取少许清水注入鼻孔中，再将液体吸出，放在培养皿里，用低倍显微镜或解剖镜观察，可发现指环虫、鳋等。

3. 血液

（1）从鳃动脉取血。剪去一边鳃盖，左手用镊子将鳃瓣掀起，右手用微吸管插入鳃动脉或腹大动脉吸取血液。如吸取的血液不多，可直接放在载玻片上，盖上盖玻片，镜检。如果血液量多，可把吸取的血液放在培养皿里，然后吸取一小滴在显微镜下检查。

（2）从心脏直接取血。除去鱼体腹面两侧两鳃盖之间最狭处的鳞片。用尖的微吸管插入心脏，吸取血液。在显微镜下检查血液，可发现锥体虫、拟锥体虫等原生动物。也可将血液放在培养皿里，用生理盐水稀释，在解剖镜下检查，可发现线虫或血居吸虫。

4. 鳃　取出鳃片放在培养皿里，首先仔细观察鳃上有肉眼可见的寄生虫、鳃的颜色或其他病象。用小剪刀取一小块鳃组织放在载玻片，在显微镜下检查。可发现鳃隐鞭虫、波豆虫、车轮虫、黏孢子虫、微孢子虫、肤孢虫、斜管虫、小瓜虫、半眉虫、杯体虫、毛管虫、指环虫、双身虫、复殖吸虫囊蚴、鱼蛭、软体动物幼虫、鲺、鲴等，微生物有细菌、水霉、鳃霉等。

5. 口腔 先用肉眼仔细观察上、下颚，可能发现吸虫的胞囊、鱼蛭、锚头鲺、鲴等。

6. 体腔 沿腹线剪开鱼的腹腔，再将剪刀移至肛门，朝向侧线，沿体腔的后边剪断，再与侧线平行地向前一直剪到鳃盖的后角，剪断肩带骨，然后再向下剪开鳃腔膜，直到腹面的切口，将整块体壁剪下，体腔里的器官即可显露出来。观察有无可疑病象及寄生虫。如果发现有白点，可能是黏孢子或微孢子虫、绦虫等成虫和囊蚴。肉眼检查完毕把腹腔液用吸管吸出，置于培养皿里，用显微镜或解剖镜检查。

用剪刀小心地从肛门和咽喉两处剪断，完整地取出消化管，放在解剖盘中，逐个地把器官分开，依次进行检查。

7. 脂肪 先用肉眼观察，可发现线虫、棘头虫。如果发现白点，可能是黏孢子虫，须在显微镜下压片检查。

8. 胃肠 尽量除净肠外壁所有的脂肪组织，把肠前后伸直，摆在解剖盘上。有些鱼例如鳙、鲢，肠特别长，可把肠按盘绕状摆好，先用肉眼检查，肠外壁上往往有许多小白点，通常是黏孢子虫的胞囊。肉眼检查完毕后，把肠分成前（胃）、中、后肠 3 段，在各段上各取一点，用剪刀开一个小小的切口（与肠平行），用镊子从切口取一小滴内含物放在载玻片上，滴上一小滴生理盐水，盖上盖玻片，在显微镜下检查，每一部分同时检查两片，检查完每一部分肠，把镊子洗干净后，才能再取另一部分内含物。

胃肠易被细菌和寄生虫侵袭的器官，除细菌引起的肠炎外，鞭毛虫、变形虫、黏孢子虫、微孢子虫、球虫、纤毛虫等原生动物和复殖吸虫、线虫、绦虫、棘头虫等都可经常发现，其中六鞭毛虫、变形虫、肠袋虫等，一般都是寄生在后肠近肛门 3～7cm 的位置。复殖吸虫、绦虫、线虫、棘头虫等通常在前肠（胃）或中肠寄生。

按上述方法检查完原生动物后，可用剪刀小心地把整条肠剪开，先用肉眼观察，如有大的寄生虫先把其取出，放在生理盐水里，同时注意肠内壁上有无白点，或溃烂和发红紫等现象。如果有小白点，通常是黏孢子虫或微孢子虫。溃烂并呈白色瘤状，往往是球虫大量寄生。如果发红发紫，一般是肠炎，检查完毕后，可把肠按前、中、后 3 段剪断用压缩法检查，或刮下肠的内含物，放在培养皿里，加入生理盐水稀释并搅匀，在解剖镜下检查，注意有无吸虫、线虫和棘头虫等虫体、胞囊或虫卵等。

9. 肝 先肉眼观察肝外表，注意其颜色及有无溃烂、病变、白点和瘤等现象，有时可发现复殖吸虫的胞囊或虫体。如果有白点，往往是黏孢子虫或球虫。然后用镊子从肝上取少许组织放在载玻片上，盖上盖玻片，轻轻压平，在低倍镜和高倍镜下检查，可发现黏孢子虫、微孢子虫的孢子和胞囊。肝的每一叶要检查两片。

10. 脾 镜检脾少许组织，往往可发现黏孢子或胞囊，有时也可发现吸虫的囊蚴。

11. 胆囊 取出胆囊后，放在培养皿里，先观察外表，注意它的颜色有无变化，有无其他可疑病象等，然后取一部分胆囊壁，放在载玻片上，盖上盖玻片，压平，放在显微镜下观察。胆汁另行检查。在胆囊里，可发现六鞭毛虫、黏孢子虫、微孢子虫、复殖吸虫和绦虫幼虫等。胆囊壁和胆汁，除用载玻片法在显微镜下检查外，都要同时用压缩法或放在培养皿里用解剖镜或低倍显微镜检查。

12. 心脏 取出心脏放在盛有生理盐水的培养皿里。检查外表之后，把心脏剪开，可发现血居吸虫和线虫。用小镊子取一滴内含物，用显微镜检查，可发现锥体虫、拟锥虫和黏孢子虫。

13. 鳔 取出鳔，先观察它的外表，再把它剪开，可发现复殖吸虫、线虫。用镊子剥取鳔的内壁和外壁的薄膜，放在载玻片上排平，滴入少许生理盐水，在显微镜下观察，可发现黏孢子和胞囊，同时用压缩法检查整个鳔。

14. 肾 取肾应当完整，分前、中、后3段检查，各查两片。可发现黏孢子、球虫、微孢子虫、复殖吸虫、线虫等。

15. 膀胱 完整地取出膀胱放在玻片上，没有膀胱的鱼，则检查输尿管。用载玻片法和压缩发检查，可发现六鞭毛虫、黏孢子虫、复殖吸虫等。

16. 性腺 取出左、右两个性腺，先用肉眼观察它的外表，常可发现黏孢子虫、微孢子虫、复殖吸虫囊蚴、绦虫的双槽蚴、线虫等。

17. 眼 用弯头镊子从眼窝里挖出眼睛，放在玻璃皿或玻片上，剖开巩膜，放在玻璃体和水晶体，在低倍显微镜下检查，可发现吸虫幼虫、黏孢子虫。

18. 脑 打开脑腔，用吸管吸出油脂物质，灰白色的脑即显露出来，用剪刀把它取出来，镜检可发现黏孢子虫和复殖吸虫的胞囊或尾蚴。

19. 脊髓 把头部与躯干交接处的脊椎骨剪断，再把身体的尾部与躯干交接处的脊椎骨剪断，用镊子从前端的断口插入脊髓腔，把脊髓夹住，慢慢地把脊髓整条拉出来，分前、中、后等部分检查，可发现黏孢子虫和复殖吸虫的幼虫。

20. 肌肉 首先剖开一部分皮肤，再用镊子把皮肤剥去，用肉眼检查后，先在前、中、后等部分取一小片肌肉放在载玻片上，盖上盖玻片，轻轻压平，在显微镜下观察，再用压缩法检查。可发现黏孢子虫、复殖吸虫、绦虫、线虫等的幼虫都可发现。

（三）检查时应注意的事项

（1）用活的或刚死的鱼检查。由于机体的死亡，寄生虫也很快随着死亡，而且形状改变与腐烂，死亡时间长的鱼类，由于腐败分解，原来所表现的症状已经无法辨别。

（2）保持鱼体湿润。如鱼体干燥，则寄生在鱼体表面的寄生虫会很快死亡，症状也随之不明显或无法辨认。

（3）取出的内脏器官除保持湿润外，还要保持器官的完整。取出的内脏器官均完整地放在白盘内，避免寄生虫从一个器官移至另一器官，以致无法查明或错认寄生虫的部位，从而影响诊断的正确性。

（4）用过的工具要洗干净后再用。为了防止诊断时产生寄生虫部位的混乱。

（5）一时无法确定的病原体或病象要保留好标本。

任务三 病原体的分离鉴定

任务内容

1. 熟悉水产动物细菌性病原的分离、培养、纯化与鉴定的基本方法。

2. 了解所分离细菌性病原的形态特征及培养特点。

学习条件

1. 多媒体课件、教材。

2. 病鱼标本、显微镜、解剖剪、镊子、剪刀、解剖刀、解剖盘、接种针（环）、酒精灯、灭菌锅、培养基、平皿、记号笔等。

相关知识

（一）培养基

1. 普通肉汤培养基　按以下剂量称取各种试剂（先称取盐类，再取蛋白胨及牛肉膏），置于烧杯中：牛肉膏 5g；磷酸氢二钾 1g；蛋白胨 10g；氯化钠 5g；蒸馏水 1 000mL；pH 7.4～7.6。

刚配好的培养基呈酸性，故要用 NaOH 调整。将调好 pH 的肉汤培养基用滤纸过滤，再分装于试管、盐水瓶、三角烧瓶等容器，待灭菌。

2. 普通营养琼脂培养基　普通肉汤 1 000mL；琼脂 20g。

琼脂是由海藻中提取出的一种多糖类物质，对病原性细菌无营养作用，但在水中加温可融化，冷却后可凝固。在液体培养基中加入琼脂 1.5%～2.0% 即可固定培养基，如加入 0.3%～0.5% 则成半固体培养基。将称好的琼脂加到普通肉汤中，加热煮沸，待琼脂完全融化后，将 pH 调至 7.4～7.6。琼脂融化过程中需不断搅拌，并控制火力，不使培养基溢出或烧焦，并注意补充蒸发掉的水分。加热溶解好的培养基可用滤纸进行过滤，固体培养基要用 4 层纱布趁热过滤（切勿使培养基凝固在纱布上），之后按实验要求，将配制好的培养基分装入试管或三角瓶中，包扎好待灭菌，将培养基置于高压蒸汽锅内，121℃灭菌 15～30min，趁热将试管口一端搁在玻璃棒上，使之有一定坡度，凝固后即成普通琼脂斜面，也可直立，凝固后即成高层琼脂。

盐水瓶中的普通琼脂以手掌感触，若将瓶紧握手中觉得烫手，但仍能握持者，此即为倾倒平皿的合适温度（50～60℃），每只灭菌培养皿倒入 15～20mL，将皿盖盖上，并将培养皿于桌面上轻轻回转，使培养基平铺于皿底，即成普通琼脂平板。

培养基中的某些成分，如血清、糖类、尿素、氨基酸等在高温下易于分解、变性，故应过滤除菌，再按规定的量加入培养基中。

（二）病原菌的分离与培养

分离病原菌的材料要求是具有典型患病症状的活的或刚死不久的患病生物，病原菌的分离方法如下。

1. 体表分离　先将病灶部位表面用 70% 酒精棉球擦拭消毒，或取病灶部分小片，或用经酒精灯灼烧的解剖刀烫烧消毒，再用接种环刮取病灶深部组织或直接挑取部分深部患病组织，接种于普通肉汤培养基增菌或直接在普通琼脂平板上划线分离。

2. 内部组织器官　用 70% 酒精浸过的纱布覆盖体表或用酒精棉球擦拭，进行体表消毒，无菌打开病鱼的腹腔，以肝、肠、心脏等脏器为材料，先将拟分离病原的部位表面用 70% 酒精棉球擦拭或用经火焰上灼烧后的解剖刀烫烧，以杀死表面的杂菌，随即在烧灼部位刺一小孔，用灭菌的接种环（待冷 2～5s）伸向烧灼部小洞中，用手指将接种环轻轻旋转两次，借以达到取足材料的目的。左手持握普通琼脂平板，并靠近火焰，右手持取材后的接种环在琼脂平板上分区划线接种。划线时接种环面与平板表面成 $30°\sim40°$ 的角轻轻接触，在平板表面轻快地移动，接种环不应嵌入培养基内，且不要重复，否则形成菌苔。划线完毕，盖上皿盖，接种环灭菌后放下，并在平皿底部用记号笔注明接种材料、日期及操作者代号。也可对实质性脏器用无菌剪刀下一小块，用镊子夹住病料使其剖面接触洁净的玻片，做多个触片，染色后在显微镜下直接镜检，能快速获得结果。

3. 鳃部　用无菌接种环刮取鳃上的分泌物划平板。

4. 血液及体液　用无菌注射器吸取病鱼血液和体液，滴于平板涂布；或用灭菌后的接种环挑取血液和体液后于平板上划线，分离细菌。

接种后的平板经 30℃ 左右培养 24~72h 后，检查菌落生长情况，对菌落检查的主要内容包括：

（1）大小。其大小以毫米（mm）表示，微小菌落仅针尖大，直径小于 0.5mm；小菌落直径为 0.5~1.0mm；中等大小的菌落直径为 1~3mm。

（2）形态。圆形，不规则形（根状、树叶状）。

（3）边缘。整齐，不整齐（锯齿状、虫蚀状、卷发状）。

（4）表面。光滑、黏液状、粗糙、荷包蛋状、漩涡状、颗粒状。

（5）隆起度。隆起、轻度隆起、中央隆起或平升状、扁平状、脐状（凹陷状）。

（6）颜色。无色、灰白色、白色、金黄色、红色、粉红色。

（7）透明度。透明、半透明、不透明。

（8）溶血性。β-溶血（完全溶血）、α-溶血（不完全溶血）、不溶血。

根据菌落数量和特征，挑选可能的病原菌菌落进一步划线纯化 1~2 次后，将经纯化的可能病原菌用于感染试验。

（三）病原菌的确定

将从患病材料中分离的所有可能病原菌经纯化和扩大培养后分别进行人工感染实验。目前最常用的人工感染接种方法有浸泡、口服和注射法等，究竟选用哪一种方法最合适，需要根据不同的疾病类型和可能的侵入途径而定。如体表的病，可采用浸泡法（包括创伤浸泡）；体内的疾病，可采用口服、注射法。由于绝大部分病原菌都是条件致病菌，因此在人工感染实验时还要注意感染菌的用量，接种量过大，即使该菌并不是引起实验材料致病的病原菌，也可能会因大量菌体裂解释放的大量内毒素而使感染生物死亡，为了量化感染菌的危害程度，可以测定感染细菌对接种动物的半数致死量（LD_{50}），根据 LD_{50} 的大小来判断其致病力的强弱。只有 LD_{50} 相对较低，感染引起的死亡与实验材料有相同症状，并且经回接实验还能分离到相同的细菌时，才能确定所分离的细菌为引起实验材料致病的病原。

在感染实验时，感染对象要求是没有患病史的同种生物，在感染前要经过 1~2 周的暂养，感染数量要 30 尾以上（至少要 10 尾以上）。必要时，还要将温度控制在适合疾病暴发的水平。感染过程中要定时投饵和换水，同时安排合适的对照组。

（四）病原菌的鉴定

分别观察病原菌的形态以及检测其各种生理生化指标，通过查阅伯杰氏手册确定病原菌的种类；也可直接用细菌鉴定仪测定病原菌的种类。

细菌性疾病诊断过程如下：病原分离 →纯化培养 →人工感染 →病原种类鉴定。

1. 病原分离　　无菌操作从病灶部位取材接种到适宜的培养基，经 28～30℃ 培养 24～48h。

2. 纯化培养　　单菌落纯化培养。

3. 感染试验　　包括注射感染、浸泡感染和口服感染感染。材料要求：健康且无患病史。感染结果：表现出相同症状、分离出同样菌种。

4. 种类鉴定　　细菌及菌落形态、生理生化指标、细菌自动鉴定仪。

（五）病毒的检测方法

1. 根据症状诊断　　通过了解养殖过程中水产动物疾病急性和慢性死亡情况，结合发病对象的所表现出来的典型症状进行判断，此方法可在现场情况紧急且没有其他诊断手段可用时应用，以便减少损失。

2. 组织学检测　　如 T‐E 染色法：取材→染色〔T‐E 染色法（即台盼蓝—伊红染色法）〕→加盖玻片→观察包含体。此法只适于具有包含体的病毒种类。包含体：病毒感染的细胞内出现的 LM（光学显微镜）下可见的大小、形态和数量不等的小体。

3. 电镜检查　　可直接观察了解病毒粒子的形态、大小等情况，并确定病毒的种类。此法直观，但操作复杂，需要较严格的实验条件和较高超实验技术且样品处理时间长。仅使用于实验室，不能用于生产实践中病毒病的快速诊断。

4. 试剂盒等快速诊断　　如 PCR、DNA 探针、酶标抗体等。

任务四　免疫诊断

任务内容

了解各种疾病免疫学诊断技术。

学习条件

多媒体课件、教材。

相关知识

免疫诊断技术与分子诊断技术的发展为水产动物病害的正确诊断、预防和治疗提供了前提。用分离培养法诊断水产动物的传染性疾病病原要进行各类繁琐的试验，往往需要 1 周或更长的时间，且有些病原还难以分离甚至不能分离。因此，必须借助于免疫诊断技术和分子诊断技术。

抗原与相应抗体在体外或体内发生的特异性结合反出现凝集、沉淀、补体结合等不同类型的反应称为抗原抗体反应。抗原抗体的体外反应称为血清学反应，抗原抗体的体内反应称为免疫学反应。可用已知抗原检测未知抗体，也可用已知抗体检测未知抗原。

免疫诊断技术主要是利用各种血清学反应对细菌、病毒引起的传染性疾病进行诊断，方法很多，如酶联免疫吸附试验（ELISA）、点酶法、荧光抗体法、葡萄球菌 A 蛋白协同凝集试验、葡萄球菌 A 蛋白的酶联染色法、聚合酶链式反应、核酸杂交技术、中和反应、凝集反应、环状试验、琼脂扩散试验、免疫电泳、放射免疫、免疫铁蛋白、补体结合等。免疫诊断技术具有灵敏度高、特异性强、迅速方便等优点。

（一）凝集反应（agglutination）

颗粒性抗原（如完整的红细胞或细菌）与相应抗体结合，在一定条件下，经过一定时间形成肉眼可见的凝集物，称为凝集反应。用于凝集反应的抗原称为凝集原；用于凝集反应的抗体称为凝集素。按操作方法分为：玻片法、试管法、玻板法和微量法。玻片法属定性试验，常用于细菌和 ABO 血型鉴定；试管法、玻板法和微量法 3 种均为定量试验。

（二）沉淀反应（precipitation）

可溶性抗原（如血清蛋白、多糖和细菌抽提液等）与其相应抗体在合适条件下出现肉眼可见沉淀物的现象。用于沉淀反应的抗原称为沉淀原；用于沉淀反应的抗体称为沉淀素。沉淀反应包括环状沉淀反应、絮状沉淀反应和琼脂扩散免疫试验等。其中，前两者敏感性不高，已少用，琼脂扩散免疫试验现仍广泛应用。

1. 环状沉淀反应　试管中加入抗血清，再缓慢加入待测抗原，数分钟后可出现的结果：阳性——白色沉淀环；阴性——无。

2. 絮状沉淀反应　将已知抗体与待测抗原混匀于试管或凹玻片，所出现的结果：阳性——絮状沉淀；阴性——无。

（三）补体结合试验（complement test, CFT）

有补体参与，以绵羊红细胞和溶血素做指示系统的抗原抗体反应。CFT 包括两个系统，第一为检测系统，即已知抗原（或抗体）和待测抗体（或抗原），第二为指示系统，即绵羊红细胞和溶血素（绵羊红细胞的特异性抗体）。补体常取自豚鼠的新鲜血清。

（四）中和反应（neutralization test）

特异性抗体与相应抗原结合后，能抑制抗原的多种生物学活性（如：毒性、酶活性和病毒感染性等）的反应。

（五）酶联免疫吸附试验（enzyme linked immunosorbent assay, ELISA）

利用抗原或抗体能非特异性吸附于聚苯乙烯等固相载体表面的特性，使抗原—抗体反应在固相载体表面进行的一种免疫酶技术。它目前包括直接法、间接法、双抗体夹心法、双夹心法、抗原竞争法、抑制性测定法和桥联法等多种。

（六）免疫荧光技术（immunofluorescence technique, 又称荧光抗体技术）

用荧光物标记抗体来检测细胞或组织中相应抗原或抗体的技术。目前免疫荧光技术主要包括直接法、间接法和补体法 3 种方法。荧光物种类：异硫氰酸荧光素、罗丹明荧光素、二氯三嗪基氨基荧光素等。

凝集反应、沉淀反应、补体结合试验和中和反应是 4 个古典的血清学方法，在微生物疾病诊断中有广泛地应用。在水产动物疾病中，酶联免疫吸附试验（ELISA）已制备检测草鱼出血病、传染性胰腺坏死病、传染性造血组织坏死病的试剂盒；点酶法已制备检测嗜水气单胞菌"HEC"毒素的试剂盒；荧光抗体法已广泛用于细菌、病毒、真菌及原虫等病原的鉴定和相应疾病的诊断。

任务五　分子生物学诊断

任务内容

了解各种疾病分子诊断技术。

学习条件

多媒体课件、教材。

相关知识

水产动物病害诊断中常用的分子诊断技术有聚合酶链反应（PCR）技术和核酸分子杂交技术。

1. 聚合酶链反应（Polymerase Chain Reaction，PCR）　PCR 技术是 20 世纪 80 年代中期发展起来的体外核酸扩增技术。它具有特异、敏感、产率高、快速、简便、重复性好、易自动化等突出的优点。从提取核酸加入特异性引物，后用 PCR 扩增，再电泳确认扩增产物只需要数小时。但此法检测准确性略低，操作繁琐，需要昂贵的 PCR 仪和凝胶电泳设备，且所用药品具有强烈的致癌性，有较强的危险性，因此，一般仅适用于实验室使用。

比较 PCR 技术、免疫技术和病原分离培养技术：在灵敏性方面，PCR 技术和病原分离培养技术相对较好；在速度上，PCR 技术、免疫技术相对较好；在定量分析上，免疫技术和病原分离培养技术较 PCR 技术好。

2. 核酸分子杂交技术　核酸分子杂交技术是利用核酸分子的碱基互补原则而发展起来的。它具有快速、准确、灵敏、操作简单、不需要昂贵的实验设备、易于大量制备等优点。但此法灵敏度不如 PCR 方法。由于核酸分子杂交的高度特异性及检测方法的灵敏性，它已成为分子生物学中最常用的基本技术。其基本原理是利用一种预先纯化的已知 DNA 或 RNA 序列片段去检测未知的核酸样品。已知 DNA 或 RNA 序列片段称为探针（probe），它常常用放射性同位素标记。

迄今为止，国内外均已开发了商品化 WSSV（对虾白斑综合征病毒）的 PCR 检测试剂盒和核酸探针检测试剂盒。PCR 技术和核酸分子杂交技术已经大量应用于水产动物疾病的快速诊断。

参 考 文 献

陈辉，杨先乐，2002. 渔用药无公害使用技术 [M]. 北京：中国农业出版社.

陈世阳，1985. 对虾的病毒性疾病 [J]. 国外水产 (4) 41-43.

陈忠康，2001. 简明中国水产养殖百科全书 [M]. 北京：中国农业出版社.

宫清松，2003. 微生物制剂在水产养殖中的应用 [J]. 中国水产 (6).

何筱洁，1991. 对虾育苗生态防病研究 [J]. 湛江水产学院学报，11 (1)：21-24.

黄琪琰，1983. 鱼病学 [M]. 上海：上海科学技术出版社.

黄琪琰，1993. 水产动物疾病学 [M]. 上海：上海科学技术出版社.

黄琪琰，1996. 鱼病防治实用技术 [M]. 2 版. 北京：中国农业出版社.

江草周三，1986. 鱼病学 [感染症 寄生虫病篇] [M]. 恒星社厚生阁.

江草周三，1988. 鱼 の感染症 [M]. 恒星社厚生阁.

李建，2002. 微生态制剂及其在健康养殖中的应用 [C] //第四届全国海珍品养殖研讨会论文集.

刘奕秋，2003. 几种禁用药物的危害及替代 [J]. 科学养鱼 (5).

孟庆显，俞开康，1982. 关于对虾的"黑鳃病" [J]. 山东海洋学院学报，12 (4)：95-100.

孟庆显，俞开康，1983. 对虾育成期间的疾病与防治 [J]. 海洋渔业，5 (3)：110-116.

孟庆显，俞开康，1995. 鱼虾蟹贝疾病诊断和防治 [M]. 北京：中国农业出版社.

孟庆显，1986. 蟹类的疾病 [J]. 齐鲁渔业 (2).

孟庆显，1994. 海水养殖动物病害学 [M]. 北京：中国农业出版社.

农业部，1998. 渔药手册 [M]. 北京：中国科学技术出版社.

潘金培，1988. 鱼病诊断与防治手册 [M]. 上海：上海科学技术出版社.

上海水产学校，1991. 鱼病学 [M]. 北京：中国农业出版社.

孙修勤，1990. 对虾幼体真菌和纤毛虫病的防治研究 [J]. 海洋学报，12 (2)：257-260.

孙修勤，2002. 世界海水鱼类疾病与诊断技术研究现状 [C] //第四届全国海珍品养殖研讨会论文集.

汪建国，2000. 中国鱼病研究的二十年 [J]. 鱼类病害研究 (1/2)：1-38.

王谓贤，1988. 斑节对虾之新病毒性疾病 [J]. 养鱼世界 (台湾省)：23-24.

王振龙，宋憬愚，1998. 鱼病诊断与防治 [M]. 北京：中国农业大学出版社.

谢仲权，赵建民，中草药防治鱼病 [M]. 北京：中国农业出版社.

薛清刚，王文兴，1992. 对虾疾病的病理与诊治 [M]. 青岛：青岛海洋大学出版社.

杨先乐，2000. 特种水产动物疾病的诊断与防治 [M]. 北京：中国农业出版社.

尤仲杰，王一农，于瑞海，1999. 贝类养殖高产技术 [M]. 北京：中国科学技术出版社.

张剑英，邱兆祉，丁雪娟，等，1999. 鱼类寄生虫与寄生虫病 [M]. 北京：科学出版社.

张荣森，2002. 水产动物疾病 [M]. 北京：中国农业出版社.

张佑基，1988. 紫菜养殖 [M]. 北京：农业出版社.

赵法箴，李健，刘世禄，2002. 水产健康养殖与食品安全发展战略研究 [C] //第四届全国海珍品养殖研讨会论文集.

郑国兴，1986. 对虾弧菌病致病菌——非 01 群霍乱弧菌的生理学性状及药物感受性 [J]. 水产学报，10 (4)：433-439.

郑国兴，1986. 养殖对虾弧菌病致病菌——非 01 群霍乱弧菌的生物学性状及致病性 [J]. 水产学报，10

(2): 195 - 203.

周丽，孟庆显，俞开康，1991. 人工越冬对虾体内寄生纤毛虫——旋毛蟹栖拟阿脑虫，新亚种的记述 [J].
　青岛海洋大学学报，21（2）：90 - 97.